高等学校规划教材
GAODENG XUEXIAO GUIHUA JIAOCAI

BAOJIAN SHIPIN
YUANLI

保健食品原理

丁晓雯　周才琼　主编

西南师范大学出版社
XINAN SHIFAN DAXUE CHUBANSHE

随着科学技术的进步和公共卫生事业的发展,各种传染病已得到有效的控制。但是,随着人们消费水平的提高,心血管疾病、高血脂、高血压、肥胖症、糖尿病等现代文明病发病率的上升,疾病模式的改变促使人们增强预防保健意识,并重新认识饮食与现代疾病的关系。另一方面,由于社会的进步,人们的富有和闲适必然伴随对生命的重视,对健康和长寿的追求,对新生一代优生优育的关怀。因此,健康人群希望得到某些特殊食品以提高工作效率、健美或能有效防御现代社会"文明病",特殊人群如老人、儿童希望能得到在特殊生理状态下能延年益寿或健康成长的特殊食品,等等。因此,近几十年来,在世界范围内掀起一股研究与开发保健食品的热潮,使保健食品得以蓬勃发展,各种功能和形态的保健食品涌向市场,迎合了现代人提高生活品质的要求。在美国有膳食补充剂,日本有特定健康用食品,欧盟有功能食品,我国的台湾地区则称健康食品。

具有"食疗"作用的保健食品已成为现代生活消费的新潮流。所谓保健食品,就是指具有特定保健功能的食品。即适宜于特定人群食用,具有调节机体功能,不以治疗疾病为目的的一类食品。由于这类食品强调食品的第三种功能,又称功能食品。我国的保健食品渊源久远,我国传统的"药食同源"、"医食同宗"便是对第三种功能的深刻见解。中华药膳和中华传统保健饮食有着几千年积累起来的经验,"食疗"的历史悠久,对疾病的防治和转归都起到积极的作用。

本教材得到西南大学优秀教材编写资助计划的支持。在编写过程中,编者收集了大量的文献资料,参阅了有关保健食品的教材和参考书,并结合食品相关专业本科教学实际组织材料,全书共分六章,由丁晓雯教授编写第一章绪论和第三章第8节辅助降血糖作用,以及第六章的部分内容,由周才琼教授编写第五章保健食品的功能因子、前言以及第三章第7节部分内容,由索化夷讲师编写第三章第1,3,4,11,12节以及第四章其他保健作用,由杨吉霞讲师负责编写第二章保健食品原料以及第三章第5,6,7节,由王洪伟讲师编写第三章第2,9,10节以及第六章保健食品的法规和功能评价方法。全书由丁晓雯教授和周才琼教授统稿,陈宗道教授主审。

在本书编写过程中,承蒙西南大学食品化学与营养学专家陈宗道教授和阚建全教授的悉心指教,提出了许多宝贵意见,并进行了认真的审查和修改,对保证本书的质量起到了重要的作用,在此深表感谢。

由于本教材涉及内容广泛,加上编写时间紧,书中疏漏和不当之处在所难免,不足之处敬请各位同仁和读者指正。

前言

编　者
2008 年 1 月

1　前言

1　第一章　绪论

1.1　保健食品的概念 1
1.1.1　保健食品与普通食品的异同 2
1.1.2　保健食品与药品的区别 2
1.2　保健食品的分类 3
1.3　我国保健食品的发展概况 4
1.4　国外保健食品的发展概况 5
1.4.1　日本保健食品发展概况 5
1.4.2　美国等其他国家保健食品发展概况 6
1.5　我国保健食品存在的问题和发展趋势 7
1.5.1　保健食品存在的问题 7
1.5.2　我国保健食品的发展趋势 8

10　第二章　保健食品原料

2.1　根茎类保健食品原料 10
2.1.1　人参 10
2.1.2　甘草 11
2.1.3　葛根 12
2.1.4　大蒜 13
2.1.5　白芷 14
2.1.6　肉桂 14
2.1.7　姜类 15
2.1.8　百合、薤白、山药 15
2.2　叶类保健食品原料 16
2.2.1　茶叶 16
2.2.2　银杏 18
2.2.3　芦荟 18
2.2.4　桑叶、荷叶和紫苏 19
2.3　果类保健食品原料 20
2.3.1　沙棘 20
2.3.2　枸杞子 20
2.3.3　山楂 21
2.3.4　栀子 22
2.4　种子类保健食品原料 22
2.4.1　枣类 22
2.4.2　豆类 23

CONTENTS 目录

2.4.3　苦杏仁 24

2.4.4　薏苡仁 24

2.4.5　决明子 25

2.4.6　胖大海 25

2.5　花草类保健食品原料 26

2.5.1　花粉 26

2.5.2　金银花 27

2.5.3　红花 28

2.5.4　菊花和丁香 28

2.5.5　鱼腥草和蒲公英 29

2.5.6　薄荷和藿香 30

2.6　真菌类保健食品原料 31

2.6.1　虫草 31

2.6.2　灵芝 32

2.6.3　蜜环菌 33

2.6.4　茯苓 34

2.7　藻类保健食品原料 35

2.7.1　螺旋藻 35

2.7.2　小球藻 36

2.7.3　杜氏藻 37

2.7.4　海藻 37

2.8　动物类保健食品原料 38

2.8.1　昆虫 38

2.8.2　蛇 39

2.8.3　蜂蜜、蜂王浆与蜂胶 40

2.8.4　海洋动物 43

2.8.5　鸡内金 44

2.9　营养强化剂 44

2.9.1　氨基酸及其他含氮化合物 45

2.9.2　维生素类 45

2.9.3　矿物质与微量元素类 46

50　第三章　保健食品的作用原理

3.1　增强免疫力的作用 50

3.1.1　免疫系统的基本概念 50

3.1.2　营养与免疫的关系 52

3.1.3　具有免疫调节作用的食物 53

3.2　抗氧化作用 55

3.2.1　自由基理论与衰老 55

3.2.2　自由基与疾病的关系 57

3.2.3　具有抗氧化作用的食品 59

3.3　　辅助改善记忆的作用 60

3.3.1　学习的定义及类型 61

3.3.2　学习与记忆的机制 62

3.3.3　营养与记忆的关系 63

3.3.4　具有改善记忆作用的食物和保健食品 64

3.4　　改善生长发育作用 66

3.4.1　生长发育的概念 66

3.4.2　营养与生长发育的关系 66

3.4.3　具有促进生长发育作用的食物 68

3.5　　缓解体力疲劳作用 69

3.5.1　疲劳的发生机制 69

3.5.2　体力疲劳对机体的损害 70

3.5.3　具有抗疲劳作用的食物 71

3.5.4　抗疲劳的功能成分 72

3.6　　减肥作用 73

3.6.1　肥胖的概念 73

3.6.2　肥胖产生的原因和危害 73

3.6.3　具有减肥作用的食物 74

3.6.4　具有减肥作用的功能因子 75

3.7　　辅助降血脂作用 75

3.7.1　血浆脂蛋白组成和来源 76

3.7.2　血浆脂蛋白的临床意义 76

3.7.3　高血脂症的定义和分类 77

3.7.4　具有调节血脂作用的食物 78

3.8　　辅助降血糖作用 79

3.8.1　血糖 79

3.8.2　血糖的调节 80

3.8.3　具有辅助调节血糖作用的食物和功能因子 81

3.9　　改善睡眠作用 84

3.9.1　睡眠 85

3.9.2　失眠的原因与危害 85

3.9.3　具有改善睡眠作用的食物 86

3.10　改善营养性贫血作用 87

3.10.1　营养性贫血的原因及危害 87

3.10.2　具有改善营养不良性贫血作用的食物 89

3.11　增加骨密度作用 90

3.11.1　骨质疏松与骨密度 90

3.11.2　钙代谢与骨骼的生长发育 92

3.11.3　具有预防或改善骨质疏松作用的食物 92

3.12　辅助降压作用 93

3.12.1　血压与高血压 93

3.12.2　高血压的分类 94

3.12.3　高血压的病因 95

3.12.4　高血压对机体的危害 96

3.12.5　血压的调节机制 97

3.12.6　具有调节血压作用的食物 98

101　第四章　其他保健作用

4.1　提高缺氧耐受力作用 101

4.1.1　缺氧时机体功能和代谢变化 101

4.1.2　影响机体缺氧耐受性的因素 103

4.1.3　具有耐缺氧作用的食物 103

4.2　对辐射危害有辅助保护作用 104

4.2.1　辐射的来源 104

4.2.2　辐射对人体的损害 105

4.2.3　具有抗辐射作用的食物 106

4.3　改善胃肠道功能的作用 107

4.3.1　胃肠道的消化和吸收功能 107

4.3.2　具有改善胃肠道功能的食物 108

4.4　对化学性肝损伤有辅助保护作用 109

4.4.1　肝解毒与肝损伤 109

4.4.2　化学性肝损伤的表现 110

4.4.3　营养素与肝损伤的关系 112

4.4.4　对化学性肝损伤有保护作用的食物 113

4.5　促进泌乳的作用 114

4.5.1　泌乳生理 114

4.5.2　具有促进泌乳作用的食物 116

4.6　缓解视疲劳作用 116

4.6.1　眼睛的组织结构 116

4.6.2　视疲劳的原因 117

4.6.3　具有缓解视疲劳作用的食物 118

4.7　促进排铅作用 118

4.7.1　铅在体内的代谢过程 119

4.7.2　儿童铅代谢的特点 120

4.7.3　铅对人体健康的危害 120

4.7.4　具有促进排铅作用的食物 123

4.8　清咽润喉作用 124

4.8.1　咽喉的结构与功能 124

4.8.2　咽炎的发病机理 125

4.8.3　具有清咽润喉作用的食物 125

129　第五章　保健食品的功效成分

5.1　多糖 129

5.1.1　膳食纤维 129

5.1.2　活性多糖 131

5.2　功能性甜味剂 134

5.2.1　功能性单糖 134

5.2.2　功能性低聚糖 134

5.2.3　多元糖醇 136

5.2.4　强力甜味剂 138

5.3　功能性油脂 140

5.3.1　多不饱和脂肪酸 140

5.3.2　磷脂和胆碱 142

5.3.3　脂肪代用品 144

5.3.4　脂肪类保健食品 145

5.4　自由基清除剂 146

5.4.1　非酶类自由基清除剂 147

5.4.2　酶类自由基清除剂 147

5.5　条件性必需氨基酸 147

5.5.1　牛磺酸 147

5.5.2　精氨酸 148

5.5.3　谷氨酰胺 148

5.5.4　氨基酸衍生物 149

5.6　微量元素 150

5.6.1　铁 150

5.6.2　锌 151

5.6.3　碘 153

5.6.4　硒 154

5.6.5　铬 155

5.6.6　锗 156

5.7　活性肽与活性蛋白质 157

5.7.1　活性肽 157

5.7.2　活性蛋白质 161

5.7.3　氨基酸、肽与蛋白质类保健食品 163

5.8　有益微生物 164

5.8.1　乳酸菌的种类 164

5.8.2　乳酸菌的生理功能 164

5.8.3　乳酸菌发酵食品 165

5.8.4　微生态制剂 165

5.9　海洋生物活性物质 166

5.10　其他活性因子 167

5.10.1　生物类黄酮 167

5.10.2　萜类 171

5.10.3　皂甙 173

5.10.4　植物甾醇类 175

5.10.5　有机硫化合物 176

5.10.6　左旋肉碱(L-肉碱) 178

5.10.7　咖啡碱、茶碱和可可碱 179

5.10.8　其他 181

188　第六章　保健食品的法规和功能评价方法

6.1　保健食品的管理法规 188

6.1.1　保健食品的注册管理办法 188

6.1.2　保健食品生产的管理 191

6.2　保健食品的毒理学评价 197

6.2.1　毒理学评价的四个阶段 197

6.2.2　保健食品毒性试验的原则 198

6.2.3　保健食品毒理学评价的结果判定 199

6.3　保健食品的功能评价 201

6.3.1　功能性评价的基本要求 201

6.3.2　人体试食试验的基本要求 202

6.4　主要保健功能的评价 202

6.4.1　增强免疫力的功能评价 202

6.4.2　抗氧化的功能评价 204

6.4.3　辅助改善记忆的功能评价 205

6.4.4　改善生长发育的功能评价 206

6.4.5　缓解体力疲劳作用的功能评价 207

6.4.6　辅助降血脂的功能评价 208

6.4.7　辅助降血糖的功能评价 209

6.4.8　改善睡眠的功能评价 209

6.4.9　改善营养性贫血作用的功能评价 210

6.4.10　增加骨密度作用的功能评价 211

6.4.11　辅助降血压的功能评价 212

第一章 绪 论

到 20 世纪末期,我国的经济得到了迅猛的发展,人们的生活水平有了极大的提高,对食物的消费发生了很大的变化,食物中膳食纤维含量减少,脂肪用量增多,动物性食品的比例增大。这些变化在给人们的身体健康带来一些益处的同时,也使现代病,如肥胖、高血脂、高血压、高血糖等的发病率居高不下。在这样的背景下,保健食品应运而生,需求量逐年增加。据统计,2005 年全国营养保健食品制造业创造产值约 122 亿元,比 2004 年同期增长 24.32%;实现利税 21.20 亿元,比上年同比增长 25.35%。

1.1 保健食品的概念

保健食品又称功能食品,国家食品药品监督管理局制定并于 2005 年 7 月 1 日起实施的《保健食品注册管理办法(试行)》第二条规定:保健食品是指具有特定保健功能或者以补充维生素、矿物质为目的的食品,即适宜于特定人群食用,具有调节机体功能,不以治疗疾病为目的,并且对人体不产生任何急性、亚急性或者慢性危害的食品。

此定义包含了三个要素:(1)保健食品是食品的一个种类,应具有一般食品的营养功能和感观功能(色、香、味、形);(2)保健食品必须具有一般食品不具有或不强调的调节人体生理活动的功能,即第三功能;(3)保健食品不是药品,不能取代药品作为治疗疾病的产品。从保健食品的定义可以知道,这类产品强调的是所含有的功效成分对人体生理机能的调节作用。

我国传统医药有"药食同源"之说,由于对这一观点不够全面和错误的理解,经常将传统的食疗、药膳与现代意义的保健食品混淆。有一些厂家在一般食品中添加一些中草药或它们的提取物,就声称它们可以用于治疗或预防一些疾病,片面强调或夸大它们的疗效作用,而忽视了食品应当具有的安全性,给消费者和保健食品行业都造成了不好的影响。我国《食品卫生法》规定食品中不能加入药物,但是按照传统观念既是食品又是药品的除外。《保健食品注册管理办法》规定保健食品是具有特定保健功能,不以治疗疾病为目的的食品,所以按照上述规定,"疗效食品"的提法是违反法律法规的。消费者如果需要治疗某种疾病,就应该去医院就诊,根据医生的建议使用适宜的药物。而保健食品只有按照国家相关法律法规的要求进行生产、销售、宣传,使保健食品走上规范化、标准化的道路,才能健康、科学地发展壮大这个行业。

从保健食品的定义不难看出,保健食品与普通食品、药品有着本质的差异。

1.1.1　保健食品与普通食品的异同

保健食品作为食品的一个种类,除必须具备普通食品的基本特征,即能提供人体生存必需的基本营养物质(营养功能,食品的第一功能)外,还应具有特定的色、香、味、形(感官功能,食品的第二功能)。

虽然在普通食品中也含有生理活性物质,但由于含量较低,进入人体后无法达到调节生理功能的浓度,因此不能实现功效作用(生理调节功能,食品的第三功能)。保健食品的生理活性物质可能来源于某种特殊的原料,如药食两用植物,或通过提取、分离、浓缩等技术处理,使它们在人体内达到能发挥作用的浓度,从而具备了食品对人体的生理调节功能。

普通食品是针对广大消费者的,无特定的食用范围;而保健食品是针对特定的人群而设计的,一般有特定的食用范围(特定人群)。虽然某些保健功能可能适宜的人群面比较广,但也没有适宜于任何人群的保健食品。

我国第二、第三代保健食品是经过实验验证的、真正意义上的保健食品,以具有特定的保健功能而区别于普通食品。这些功能可以在标签、说明书上标示出来,而普通食品不得标示保健功能。

保健食品的产品属性既可以是传统的食品属性,如酒、饮料等,也可以是胶囊、片剂等新的食品属性。

1.1.2　保健食品与药品的区别

保健食品在国际上通常被称为"健康食品(Health food)"或"膳食补充剂(Dietary supplement)",虽然各国对保健食品的称谓不同,但对保健食品不等同于药品的认识却较为统一。

保健食品与药品的主要区别在于以下三方面:(1)保健食品不以治疗为目的,但可以声称具有保健功能,对生理功能有一定的调节作用;(2)保健食品不能有任何毒性,可以长期使用;(3)保健食品即便在某些疾病状态下也可以使用,但不能代替药物的治疗作用。

药品应当有明确的治疗目的,并有确定的适应症和主治功能,可以有不良反应,有规定的使用期限。保健食品与药品的区别见表 1-1。

表 1-1　保健食品与药品的差异

	保健食品	药品
目的	调节生理功能	治疗疾病
有效成分	单一或复合	单一
摄取决定	消费者自己	医生
摄取时间	随意	有病时
摄取量	较随意	按规定
毒性	无毒	可能有一定的副作用

在我国曾出现过批准文号为"卫药健字"的保健药品。由于保健药品与保健食品不易区

分,国家相关部门于 2000 年撤销了保健药品的审批,规定自 2004 年 1 月 1 日起"卫药健字"的保健药品不得在市场流通。自此保健药品按照相应标准分别被并入保健食品或药品。

保健食品还不得以药品名称或类似于药品名称命名,必须经一定申报程序经审查批准后才可称为保健食品,没有获得保健食品批准文号的产品不得进行生产和销售。表 1-2 从审批单位、批准文号、销售地点和宣传限制 4 个方面阐明了普通食品、保健食品、药品三者的主要区别。

表 1-2　保健食品与普通食品、药品的区别

	审批单位	批准文号	销售地点	宣传限制
一般食品	各级疾控中心	卫食字	不能在药店销售	不能宣传功能
保健食品	食品药品监督管理局	国食健字/卫食健字	可以在药店或其他普通消费品销售渠道销售	可以宣传功能但不能宣传疗效
药品	食品药品监督管理局	药准字	药店或医院	可以宣传疗效

资料来源:汇视研究(MIRU)分析整理

综上所述,保健食品可以说是介于食品和药品之间的一种特殊食品。

1.2　保健食品的分类

保健食品还没有一个统一的分类方法,目前我国主要根据保健食品对人体生理功能的调节作用进行分类。

1. 按生理调节功能分类:根据国家食品药品监督管理局目前提出的保健食品可以申报的功能,将保健食品分为 28 大类,详细的分类见表 1-3。

表 1-3　保健食品的功能分类表

1. 增强免疫力	2. 抗氧化	3. 辅助改善记忆
4. 缓解体力疲劳	5. 减肥	6. 改善生长发育
7. 提高缺氧耐力	8. 对辐射危害有辅助保护功能	9. 辅助降血脂
10. 辅助降血糖	11. 改善睡眠	12. 改善营养性贫血
13. 对化学性肝损伤有辅助作用	14. 促进泌乳	15. 缓解视疲劳
16. 促进排铅	17. 清咽	18. 辅助降压
19. 增加骨密度	20. 调节肠道菌群	21. 促进消化
22. 通便	23. 对胃黏膜有辅助保护	24. 祛痤疮
25. 祛黄褐斑	26. 改善皮肤水分	27. 改善皮肤油分
28. 营养补充剂		

2. 按功能因子分类:保健食品中真正起生理调节作用的成分称为活性成分、功能因子、功效成分,它们是保健食品对人体健康起特定调节作用的物质基础。可根据功能因子的不同,将保健食品分为功能性碳水化合物类、功能性脂类、功能性氨基酸类、肽与蛋白质类、维生素及类似

物类、自由基清除剂类、微量元素类、益生菌类、植物活性成分(皂甙、生物碱等)类等。

3. 按原料的来源分类:目前保健食品原料主要在卫生部先后公布的"既是食品又是药品"、"允许在保健食品中添加的物品"、"益生菌保健食品用菌名单"中选择,也可以按保健食品所选原料的来源分为植物类、动物类和益生菌类。

4. 按保健食品的形态分类:可将其分为酒类、片剂类、胶囊类、冲剂类、饮料类等。

从保健食品的定义不难看出,保健食品与普通食品、药品有着本质的差异。

1.3　我国保健食品的发展概况

在我国悠久的历史长河中,一直有"药补不如食补"的观点。有关食品对生理功能的调节作用经过了几千年的沉淀,形成了灿烂的食疗保健文化,这些对我国现代保健食品的发展产生了重要的影响。但保健食品行业的真正兴起还是在 20 世纪 80 年代,随着我国经济和食品工业的发展而发展起来的。

我国保健食品的发展大致可分为三个阶段:

第一代保健食品是在 20 世纪 80 年代我国改革开放初期发展起来的。那时国民经济得到了迅速发展,人民生活水平有了很大的提高,部分人的生活已发展到希望提高生活质量、健康水平的程度,这些给保健食品的发展提供了良好的契机。

在发展之初,大多数保健食品是以传统的滋补产品为主,包括各类强化食品。这些虽然是最为原始的保健食品,但因人们越来越关注健康,也表现出无限活力,使这类初级保健食品有了很大的市场。由于这类产品仅根据强化营养素的功能推断这些食品可能具有的生理功能,一般未经过实验验证,因此第一代保健食品是不成熟的。

在 20 世纪 90 年代初,由于高额利润和相对较低的政策、技术限制,涌现出了一些良莠不齐的保健食品生产企业和产品。1994 年全国保健食品的生产厂家从几十家增至 3 000 多家,产品多达 2.8 万种,年产值增至 300 亿以上,短短 2～3 年间,生产企业增加 30 倍,年销售额增长 10 倍多。同时保健食品行业的发展也在这个时候显示出了前所未有的虚弱。为了这个行业有序发展和人民的身体健康,国家加大了监管力度,出台了一系列的法规对保健食品实行规范管理,要求保健食品必须经过动物和或人体实验,证明它们具有某项生理调节功能。这些规范使当时的保健食品比第一代保健食品有了较大的进步,保健食品行业开始逐步走上科学化、规范化的道路,开始进入相对成熟期。这是第二代保健食品发展的成因及过程。

第三代保健食品是在 21 世纪初发展起来的。国家监管部门要求不仅需要动物和人体实验证明它们具有某项生理调节功能,还需要确知该项功能的有效成分(功能因子)的化学结构及含量、作用机理和在保健食品的生产、销售过程中有良好的稳定性。截至 2005 年 5 月 31 日,卫生部和国家食品药品监督管理局共批准了 3 829 家企业的 7 060 个保健食品。

虽然目前我国第三代的保健食品数量相对较少,但它们代表了保健食品未来的发展方向。

我国的台湾地区称功能性食品为"健康食品(Health food)",指具有特定保健功能,适宜特殊消费群食用,具有调节机体机能,不以治疗疾病为目的的食品。在台湾省《健康食品管理法》中明确规定：可以申请认定的保健功能包括调节血脂功能、调节肠胃功能、调节机体免疫功能、改善骨质疏松功能、牙齿保健功能、调节血糖功能、护肝功能（特指化学性肝损伤修复）七项。

1.4 国外保健食品的发展概况

1.4.1 日本保健食品发展概况

随着经济的不断发展，人们生活水平提高，营养过剩、营养失衡成了主要的健康问题，高血压、冠心病、糖尿病等疾病成为死亡的主要原因。因此，1984年日本的文部省（教育部）正式设立保健机能食品的开发研究课题，并率先提出了功能性食品的概念。随着食品加工技术的不断进步，新开发食品的保健功能研究不断深入，以特定的保健功能为目的，具有调节机体功能的保健机能食品不断问世，形成了很大的市场。

2001年4月1日日本厚生劳动省制定并实施了有关保健食品新的标示法规——保健机能食品制度，以营养补助食品以及声称具有保健作用和有益健康的产品为主要对象，将其大体分为两类：①特定保健用食品：指适用于特定人群食用，具有调节机体功能的保健机能食品。该类产品必须向厚生劳动省提出许可申请，经个案审查符合厚生劳动省所制定的特定要求，获得批准后方可标示保健功能；②营养机能食品：只要符合厚生劳动省制定的规格和标准，只需在厚生劳动省备案，不需要许可申请以及事先申报，可以自由地进行营养机能的标示，采用市场监督、监测的方式进行管理。目前日本的特定保健食品的保健功能大致可分为调节胃肠功能、补充钙质、降低胆固醇、适用于高血压患者、防贫血、防蛀牙、降血糖值等。其中调节胃肠功能的食品，因其食品种类及其相关成分呈多样化，到2002年为止，厚生省所批准的特定保健食品中乳酸菌、低聚糖、膳食纤维等整肠功能类保健食品占到特定保健食品的约60％。这类产品主要为添加双歧因子的保健食品，包括含各种功能性低聚糖（双歧因子），如低聚果糖、低聚乳糖、低聚木糖、乳果糖、大豆低聚糖、异麦芽糖等的饮料、果汁、汽水、小吃等等，以及含乳酸菌、双歧杆菌等益生菌的饮料、酸奶等食品。这类食品通过促进肠道双歧杆菌增殖来达到保健目的，其中大多数被厚生省批准为特定保健食品。市场上有数十种作为保健食品或原料用的益生菌制品（双歧杆菌、乳酸菌等），在保健食品市场约占20亿日元。含膳食纤维的特定保健食品是具有润肠通便和降低胆固醇作用的食品，包括饮料、面条、饼干条等。

一些蛋白水解物含功能性肽，如含可抑制血管紧张素的低聚肽可降血压；含壳聚糖的食品可降胆固醇；含难消化糊精可降血糖。

到2003年日本声称具有保健作用的食品销售额高达1.1兆亿日元，其中经厚生劳动省批准的特定保健用食品的销售额为6 000亿日元，按日本国家标准生产、在厚生劳动省备案的营养机能食品的销售额为1 000亿日元，预测到2010年日本保健食品的销售额将突破3兆亿日元，这表明保健食品在日本的市场需求十分强劲。

保健机能食品制度的颁布实施，在法律体系上将保健机能食品定位于一般食品和医药品之间。特定保健用食品的审批管理由厚生劳动省负责,符合厚生劳动省所制定的标准,获得批准后,它所具有的保健功能可以在产品包装上标示。

绝大部分健康食品是以具有保健功能的动植物提取物为原料而制成的特殊剂型食品,其产品形态有片剂、胶囊、颗粒剂、粉末、口服液、饮料等各种样式,法律上划分为食品范畴,保健机能以及食用后的效果等的标识受《药品法》的限制。

1.4.2 美国等其他国家保健食品的发展概况

有资料显示,从 20 世纪 90 年代开始,美国保健食品市场每年以 20% 速度增长,20 世纪 90 年代初保健食品销售额超过 100 亿美元,目前已达到 980 亿美元。在美国,功能性食品通常被称为膳食补充剂(Dietary supplement),即某一类特定的口服物,可以作为一般膳食的补充品来使用。膳食补充剂的种类可分为:(1) 维生素类;(2) 矿物质类;(3) 天然药物及其他植物类;(4) 氨基酸类;(5) 可作为补充日常膳食摄取总量不足的其他可供食用的物质;(6) 任何上述产品的浓缩物、代谢物、有效成分、萃取物或是组合。根据 1994 年实施的《食品营养标示法》,FDA 核准了 11 类食品或营养成分可标示与疾病有关的保健作用:①钙可用于骨质疏松;②脂肪可用于肿瘤;③饱和脂肪与胆固醇可用于冠心病;④含纤维的谷类和果蔬制品可用于肿瘤;⑤含纤维的谷类和果蔬制品可用于冠心病;⑥钠可用于高血压;⑦果蔬可用于肿瘤;⑧叶酸可用于新生儿神经症状;⑨糖醇可用于蛀牙;⑩燕麦水溶性纤维可用于心血管疾病;⑪车前子水溶性纤维可用于心血管疾病。

膳食补充剂的产品标识应以下列方式进行:(1) 叙述缺乏某些营养素容易导致特定的疾病,如果摄取某种膳食补充品后能够补充人体流失的这些营养素,便能够宣称这种膳食补充品具有预防或改善特定疾病的功效。(2) 叙述摄取某种膳食补充剂后,其中特定的营养素、特定的食品成分或是整体食品组成对人体生理结构或生理机能的影响。(3) 叙述可信的科学证据以支持膳食补充剂维持或影响人体生理结构或生理机能的说法。(4) 叙述摄取某种膳食补充剂后的一般性好处。总体上,膳食补充剂在产品包装上的标签必须以补充剂的成分来标示,仿照食品营养标签格式施行。

与其他具有"药食同源"传统的东方民族一样,在韩国的政府尚未制定出功能性食品管理办法和相关法律法规前,其国内市场上已出现了多种功能性食品、保健食品或食疗食品。在韩国流行的功能性食品概念中,健康功能食品(Health/functional food, HFF) 具有一定的意义。

韩国的健康功能食品虽种类繁多,但依照食用对象不同可分为两大类:(1)日常健康功能食品或称为日常保健食品。它是根据不同健康水平的消费群(如婴儿、老年人和学生等)的生理特点与营养需求而设计的,主要的功能是促进生长发育、维持身体的活力与精力、提高身体的免疫功能和调节生理节律等。对老年日常功能性食品来说,应符合"四足四低"的要求,即产品需含有足够的蛋白质、足够的膳食纤维、足量的维生素和足量的矿物质;同时,需低热量、低脂肪、低胆固醇和低钠。对于婴儿日常功能性食品,则应符合婴儿迅速生长时对各种常量和微量营养物质的需求,如:补充 γ-亚麻酸和免疫球蛋白的婴儿食品就属于这类食品。对于学生群体来说,则应以能促进学生智力发育,促进大脑活动以应付紧张的学习和考试的功能性食品为主要消费产品;(2)特种健康功能食品。这类产品的功能设计主要是针对特殊消费群体(如糖尿病患者、肿瘤患者、心血管疾病患者、便秘患者和肥胖病人)的特殊身体状况进行的,强调食品在预防疾病和促进康复方面的调节功能。

在欧洲,所谓功能性食品是指所含或添加的成分,包括天然产物和微量营养素,经证实具有对生理功能有利或减少某些疾病发生的功效的食品。迄今为止,欧洲各国并没有特别的法律和法规来管理功能性食品,但有法律管理功能性食品的标签和安全性。在欧洲各国一些具有保健功能的植物药及其制品受到部分消费者的欢迎,如大蒜胶丸既可作为药品(降血脂药)也可作为减肥食品出售,还有山楂叶、黄芪、生姜、大枣等保健性中药,尤其中国吉林人参与韩国高丽参制剂在欧洲市场上颇受消费者欢迎,其销售额呈逐年增长之势。

概括国外保健食品的发展,有以下几点趋势:①发展迅速。随着大制造商的加入,保健食品迅速地发展,已达食品销售额的5%;②全球化趋势。保健食品将席卷全球,并最终实现全球社会化和全球的贸易化;③低脂肪、低胆固醇、低热量的保健食品将主导市场;④维生素、矿物质类保健食品所占比例稳定;⑤小麦胚油、深海鱼油、卵磷脂、鲨鱼软骨、鱼鲨烯等软胶囊制剂类新产品销量增加,并有扩大市场之势;⑥"素食"及植物性保健食品所占比重逐渐增大;⑦保健茶、中草药保健食品继续风行市场。

1.5　我国保健食品存在的问题和发展趋势

1.5.1　保健食品存在的问题

我国保健食品虽然发展很快,目前也存在一些问题,使保健食品处于严重的信誉危机,使保健食品的销售额正以每年30%的速度下滑。我国保健食品存在的问题归纳起来主要有以下几方面:

(1)企业生产规模小,水平低。保健食品应该是有高科技含量的特殊消费品,需要较大的科技投入。据调查,在我国研究一个保健食品的投入为30万~50万元,虽然不高,但产品的更新换代相对较快,如果企业规模小,不能良性循环,那么就不可能具有投入能力。据统计,我国的保健食品企业有半数以上根本不具备科学的生产条件。有些生产商为牟取暴利,在普通食品中添加一些矿物质、维生素或中草药,就冠以保健食品的名目推向市场,导致假冒伪劣产品充斥保健食品市场,使部分消费者对保健食品失去了信任。

(2)产品的科技含量低,低水平重复导致企业陷入恶性竞争。保健食品的科技投入过低是我国保健食品行业长期处于低水平重复的一个重要因素。保健食品企业规模较小,科技人员的比例低。近年来,我国保健食品从业人员约20万人,其中从事科技活动的人员仅占7.3%,低于一般高科技企业中科技人员的比例;科研经费支出只占销售收入的1.55%。多数企业在研制新产品时,没经过周密的市场调查,带有很大的盲目性;同时没有进行必要的基础研究,产品跟风、雷同严重,缺乏创新性,这些导致了部分保健食品的市场寿命极短。还有些保健食品如减肥、辅助降血糖、辅助调节血压类产品,企业为了增加效果,在产品中加入违禁药物或临床用药,对消费者的安全构成极大威胁。

要从根本上改变保健食品低水平重复现象,生产企业应该有一个长远的战略考虑,加大产品研发力度,提高产品的科技含量,塑造品牌形象,生产真正安全有效的保健食品满足市场需要。

(3)企业重广告轻研发,部分宣传广告违法严重。目前我国保健食品行业的高额利润使生产厂商忽略了对产品的科研投入,而陷入了轻研发、重广告的怪圈。有关资料显示,保健食品行业的广告投入占销售收入的 6.55%,是科研投入的 4.2 倍。许多保健食品广告混淆概念,夸大其词,或片面夸大产品的生理作用,如大豆异黄酮是一种植物性雌激素,可延缓容颜衰老,短期适量服用是安全的,但长期并大量服用对健康有一定的不良影响。这样宣传的最终结果是消费者对整个保健食品失去信任。

保健食品行业目前存在的这些问题反映了政府部门的监管力度不够。2005 年 4 月国家食品药品监督管理局出台了新的《保健食品注册管理办法》,已于 2005 年 7 月 1 日开始执行,该办法提高了保健食品的入市门槛,但如果监管措施跟不上,繁荣的保健食品市场将很难形成。

近年来,随着生活节奏的加快,我国亚健康态人群数量已占总人口的 60%~70%。专门针对亚健康人群而设计的保健食品只要加强管理,提高科技水平,将拥得很大的发展空间。

1.5.2　我国保健食品的发展趋势

健康成为 21 世纪人们的第一追求,保健食品行业将成为我国食品工业的重要增长点。从保健功能来看,目前的保健食品主要集中在增强免疫力、缓解机体疲劳、辅助降血脂等几方面。使用的原料以具有滋补功效的药食两用植物为主,使用频率最高的是枸杞、西洋参、黄芪、茯苓、当归、山楂、山药、决明子等,蜂胶提取物、葡萄子提取物、茶叶、大豆提取物等也得到较广泛的使用。而保健食品未来的发展趋势是产品功能分布将逐步发散,趋向合理;原料来源更加丰富多样;产品的科技含量将进一步提升。这些都将成为我国保健食品未来的发展方向。

1.5.2.1　保健食品将向原料天然、功能有效、安全性高的方向发展

(1)以药食两用植物为主要原料的保健食品具有独特的发展优势

在全世界都将治疗为主转向预防为主的健康观念的指引下,经过几千年而传承下来的中国养生主张"食补防病,病后调理"的理论已引起世界各国的广泛关注,主要以药食两用植物为主要原料开发的保健食品的需求量也在不断增加。进一步采用新技术、新工艺,从理论和技术上提高这类保健食品的科技含量,使它们具有功效持久、显著而无任何毒副作用的特点是保健食品发展的必然趋势。

(2)新资源保健食品有待大力开发

随着科技的发展,人类对新食品资源的开发利用率将进一步提升。保健食品的新资源主要是昆虫及海洋生物等。昆虫为人类提供了巨大的资源,其虫体具有蛋白质含量高、氨基酸种类齐全、微量元素丰富、含有生物活性成分等特点。目前我国昆虫保健食品的研究开发主要以蚂蚁、蜜蜂、蚕蛹等为主要原料。我国有广阔的海洋,在海洋中生活着无数的生物,除了目前已有很好市场行情的深海鱼油外,其他海洋生物如海绵、软珊瑚、乌贼、海参与海苔等也将成为新型海洋保健品的原料。

1.5.2.2　采用高新技术生产保健食品是未来的发展方向

未来保健食品竞争的核心必将是科技含量,只有不断更新技术,提高产品的科技含量,注

重产品的功效性、安全性,使保健食品功效成分明确,功效更加确凿,工艺更加先进,才有可能由国内进军到全球的保健食品市场。

生物工程技术、膜分离技术、超临界二氧化碳萃取技术、微胶囊技术、低温技术、重组技术等新技术的应用,可以大大提高保健食品的技术含量,有力地推动保健食品行业的快速发展。

基因工程技术将成为未来保健食品开发的主流技术。我国的基因工程技术研究居世界前列。利用该技术将人类需要的功能成分,如适用于癌症、糖尿病、高血压、冠心病等病人的功能因子导入到保健食品中,制造出诸如诱导癌细胞自杀的制剂、不使人发胖的脂肪、不含糖的饮料和点心等,都将成为 21 世纪保健食品研究开发重点。如"金水稻"就是利用基因工程技术增加 β-胡萝卜素和铁含量的水稻,对预防维生素和铁缺乏将会发挥重要作用。

1.5.2.3　保健食品将按特殊人群进行分化和发展

随着消费者消费心理和消费行为的理性化,过去那种包治百病的、功能定位模糊的保健品将不再为人们所认可。不同年龄人群由于发育和健体的需要不同,他们对保健食品的需求显然有着很大的差别。我国已步入老龄化社会,2000 年我国 60 岁以上老人已达到 1.3 亿人,预测到 2020 年我国老年人口将达到 2.3 亿,因此针对老人的保健食品市场蕴藏着无限发展潜力。

我国在膳食结构上尚存在许多缺陷,如钙、铁及多种维生素的摄入量不足等,需要通过营养强化剂的方式来满足人体的需要,尤其是孕妇、乳母、婴幼儿、青少年及老年人等特殊人群,更需要补充。

(丁晓雯,周才琼)

思考题

1. 什么是保健食品?保健食品可分为哪几类?
2. 保健食品与普通食品、药品有哪些区别?
3. 何谓第三代保健食品?我国目前的保健食品主要属于第几代产品?
4. 简述我国保健食品的发展方向。

参考文献

[1]徐华峰.中国保健食品行业状况和发展趋势.食品工业科技,2004(12):6～10

[2]励建荣.论中国传统保健食品的工业化和现代化.食品科技,2004(12):1～5

[3]李献坤,林清录,李丽辉.我国保健食品市场的现状与对策研究.食品工业科技,2005(10):18～22

[4]王丽平,林淑英.我国保健食品行业的发展历程与展望.现代食品与药品杂志,2006,16(1):1～3

[5]常伟兵.当前保健食品中存在的问题及监管对策.中国食品药品监督,2006(3):52～53

[6]李海龙,王静,曹维强.保健食品的发展及原料安全隐患.食品科学,2006,27(3):263～266

[7]荫士安,王茵.试论保健食品的安全性.中华预防医学杂志,2006,40(2):141～144

第二章　保健食品原料

2.1　根茎类保健食品原料

2.1.1　人参

人参为五加科植物人参（*Panax ginseng* C. A. Mey)的干燥根,主产地有黑龙江、辽宁、吉林、河北等省。新鲜人参根部经洗刷后可用不同方法干制。经笼蒸、烘干(晒干)制成的为红参;略晒,硫黄熏制,晒干制成的为生晒参;洗净,去表面粗皮,糖水浸润,晒干制成为糖参(白参)。

2.1.1.1　人参的主要成分

人参所含的人参皂苷（Ginsenoside，GS)和人参多糖（Ginseng polysaccharides，GPS)是人参最重要生物活性成分。

人参皂苷约占人参组成的 4‰,目前已分离并鉴定 60 余种。结构如图 2-1 所示。

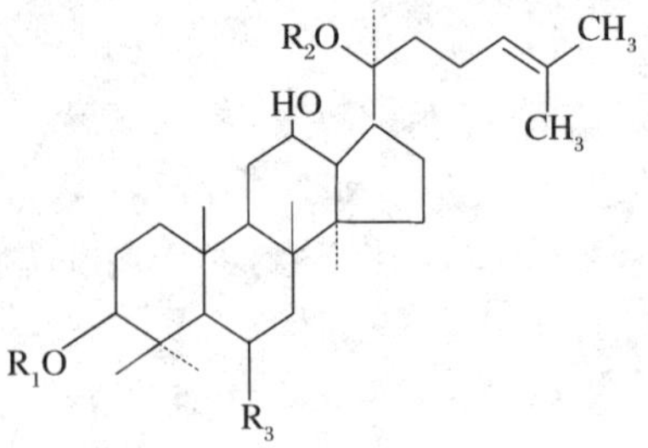

根据皂苷水解生成的配基不同,将人参皂苷分为三类:①人参二醇型皂苷:R_{a1}、R_{b1}、R_{b2}、R_{b3}、Rc、Rd、R_{g3} 和 R_{h2} 等,配基为人参二醇;②人参三醇型皂苷:R_{g1}、R_{g2}、R_e、R_f、R_{h1} 等,配基为人参三醇;③以齐墩果酸为配基的人参皂苷 R_0。

人参皂苷在参根表皮中含量最高,皮层次之,故参根根条较小、支根较多、须根完整者表皮面积大,人参皂苷的含量就高,为优质原料。此外人参的加工方法对皂苷的种类

图 2-1　人参皂苷的化学结构

和含量也有影响,例如白参去除了表面的粗皮,造成了人参皂苷的大量损失。

人参多糖由人参淀粉和人参果胶两部分组成,具有生理活性的成分主要是人参果胶,由半乳糖醛酸、半乳糖、阿拉伯糖残基组成,还有少量鼠李糖残基。

此外,人参中还含有挥发油,主要成分为倍半萜类、长链饱和羧酸以及少量的芳香烃类物

质,倍半萜中的 β-榄香烯具有抗癌作用。人参中的麦芽醇、水杨酸和香草酸等成分具有抗氧化活性。

2.1.1.2　人参主要功能作用

人参是我国传统的名贵补药,据《神农本草经》记载,人参具有"主补五脏,安精神,定魂魄,止惊悸,明目,开心益智,久服有轻身延年之功效"。通过临床应用和动物实验,确定人参有如下的生理功能:

(1)人参具有明显提高记忆力的作用。人参皂苷 R_{b1} 和 R_{g1} 能增加海马趾突触的密度,促进神经细胞的生长,促进乙酰胆碱转移酶和神经生长因子 mRNA 的表达。动物电刺激条件反射实验证明人参及其制品能明显增强大鼠的学习记忆能力,人体实验也证明人参能提高学生的反应能力和思维能力。人参对中枢神经系统有兴奋和抑制的双向调节作用,不仅促进学习和记忆,使中枢神经系统兴奋,而且还具有抑制作用,对心神不安导致的失眠多梦也有改善作用,R_b 类人参皂苷为镇静功效成分。

(2)人参有明显的强心作用,能增加心肌收缩力,减慢心率,增加心输出量与冠脉血流量。人参皂苷 R_{b1} 和 R_e 能抑制 Na^+,K^+-ATP 酶的活性,提高心肌细胞内钙离子浓度,增强心肌的收缩张力。人参具有扩张血管的功能,可降低总外周阻力,增加机体各组织的血流量,抑制血管收缩剂 5-羟色胺对血管的作用。

(3)人参具有增强免疫功能的作用。人参所含人参皂苷和人参多糖是调节免疫功能的活性成分,对正常动物网状内皮系统吞噬功能具有促进作用。人参皂苷能提高小鼠 T、B 淋巴细胞对相应分裂原的反应性,可直接促进离体小鼠或活体小鼠脾脏自然杀伤(NK)细胞的活性,还可使老年鼠脾脏组织中环磷酸腺苷(cAMP)和环磷酸鸟苷(cGMP)水平明显升高。

(4)人参对肿瘤有一定的抑制作用。其抗瘤作用机制为:人参皂苷通过促进白蛋白、γ-球蛋白的合成,提高 T-细胞和巨噬细胞的功能,抑制肿瘤细胞的增殖。人参皂苷 R_{h2} 促进癌细胞再分化并逆转为非癌细胞,而人参多糖可通过增强机体的免疫功能,刺激机体产生相关抗体,从而间接抑制肿瘤。

(5)人参具有抗氧化作用。人参中含有酚酸类物质,对实验小鼠肝脏内的脂质过氧化有明显的抑制作用;人参皂苷 R_{g1} 能抑制大鼠海马细胞单胺氧化酶 B 的活性;由于人参皂苷可使老年大鼠血清中 T_3(血清三碘甲状腺原氨酸)水平显著提高,增强老年大鼠的基础代谢。

2.1.2　甘草

甘草(Lisuourice root)又名美草、蜜甘、国老,是豆科甘草属植物甘草干(*Glycyrhiza uralensis* Fisch)燥的根及根茎。甘草可分为乌拉尔甘草(产于东北、华北、西北等地)、光果甘草(产于新疆、青海、甘肃)和胀果甘草(产于新疆南部、甘肃等地)。甘草根茎为圆柱形,直径为 3～4 cm,长 1 m 多,以皮红色有光泽、条顺直、质坚实、粉性足者为佳。

2.1.2.1　甘草的主要成分

甘草的化学成分比较复杂,现已从甘草属植物中分离鉴定出 200 多种化学成分,其中最重要的具有生物活性的成分为甘草甜素(甘草酸)和黄酮类物质,此外还有多糖、氨基酸、有机酸、生物碱和多种金属元素等。

甘草甜素是甘草的根和根茎中所含有的一种五环三萜皂苷,主要成分为甘草酸,占甘草根茎的 3‰～14‰,结构如图 2-2 所示。甘草酸经胃酸水解或经肝中 β-葡萄糖醛酸酶分解形成甘草次酸(Glycyrrhetinic acid)而具有生理活性。甘草甜素具有解毒、抗炎症等功能。

甘草黄酮类(Glycyrrhiza flavonoids,FG)物质包括了甘草素(Liquiritigenin)、异甘草素(Isoliquiritigenin)、甘草苷(Liquiritin)、异甘草苷(Isoliquiritin)、新甘草苷(Neoliquiritin)和新异甘草苷(Neoisoliquiritin)等。黄酮类物质有抗溃疡、解痉挛等生理功能。

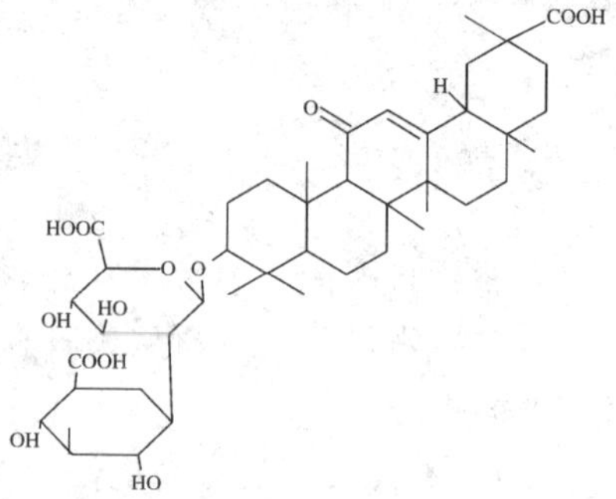

图 2-2　甘草甜素的化学结构

2.1.2.2　甘草的主要功能作用

(1)甘草具有解毒作用。甘草甜素能降解某些食品、体内代谢产物的毒素以及细菌毒素。甘草能显著降低组胺、可卡因、苯砷、升汞等的毒性,对咖啡因、乙酰胆碱、毛果芸香碱、烟碱等有一定的解毒作用,对蛇毒、河豚毒有一定的解毒作用。

(2)甘草具有类似肾上腺皮质激素的作用,包括盐皮质类甾醇样和糖皮质类甾醇样两种作用。

(3)甘草所含的甘草苷、甘草素、异甘草苷等都是抗消化性溃疡的有效活性成分。动物试验表明,甘草浸膏、甘草甲醇提取物 FM100 对大鼠结扎幽门、水浸应激、消炎痛等引起的消化溃疡都有明显的抑制作用。人体试验表明,甘草甜素对十二指肠溃疡患者有解痉挛作用。

(4)甘草对某些肿瘤有抑制作用。甘草甜素能抑制实验动物皮下移植的吉田肉瘤。体外人体肿瘤细胞实验证明,甘草甜素、18α-甘草次酸和 18β-甘草次酸均有抑制肿瘤细胞生长的作用。

2.1.3　葛根

葛根(Kudzuvine root)又名干葛、粉葛等,是豆科葛属植物野葛[*Pueraria lobata*(wied)Ohwi]和粉葛(*Pueraria homsonii* Bentn)的块根。我国共有葛属植物 11 种,可人工栽培。辽宁、河北、浙江、安徽、四川及云南等地葛根资源最为丰富。

葛根多呈长圆柱形,白色、黄白色或黄棕色,切片断面粗糙、质地坚硬、密度较高,纤维及淀粉含量丰富,无臭,味微甜。葛根以块肥大、质坚实、色白、粉性足、纤维性少者为佳。

2.1.3.1　葛根的主要成分

葛根含多种化学成分,主要包括淀粉、异黄酮类和三萜类化合物。葛根中还含有铁、钙、锌、铜、磷、钾等十多种人体必需的矿物质、多种氨基酸以及多种维生素。

异黄酮类物质是葛根主要的生理活性成分,包括葛根素(Puerarin)、大豆苷元(Daidzein)和大豆苷等成分。葛根素化学名为 4,7-二羟基-8-葡萄糖醛基异黄酮,大豆苷元为葛根素

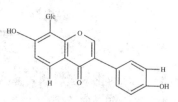

图 2-3　葛根素化学结构

的苷元,葛根素结构如图 2-3 所示。

三萜类化合物主要包括以葛根皂醇 A、B、C 命名的新型齐墩果烷型皂角精醇、槐二醇、大豆皂醇、大豆苷醇等。三萜类成分具有抗肿瘤、保肝作用。

2.1.3.2　葛根的主要功能作用

(1)葛根对循环系统具有调节作用。葛根中的总黄酮能增加脑及冠状动脉的血流量,对动物和人体的脑循环以及外周循环有明显的促进作用。葛根总黄酮在改善高血压及冠心病患者的脑血管张力、弹性和搏动性供血等方面均有温和的促进作用,对微循环障碍有明显的改善作用。葛根素对心肌具有保护作用,明显降低缺血心肌的耗氧量,抑制乳酸的产生。

(2)葛根有降血糖作用。葛根素能使四氧嘧啶性高血糖小鼠血糖明显下降,血清胆固醇含量减少。

(3)葛根具有抗氧化作用。葛根异黄酮明显抑制小鼠肝、肾组织及大白兔血液、脑组织的脂质过氧化产物丙二醛的升高,并且对提高血液、脑组织中超氧化物歧化酶活性有极显著作用。

2.1.4　大蒜

大蒜是百合科葱属植物蒜(*Allium satirum* L.)的地下鳞茎。大蒜适应性强,我国南北均有种植,其中以山东、河北等省产量最高。按照鳞茎外皮的色泽可将大蒜分为紫皮蒜与白皮蒜两种。紫皮蒜的蒜瓣少而大,辛辣味浓,多分布在华北、西北与东北等地;白皮大蒜有大瓣和小瓣两种,辛辣味较淡。

2.1.4.1　大蒜的主要成分

大蒜含大蒜辣素、大蒜新素、蒜氨酸、蛋白质、氨基酸、糖类(主要为多聚糖)、多种维生素和矿物质(锗和硒较高),还含多种酶类,包括超氧化物歧化酶(SOD)、蒜氨酸酶、水解酶、聚果糖酶及聚果糖苷酶等。

蒜氨酸(Alliin)化学名为 S-烯丙基-γ-半胱氨酸亚砜。蒜氨酸无色无嗅,蒜组织被破坏时,蒜氨酸与蒜苷酶接触,被水解成大蒜辣素,产生大蒜特有的臭味。大蒜辣素化学名为 2-丙烯基硫代亚磺酸烯丙酯。大蒜新素具有强烈的大蒜臭味,具有防止动脉硬化、降血压、稳定血糖等作用。大蒜辣素、蒜氨酸、大蒜新素的化学结构如图 2-4,2-5,2-6。

$$S{-}CH_2{-}CH{=}CH_2$$
$$O{\leftarrow}S{-}CH_2{-}CH{=}CH_2$$

图 2-4　大蒜辣素

$$CH_2{=}CH{-}CH_2{-}S{-}CH_2{-}CH{-}COOH$$
$$\underset{O}{\overset{}{|}} \qquad \underset{NH_2}{\overset{}{|}}$$

图 2-5　蒜氨酸

$$S{-}CH_2{-}CH{=}CH_2$$
$$|$$
$$S$$
$$|$$
$$S{-}CH_2{-}CH{=}CH_2$$

图 2-6　大蒜新素

2.1.4.2　大蒜的主要功能作用

（1）大蒜具有抗氧化功能。大蒜 SOD 含量较丰富，SOD 具有抗氧化作用。大蒜及其水溶性提取物含有硒蛋白和硒多糖，对羟基自由基（HO·）和超氧阴离子自由基（O_2^-·）等活性自由基有较强的清除能力。

（2）大蒜能抗高血脂和动脉硬化、抗血小板聚集、增强纤维蛋白溶解活性、扩张血管产生降压作用。

（3）大蒜是一种较好的免疫激发剂，所含挥发性成分能增强小鼠白细胞吞噬细菌的能力。

（4）大蒜能增强肝功能（特别是解毒功能），对肝脏疾病有较好的疗效。

（5）大蒜具有提高人葡萄糖耐量的作用，而葡萄糖耐量可间接反映胰岛 β-细胞的功能。

（6）大蒜所含的水溶性与油溶性的烯丙基硫化物均能阻止以化学途径诱发的肿瘤。大蒜中的有机锗化合物有利于癌症的控制。

2.1.5　白芷

白芷（*Angelica dahurica*（Flsch）Benth. et Hook.）是伞形科植物兴安白芷、川白芷、杭白芷的干燥根，主产四川、浙江和云南。

2.1.5.1　白芷的主要成分

白芷主要成分为呋喃香豆素类，主要含有 0.06％～0.34％氧化前胡素，0.1％～0.83％欧前胡素，0.05％～0.15％异欧前胡素。

2.1.5.2　白芷主要功能作用

（1）白芷对大肠杆菌、宋氏痢疾杆菌、弗氏痢疾杆菌、变形杆菌、伤寒杆菌、副伤寒杆菌、绿脓杆菌、霍乱弧菌及人型结核杆菌等有不同程度的抑制作用。

（2）白芷所含异欧前胡内酯有降低蛙心收缩力作用，氧化前胡素 5 mg/kg 可使兔动脉压下降 25％～50％，并维持 3～7 h。

（3）白芷影响脂肪代谢，所含呋喃香豆素类与肾上腺素和促肾上腺皮质素共存，则对这些激素有活化作用，增强它们所诱导的脂肪分解作用。但单独应用时，则对脂肪代谢无明显影响。

白芷还有有解痉挛、止痛的功效。

2.1.6　肉桂

肉桂（*Cortex cinnamomi* Cassiae）为樟科樟属植物肉桂（*Cinnamomum cassia* Presl）的干皮及枝皮，主产广西、广东、云南等地。桂皮根据剥取的年龄阶段不同，可分为官桂、企边桂和板桂。官桂为圆筒形，由 5～6 年生的幼桂树剥制；企边桂的形状为由两边向内卷，由 10～15 年生的桂树剥制；板桂呈板状，无卷曲，由 20 年以上的老树剥制。

肉桂外表面灰棕色，内表面红棕色，断面紫红色或棕红色，以皮细肉厚、断面紫红色、油性大、香气浓烈者为佳。

2.1.6.1 肉桂的主要成分

肉桂皮含1%~2%的挥发油（肉桂油），其中含肉桂醛为75%~95%，以及肉桂酸、乙酸桂皮酯、乙酸苯丙酯和苯甲醛等。肉桂还含有抗溃疡成分桂皮苷和桂皮多糖。

2.1.6.2 肉桂的生理功能

（1）肉桂有扩张血管及降压作用。肉桂水抽提液及水溶甲醇部分均能使犬血压明显下降，并对外周血管有直接扩张作用。肉桂醛能增强豚鼠离体心脏的收缩力，还可抗心肌缺血和抗血小板聚集。

（2）肉桂具有抗溃疡、加强胃肠道运动的作用。肉桂水提物通过增强胃黏膜血流量，改善微循环，从而抑制5-羟色胺引起的胃溃疡。桂皮油为芳香性健胃祛风剂，可促进唾液及胃液分泌，增强消化功能。

（3）肉桂所含肉桂油、肉桂酸钠、桂皮醛等具有镇静、镇痛、解热、抗惊厥等作用。肉桂醛及肉桂酸钠还可使家兔血白细胞数增加。

2.1.7 姜类

姜（*Zingiber officinale* Rosc.）是姜科植物姜的根茎，新鲜者为生姜（*Rhizoma zingiberis* Recents），干燥后为干姜（*Rhizoma zingiberis*）。生姜在我国的栽培地域很广，其中以四川、贵州、广西、广东、山东、陕西等地产量最高，以块大、丰满、质嫩者为佳。

2.1.7.1 姜的主要成分

姜的辛辣味成分为姜辣素（Gingerol），姜辣素分解则变成油状辣味成分姜烯酮和结晶性辣味成分姜酮、姜萜酮的混合物。姜的香气来源于挥发油，主要成分包括 α-蒎烯、莰烯、α-水芹烯、芳樟醇、橙花醛、香叶醛等。

2.1.7.2 姜的生理功能

（1）姜影响心血管系统。经动物实验，静脉注射6-,8-和10-生姜酚均能增强犬心肌收缩力，静脉注射6-姜烯酮可使大鼠心率显著减慢。健康人咀嚼生姜1g（不咽下），可使血压升高，脉率无影响。生姜提取液对花生四烯酸、肾上腺素、ADP和胶原诱发的血小板聚集均有明显抑制作用。

（2）生姜具有抗盐酸-乙醇性溃疡作用。姜烯为抗溃疡有效成分，能保护胃黏膜。姜油酮及姜烯酮能止吐。姜还可促进胃液分泌、加强胃肠道运动。

（3）姜对中枢神经系统有抑制作用。6-姜酚与6-姜烯酮均可抑制小鼠自发活动。鲜姜提取物还有清除超氧阴离子自由基、羟自由基的抗氧化作用。

2.1.8 百合、薤白、山药

2.1.8.1 百合

百合（*Lilium brownii* var. *viridulum* Baker）为百合科植物百合、麝香百合、细叶百合及

同属多种植物鳞茎的干燥肉质鳞叶。百合呈长椭圆形、披针形或长三角形,质地坚硬而稍脆,表面乳白色或淡黄棕色。以瓣匀肉厚、表面黄白色、质坚筋少者为佳。

百合主要成分有秋水仙碱和百合多糖,秋水仙碱能抑制癌细胞增殖,百合多糖有促进免疫的作用。

百合的主要功能作用:①百合能升高外周白细胞浓度,提高机体免疫力。②百合水提液能显著延长"肺气虚"型小鼠的游泳时间,具有抗疲劳作用。此外,百合还有止咳祛痰、平喘、保护胃黏膜等功效。

2.1.8.2 薤白

薤白(*Allium macrostemon* Bunge)为百合科植物小根蒜和薤的干燥鳞茎,主产东北、河北、江苏、湖北等地。薤白有蒜臭,味辛且苦,呈不规则的卵圆形,长 1~1.5 cm,直径 0.8~1.8 cm,质地坚硬,表面黄白色或淡黄棕色。

薤白的主要成分包括蒜氨酸、大蒜糖、脂肪酸、前列腺素、挥发油及薤白苷 A、D、E、F。薤白苷 A、D、E、F 可抑制血小板聚集。挥发油主要为二烯丙基硫、二烯丙基二硫、甲基丙烯基三硫化合物等。

薤白主要功能作用:①抑制血小板聚集。②降血脂、抗动脉粥样硬化。③影响花生四烯酸的代谢,解除支气管平滑肌痉挛。④薤白水抽提液对痢疾杆菌、金黄色葡萄球菌有抑制作用。

2.1.8.3 山药

山药(*Rhizoma dioscoreae*)为薯蓣(*Dioscorea opposita* Thunb.)科薯蓣的块茎,以河南博爱、沁阳、武陟及温县等地所产最佳,习惯称为"怀山药"。山药有毛山药和光山药之分,毛山药经湿润搓揉、晒干打光即得光山药。

山药的主要成分有薯蓣皂苷和山药多糖,其他成分有黏液蛋白质、磷脂、多巴胺、盐酸山药碱及胆碱等。黏液蛋白质是一种由糖类物质与蛋白质结合而成的组分,经水解后可以得到各种氨基酸单体和单糖。

山药主要功能作用:①增强免疫功能。动物实验表明,山药的水抽提醇沉淀提取液给小鼠灌胃,对小鼠细胞免疫功能和体液免疫有较强的促进作用。②降血糖。用山药水抽提液给小鼠灌胃,可降低正常小鼠血糖,对四氧嘧啶引起的小鼠糖尿病有预防和治疗作用。③抗氧化。动物实验表明,山药能增强小鼠体内 GSH-Px 活性和抑制过氧化作用。

2.2 叶类保健食品原料

2.2.1 茶叶

茶叶的饮用在我国有悠久的历史,公元 4 世纪时饮茶的习惯已逐渐普及,如今已成了风靡世界的三大无酒精饮料(茶叶、咖啡和可可)之一。茶叶可分为基本茶类和再加工茶两大类:基本茶类包括绿茶、红茶、乌龙茶、白茶、黄茶和黑茶6类;再加工茶是上述6类茶叶经过再加工而成,包括花茶、紧压茶、萃取茶、香味果味茶、保健茶和含茶饮料6类。

2.2.1.1 茶叶的主要成分

人们从茶叶中检测到的化学成分多达500多种,主要有茶多酚、茶叶多糖、茶叶皂甙、茶氨酸、γ-氨基丁酸、嘌呤碱、蛋白质、糖类、类脂、多种维生素和矿物质等。

茶多酚(Tea polyphenols,TPs)是茶叶中酚类及其衍生物的总称,占20%~35%,主要由儿茶素类、黄酮、黄酮醇、花青素、酚酸及缩酚酸组成。儿茶素类化合物是主要的生理功能成分,占茶多酚总量的70%左右,结构如图2-7所示。

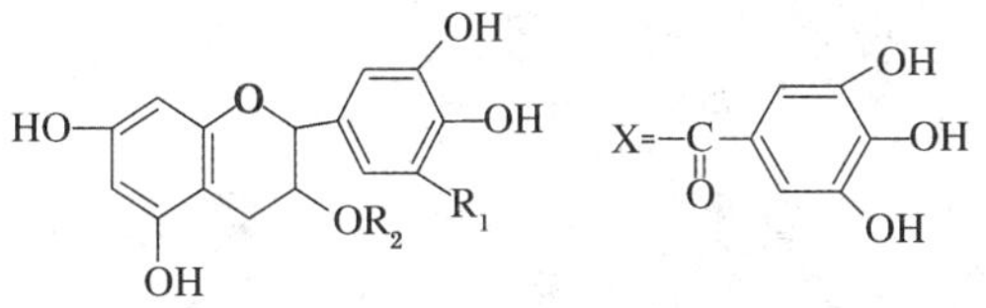

$R_1=R_2=H$ 儿茶素(Catechin,简称C)
$R_1=OH$,$R_2=H$ 没食子儿茶素(Gallocatechin,简称GC)
$R_1=H$,$R_2=X$ 儿茶素没食子酸酯(Catechingallate,简称GC)
$R_1=OH$,$R_2=X$ 没食子儿茶素没食子酸酯
(Gallocatechingallate,简称GCG)

图 2-7 茶多酚

茶叶复合多糖是一类由糖类、果胶及蛋白质等组成的复合物。

茶叶嘌呤碱是一类含有多个氮原子的环状结构化合物,主要有咖啡碱、可可碱和茶碱。

2.2.1.2 茶叶主要功能作用

(1)茶叶所含多酚类是强抗氧化剂,可直接清除自由基,避免氧化损伤。茶多酚及氧化产物还可作用于产生自由基的相关酶类、络合金属离子,间接清除自由基,起到预防和断链双重作用。因此,这类物质可以起到保护心血管系统的作用。其清除超氧阴离子的能力优于常见天然抗氧化剂维生素C和维生素E。因此,饮茶具有抗衰老、预防老年痴呆和肝病的作用。

(2)茶叶所含多酚类可降体脂和肝脂,还能防止血液中胆固醇及其他烯醇类和中性脂肪的积累,并能降低低密度脂蛋白(LDL)水平。茶叶中的儿茶素类和咖啡碱能增加血管的有效直径,起到降血压的作用,所含γ-氨基丁酸和茶氨酸也有降血压作用。因此,饮茶有调节脂类代谢和预防心脑血管疾病的作用。

(3)茶叶中的茶多酚和皂甙为杀菌活性成分,不仅能杀死或抑制腐败菌,还可以杀死赤痢杆菌、伤寒杆菌、黄色溶血性葡萄球菌和金黄色链球菌等比较专化的微生物。据 Yukihiko Hara 报道,在低于日常饮用浓度的情况下,茶儿茶素也能杀灭食物病菌、植物病菌和生龋病菌。茶提取液可阻止流感病毒在动物细胞上的吸附,减轻流感病毒的侵染。而且茶叶还富含氟元素,因此具有预防龋齿的作用。

(4)茶叶多酚具有缓解机体产生过激变态反应的能力,并对机体整体的免疫功能有促进作用。杨贤强等研究表明,接受化疗和放疗的癌症病人服用TP后血浆中免疫球蛋白(Ig)增加,特别是IgM和IgA;TP可促进免疫细胞的增殖和生长,明显增强巨噬细胞的吞噬活性,增强机体的非特异性免疫功能;TP还可显著提高溶血素浓度,增强抗体对抗原的识别和清除能力,从而提高特异性体液免疫功能。茶叶活性多糖有刺激产生抗体和增强免疫功能的作用。

(5)茶叶对中枢神经系统有一定的影响。茶叶中所含咖啡碱是中枢神经系统的兴奋剂,饮茶能刺激大脑中枢神经兴奋,集中思考力。所含γ-氨基丁酸是重要的中枢神经系统的抑制性物质,可镇静神经,起抗焦虑作用。茶氨酸是咖啡碱的抑制物,可有效抑制高剂量咖啡碱引起的兴奋振颤作用和低剂量咖啡碱对自发运动神经的强化作用。茶氨酸可诱导放松状态,使人镇静。

(6)国内外大量的研究表明,多种茶叶(包括鲜叶、红茶、乌龙茶、绿茶)和茶叶组分(如热水提取液、茶多酚化合物等)对肺癌、胃癌、皮肤癌、直肠癌、乳腺癌、肝癌和食道癌均有防护作用。茶叶中的多酚化合物,特别 EGCG(表没食子儿茶素没食子酸酯)和 ECG(表儿茶素没食子酸酯)是最重要的抗肿瘤组分。此外,茶氨酸也具有抗肿瘤作用及增强抗癌药物疗效的作用。

茶叶还有多种功能作用,包括抗辐射、耐缺氧、降血糖、利尿、助消化和对重金属毒害的解毒作用等。

2.2.2 银杏

银杏(*Ginkgo biloba* L.)属国家二级保护的稀有植物,我国是世界银杏的起源中心,拥有世界总量 70% 以上的银杏树资源。银杏的主产地为江苏、山东、安徽、浙江、湖南、湖北、广西、福建等。

2.2.2.1 银杏叶主要成分

银杏含黄酮类、银杏内酯类、白果内酯及银杏叶多糖等功能成分。

黄酮类化合物为银杏叶中的主要活性成分之一。到目前为止,已从银杏叶分离出 46 种黄酮类化合物,包括 20 种黄酮苷、7 种黄酮苷元、6 种双黄酮、5 种桂皮酸酯黄酮苷和 6 种儿茶素等。

银杏内酯化合物又称银杏萜内酯(Ginkgolides),由二萜内酯组成,包括银杏萜内酯 A、B、C 和 M,具有抗氧化和延缓衰老的功能。

白果内酯(Bilobalide)为倍半萜衍生物,可用于治疗神经病、脑病和脊髓病。

银杏叶中多糖有杂多糖与均多糖两种,能清除体内的自由基。

2.2.2.2 银杏叶主要功能作用

(1)银杏叶中黄酮类化合物为强自由基清除剂。

(2)银杏叶中的黄酮类成分提取物灌流于豚鼠和家兔离体心脏可引起冠状血管扩张,经大鼠实验也证实了黄酮化合物的扩张血管作用。银杏叶临床上用于治疗冠心病、心绞痛。

(3)食用银杏叶制品,能增加脑血流,改善脑循环,对功能性中枢神经损伤有明显功效。银杏萜内酯对神经病、脑病及脊髓病有一定疗效,临床上用于治疗脑功能障碍、脑伤后遗症。

2.2.3 芦荟

芦荟(Aloe)原产非洲,为百合科多年生常绿肉质植物库拉索芦荟(*A. vera* L.)、好望角芦荟(*A. ferox* Mill.)或斑纹芦荟[*A. vera* var. *chinensis*(Haw.)Berger]叶中的液汁经浓缩的干燥品。

2.2.3.1　芦荟主要成分

芦荟的化学成分有 160 多种,其中生理活性成分达 70 多种,包括多糖、氨基酸、有机酸、多种维生素、矿物质类、酶类(过氧化氢酶、SOD、淀粉酶、脂肪酶、纤维素酶等)及蒽醌类化合物等。

蒽醌类化合物是芦荟最主要的活性成分,包括芦荟大黄素(Aloe-emodin)、芦荟素(Alon)、芦荟大黄酚苷、芦荟大黄酚、芦荟苷、异芦荟苷、芦荟皂苷、芦荟槲皮素等,芦荟大黄素是最基本的成分之一。

2.2.3.2　芦荟主要功能作用

(1)芦荟有一定的免疫刺激作用,能增强小鼠对单核细胞增生性李斯特菌感染的抵抗能力。

(2)芦荟醇提取物具有抗肿瘤作用,芦荟苦素对实体瘤也有抑制作用。

(3)芦荟注射液、芦荟总苷对实验性化学性肝损伤动物有保护作用,对 CCl_4 引起的肝细胞损害有保护作用。

(4)芦荟大黄酚有健胃消炎的功效。芦荟大黄素苷对治疗气喘、过敏性鼻炎有良好疗效。芦荟槲皮素具有祛痰、止咳平喘、降血压、增加冠状血流量等作用。

(5)芦荟素有通便利尿、治疗便秘的作用。芦荟苷通过细菌分解产生活性成分作用于大肠而引起腹泻作用,给犬口服芦荟 2~5g,猫口服 0.2~1.0g 均可引起腹泻。

2.2.4　桑叶、荷叶和紫苏

2.2.4.1　桑叶

桑叶(*Folium mori*)为桑科落叶小乔木植物桑树的叶。干物含粗蛋白质 25%～45%,碳水化合物 20%～25%,粗脂肪 5%,维生素 C、B_1、B_2,矿物元素钾、钙、铜、锌、硼、锰等。桑叶主要活性成分有芸香苷(Rutin)、槲皮素、异槲皮苷、植物雌激素、植物甾醇和 γ-氨基丁酸等。

桑叶的功能作用包括:①降血糖:桑叶含有 1-脱氧野尻霉素(DNJ),DNJ 是一种 α-糖苷酶抑制剂,抑制人体糖苷酶对糖的吸收利用。②降血压:桑叶中含 γ-氨基丁酸,能有效降低血压。③降血脂:桑叶中含有异槲皮苷、槲皮苷、槲皮苦素等黄酮类物质,能抑制脂质氧化,植物固醇能有效地抑制肠道对胆固醇的吸收。

2.2.4.2　荷叶

荷叶(*Folium nelumbinis*)为睡莲科植物莲的叶。主要成分有生物碱,包括莲碱、荷叶碱、原荷叶碱、亚美罂粟碱、前荷叶碱等。荷叶还含有槲皮素、异槲皮苷、琥珀酸等活性成分。

荷叶的生理功能:荷叶生物总碱具有降脂减肥的功效,对细菌、酵母菌和霉菌都有较强的抑制作用。所含琥珀酸有止咳祛痰作用。

2.2.4.3　紫苏

紫苏(*Folium perillae*)为唇形科植物紫苏[*Perilla frutescens* var. *arguta*(Benth.)Hand Mazz.]、野生紫苏等的干燥叶,具有特异芳香,主产于江苏、湖北、广东、广西、河南、河北、山东等地。

紫苏具有低糖、高纤维、高矿质元素的特点。紫苏嫩叶中含有还原糖、蛋白质、纤维素、脂肪、胡萝卜素、维生素 B_1、维生素 B_2、尼克酸、维生素 C 和钾、钠、钙、镁、等矿质元素。紫苏叶含挥发油 $0.2\%\sim0.9\%$，其中主要有紫苏醛、紫苏醇、薄荷酮、薄荷醇、丁香油酚、白苏烯酮等。

紫苏可调节中枢神经系统，紫苏叶中的紫苏醛具有镇静作用，而且紫苏醛和豆甾醇具有协同作用。紫苏能促进消化液分泌，增强肠道蠕动。紫苏叶的乙醚提取物能增强脾细胞的免疫功能，而乙醇提取物和紫苏醛有免疫抑制作用。紫苏还有抗突变和抗菌作用。

2.3 果类保健食品原料

2.3.1 沙棘

沙棘又名沙枣、醋柳果，是胡颓子科植物沙棘（*Hippophae rhamnoicles* L.）的干燥成熟果实，分布于华北、西北及四川、云南、西藏等地。沙棘果为橙黄色，近于球形，直径 $0.5\sim1$ cm，味酸、涩。

2.3.1.1 沙棘的主要成分

前苏联学者研究发现沙棘果实中的活性成分达 190 多种，主要包括蛋白质、脂肪类、多种维生素和微量元素、黄酮及萜类化合物、酚类及有机酸类以及超氧化物歧化酶（SOD）等。

黄酮类和萜类成分有槲皮素、异鼠李素、山奈酚、山奈酚苷类、杨梅酮、猪草苷、五倍子酸、齐墩果酸、谷甾醇、豆甾醇、洋地黄皂苷、芦丁和绿原酸等。

2.3.1.2 沙棘主要功能作用

（1）沙棘可增强免疫功能。用沙棘汁给大鼠灌胃，可使大鼠血清中免疫球蛋白明显升高。沙棘总黄酮皮下或腹腔注射均能明显增强小鼠腹腔巨噬细胞的吞噬能力。沙棘总黄酮能特异性地增强细胞免疫功能。

（2）沙棘浓缩果汁有抗心肌缺氧作用，对心肌缺血也有一定的保护作用。沙棘总黄酮能较好地改善心肌供血状态，可增进心功能、降血脂、预防动脉粥样硬化。

（3）体外试验表明，沙棘汁能杀伤 S_{180}、P_{388}、L_{1210} 肉瘤等癌细胞。沙棘汁对小鼠腹水肉瘤细胞的增殖有一定抑制作用，对小鼠骨髓瘤细胞也有明显的抑制作用。

此外，沙棘油富含维生素 E、C 等抗氧化物质，对于清除活性氧自由基有重要作用。沙棘果提取物的中性脂质成分有很强的抗溃疡作用，可保护消化系统。沙棘粉可延长小白鼠在常压下的耐缺氧时间，有抗疲劳作用。

2.3.2 枸杞子

枸杞子为茄科植物枸杞（*Lycium chinense* Mill.）或宁夏枸杞（*L. barbarum* L.）的干燥成

熟果实,主产河北、宁夏和甘肃等地。枸杞子呈椭圆形或纺锤形,长 1～2 cm,直径 3～8 mm,肉质柔润,内有许多黄色种子。表面鲜红色或暗红色,具不规则的皱纹。

2.3.2.1　枸杞子的主要成分

枸杞含枸杞多糖、甜菜碱,还含有 22 种氨基酸、维生素 B_2、维生素 B_1、维生素 C、烟酸、胡萝卜素和多种矿物元素等。矿物元素中包括人体必需的微量元素铁、锌、硒等,还含有锗。

枸杞子最重要的生理活性成分是枸杞多糖,含量为 5.42%～8.23%,其单糖组成有阿拉伯糖、半乳糖、甘露糖、木糖和鼠李糖。

2.3.2.2　枸杞子主要功能作用

(1)动物实验表明,枸杞多糖可显著提高小鼠非特异性免疫和特异性免疫功能。

(2)枸杞可降低大鼠血胆固醇,明显抑制灌饲胆固醇和猪油的家兔的血清胆固醇增高。枸杞能抑制脂肪在肝内的沉积,而且能促进肝细胞再生。枸杞多糖对 CCl_4 引起的小鼠肝脏脂质过氧化损伤有明显的保护作用。

(3)枸杞有雌性激素样作用。动物实验证实,枸杞子对双侧卵巢完全摘除的小鼠有显著的子宫增重的作用,对未成熟正常小鼠有促进子宫增重的作用。

(4)枸杞中的锗和枸杞多糖有抗肿瘤作用。枸杞多糖对荷瘤鼠灌胃后发现能显著抑制移植性肿瘤 S_{180} 的生长。枸杞子对健康人有显著升高白细胞的作用,恶性肿瘤患者在放疗过程中口服枸杞干果50 g/d连续10 d,能使其白细胞数显著增加。

(5)人体实验显示,枸杞提取液可明显抑制血清过氧化脂质(LPO)生成,使 GSH-Px 活力增高,故枸杞子提取液有一定的抗氧化作用。

2.3.3　山楂

山楂为蔷薇科植物山楂或野山楂(*Crataegus pinnatifida* Bunge)的成熟果实。山楂果实呈梨果球形或圆卵形,直径约 2.5cm,深红色且密布白色斑点,味酸、甘。

2.3.3.1　山楂的主要成分

山楂含黄酮类和三萜类化合物,还含丰富的蛋白质、多种维生素(维生素 B_1、维生素 B_2、维生素 C 和胡萝卜素等)和矿物质(钙、铁、镁、铜、锌、锰等)。

山楂中已分离得到 60 余种黄酮类化合物,主要苷元为:槲皮素类、芹菜素类、山柰酚类、木犀草素和二氢黄酮类等。

三萜类化合物是山楂中另一类较重要的成分,主要有熊果酸、山楂酸、齐墩果酸等。

2.3.3.2　山楂的生理功能

(1)山楂有增强心肌收缩力、增加心的血液输出量、减慢心率的作用。山楂内所含的三萜酸能改善冠脉循环,具有强心作用。山楂黄酮类化合物对心血管系统有明显的药理作用,山楂总黄酮静脉注射能使猫的血压下降,其总提取物或总苷对小鼠、兔、猫也有较好的降血压作用。在临床中,高血压患者食用山楂糖浆或浸出液,其血压显著下降或恢复正常。

(2)山楂果总黄酮具有一定的抗癌的作用。山楂提取液能阻断亚硝胺的合成,抑制黄曲霉素的致癌作用,对预防消化道肿瘤的发生有一定的作用。

(3)食用山楂能增加胃中消化酶的分泌和酶的活性,促进消化。山楂含有胃蛋白酶激动剂,可增强蛋白酶活性,还含有脂肪酶,能促进脂肪食积的消化。

2.3.4 栀子

栀子(*Gardenia jasminoides* Ellis)又称黄栀子、木丹等,为茜草科植物山栀的干燥成熟果实,主产浙江、江西、湖南和福建。

2.3.4.1 栀子的主要成分

栀子含黄酮类化合物、萜类化合物、环烯醚萜类、有机酸类(绿原酸和熊果酸)及挥发油类(包括醋酸苄酯、苯甲酸甲酯、橙花叔醇等)。

栀子中的黄酮类化合物主要有栀子素 A、B、C、D、E 等。

萜类化合物包括藏红花素、藏红花酸、α-藏红花配基、栀子花甲酸、栀子花乙酸等。藏红花素和藏红花酸为自然界罕见的水溶性类胡萝卜素类。

环烯醚萜类有栀子苷、异栀子苷、京尼平苷、羟异栀子苷等。

2.3.4.2 栀子的生理功能

(1)栀子有保肝利胆作用。栀子有效成分栀子苷可促进胆汁分泌,藏红花苷、藏红花酸也可使胆汁分泌量增加,环烯醚萜苷可收缩胆囊加速其排空。熊果酸能降低血清转氨酶,对肝癌细胞有明显的抑制作用。

(2)动物实验证明,栀子水抽提液和醇提取物口服或注射,对猫、兔、大鼠均有降血压作用。

(3)栀子所含藏红花酸能减少喂饲胆固醇兔动脉硬化发生率。

(4)栀子醇提取物能减少小鼠自发活动,具有镇静作用。

2.4 种子类保健食品原料

2.4.1 枣类

2.4.1.1 大枣

大枣为鼠李科植物枣(*Ziziphus jujuba* Mill.)的成熟果实,主产于河北、河南、山东、山西、陕西等地。我国大枣品种有 300 多个,主要有北京的密云小枣、河北的无核枣、山西的相枣、山东的金丝枣等。

(1)大枣的主要成分

大枣中主要含有环核苷酸(cAMP)、大枣多糖、黄酮类化合物、膳食纤维、生物碱、有机酸。

环核苷酸(cAMP)是大枣最重要的活性成分,大枣中 cAMP 的含量在高等植物中是最高的。cAMP是核苷酸的衍生物,是蛋白激酶的激活剂,参与多种生理生化过程的调节,对很多酶催化的反应具有调节作用。

黄酮类化合物主要有6,8-二葡萄糖基-2(S)-柑橘素、6,8-二葡萄糖基-2(R)-柑橘素和当归药黄素。生物碱包括异喹啉生物碱、酸枣碱、荷叶碱、观音莲明碱等。有机酸主要有桦木酸、齐墩果酸、山楂酸、儿茶酸、油酸等。

此外,大枣还含有氨基酸和微量元素,其维生素种类丰富而且含量高,如鲜枣中维生素C含量高达540～972 mg/100 g果肉,故鲜枣又被称为"天然维生素丸"。

(2)大枣的生理功能

大枣中的维生素P含量很高,维生素P具有维持毛细血管正常通透性,改善微循环等作用。大枣中的皂苷类物质能增强免疫力,降低血糖和胆固醇含量。黄酮类物质也可用于高血压和动脉硬化的预防和辅助治疗。

大枣对肝脏有保护作用,维生素C和cAMP能减轻各种化学药物对肝脏的损害,并可增加血清总蛋白含量。大枣中的果糖、葡萄糖、低聚糖、酸性多糖也有助于肝脏的保护。大枣在临床上用于慢性肝炎和早期肝硬化的辅助治疗。

大枣多糖能提高机体免疫力,有明显的抗补体活性,促进淋巴细胞增殖。大枣中的cAMP和三萜类化合物有抗癌功效。

2.4.1.2 酸枣仁

酸枣仁(*Semen ziziphi spinosae*)为鼠李科植物酸枣的种子,主产河北、陕西、辽宁和河南等地。

(1)酸枣仁的主要成分

酸枣仁主要含有三萜类化合物、黄酮类化合物、生物碱、脂肪油、cGMP样活性物质、阿魏酸、植物甾醇、氨基酸、矿物元素。

三萜类化合物主要有白桦脂酸、白桦脂醇、酸枣仁皂苷、胡萝卜苷、麦珠子酸。黄酮类化合物主要有当药素、酸枣黄素、斯皮诺素。生物碱包括欧鼠季叶碱、荷叶碱、原荷叶碱、衡州乌药碱、酸枣碱及去甲异紫堇定等。

(2)酸枣仁的生理功能

①酸枣仁对中枢神经系统有抑制作用,有效成分为黄酮类、皂苷类化合物。

②酸枣仁对心血管系统有保护作用,主要有抗心肌缺血和降血脂的功效,酸枣仁总皂苷能降血压、调节血脂,阿魏酸有降血脂和调节心血管的作用。

③酸枣仁多糖还有增强免疫功能的作用。

2.4.2 豆类

2.4.2.1 刀豆

刀豆(*Semen canavaliae*)为豆科植物刀豆[*Canavalia gladiata*(Jacq.)DC.]的干燥成熟种子,主产江苏、湖北、安徽等地,原产西印度的同属植物洋刀豆[*C. ensiformis*(L.)DC.]的种子也作刀豆用。

刀豆的主要活性成分为血球凝集素。洋刀豆含洋刀豆血球凝集素(Concanavalin A,简称ConA),是植物血球凝集素(PHA)中的一种,具有抗肿瘤的作用。

刀豆的主要生理功能为抗肿瘤,ConA 可凝集由各种致癌剂所引起的变形细胞。相关实验表明,ConA 对用病毒或化学致癌剂处理而得的变形细胞的毒性,大于对正常细胞的毒性。

2.4.2.2 白扁豆

白扁豆(*Dolichos lablab* L.)为豆科植物扁豆的成熟白色种子,主产湖南、安徽、河南等地。白扁豆为扁椭圆形或扁卵圆形,表面黄白色且光滑。

白扁豆种子含生物碱、酪氨酸酶、血球凝集素 A、血球凝集素 B、蛋白质、烟酸、糖类、氨基酸、维生素 A、维生素 B、维生素 C 及钙、磷、铁等成分。

白扁豆能增强免疫功能,通过体外活性 E-玫瑰花结反应试验表明,白扁豆对活性 E-玫瑰花结的形成具有促进作用,增强 T 淋巴细胞活性,提高细胞免疫功能。扁豆中含有对人的红细胞非特异性凝集素,它具有某些球蛋白的特性,可促进 E-玫瑰花结的形成,从而抑制血凝。

2.4.3 苦杏仁

苦杏仁为蔷薇科李属植物杏(*Prunus armeniaca* L.)、辽杏及野生山杏的成熟种子加工而成。

苦杏仁含有苦杏仁苷、苦杏仁酶、羟基腈分解酶以及挥发性香味成分。苦杏仁苷含量为 2%～4%,为止咳祛痰的有效成分。苦杏仁酶可使苦杏仁苷分解生成樱皮苷,然后在羟基腈分解酶的作用下产生剧毒性物质氢氰酸和苯甲醛,即使在室温下分解反应也能迅速发生,因此不仅有效成分苦杏仁苷不稳定,而且鲜苦杏仁也有一定毒性,必须经过加工去除毒性物质才能食用。苦杏仁中的挥发性香味成分主要有 β-紫罗兰酮、芳樟醇、γ-癸酸内酯、己醛等。

苦杏仁苷在消化道被肠道微生物酶或苦杏仁酶分解,产生的微量氢氰酸可抑制呼吸中枢,起到镇咳、平喘的作用。苦杏仁苷酶解的同时还会产生苯甲醛,苯甲醛在健康者或溃疡者体内均能抑制胃蛋白酶的活性,从而影响消化功能。苦杏仁苷还有降血糖的作用。

苦杏仁的蛋白质成分 KR-A 和 KR-B 有明显的抗炎与镇痛作用,所含脂肪有润肠通便作用。

2.4.4 薏苡仁

薏苡仁又称薏米、薏仁等,为禾本科植物薏苡(*Coix lacryma-jobi* L.)的干燥成熟种仁,主产福建、河北、辽宁。

薏苡仁的主要成分有薏苡仁酯、脂质和甾醇。脂质中 α-单油酸甘油酯具有抗肿瘤作用,甾醇中的顺、反阿魏酰豆甾醇和顺、反阿魏酰菜油甾醇有促进排卵的作用。

薏苡仁有抗肿瘤的作用,薏苡仁酯和薏苡仁油有很强的抗肿瘤活性,能增强癌细胞的敏感性和放疗或化疗药物的毒性,还能直接杀伤癌细胞。

薏苡仁所含的中性多糖类葡聚糖 1-7 及酸性多糖类 CA-1、CA-2 均显示抗补体活性。薏苡仁提取物对化疗药物所致免疫器官萎缩、巨噬细胞吞噬功能下降及白细胞减少都有明显保护作用,同时还能提高自然杀伤细胞的活性。

薏苡仁多糖有显著的降糖作用,薏苡仁在中医临床中为治疗糖尿病的常用药物之一。

低浓度薏苡仁油对平滑肌有兴奋作用,高浓度则有抑制作用。薏苡仁素有解热镇痛作用,其效果类似于氨基比林。

2.4.5 决明子

决明子为豆科植物钝叶决明（*Cassia obtusifolia* L.）的成熟种子，主产安徽、广西、四川、浙江、广东等地。

2.4.5.1 决明子的主要成分

决明子主要含有蒽醌衍生物和吡酮类物质。蒽醌衍生物主要以苷的形式存在，水解生成大黄素和葡萄糖，决明子中也有游离的羟基蒽醌衍生物，其中有大黄素、芦荟大黄素、大黄酸、大黄素-甲醚、大黄酚和大黄酚蒽酮。

决明子中吡酮类成分包括萘并-α-吡喃酮类和萘并-γ-吡喃酮类。从决明中分离得到决明蒽酮、异决明内酯、决明苷、决明苷 B、决明子内酯、红镰霉素-6-β-龙胆二糖苷。

2.4.5.2 决明子的生理功能

现代药理研究证实，决明子所含的有效成分具有调节免疫、抑菌、降血压、调节血脂及明目通便等作用。

(1)决明子可影响免疫功能。动物试验表明，决明子水煎醇沉剂对细胞免疫反应有一定的抑制作用，但对巨噬细胞功能有增强作用，可使小鼠腹腔巨噬细胞吞噬率和吞噬指数上升，使血清溶菌酶量上升。

(2)决明子对金黄色葡萄球菌、大肠杆菌、肺炎球菌有不同程度的抑制作用，有效成分为苯醌、大黄素型蒽醌类、四氢蒽及萘并-α-吡喃酮类。

(3)决明子有降低血压的作用。它可通过作用于迷走神经而降低血压，其蛋白质、低聚糖和蒽醌苷均能显著降低实验性高血压大鼠的血压，其中低聚糖和蒽醌苷降压效果显著。

(4)决明子有降低血清总胆固醇和甘油三酯的作用，能反馈调节低密度脂蛋白的代谢。动物实验显示决明子能降低大鼠肝中甘油三酯，并对血小板凝集有抑制作用。

(5)决明子对视神经有保护作用，有效成分为决明子素、决明子内酯、大黄酚、大黄素甲醚。它可降低眼压，防治近视及老年性白内障等眼科疾病。

决明子还有致泻的作用。蒽醌类是致泻的主要成分，红镰孢菌素、妥拉内酯、多糖、纤维素也有致泻作用。蒽醌类物质的通便作用较强，可用于治疗便秘，而多糖与纤维素的通便作用则平缓稳定。

2.4.6 胖大海

胖大海又名安南子、通大海，是梧桐科植物胖大海（*Sterculia lychnophorum* Pierre）的种子，主产于越南、泰国、印度尼西亚、马来西亚等国家。胖大海呈椭圆形，状似橄榄，表面棕色至暗棕色。

胖大海的主要成分为胖大海多糖，胖大海多糖具有抗炎、抑杀细菌性痢疾以及抑制草酸钙结晶形成等功能。胖大海能促进小肠蠕动，产生缓和的腹泻作用，还有降血压的作用。胖大海外皮、软壳果仁的水浸出提取物有一定镇痛功效，果仁的作用较强。

2.5　花草类保健食品原料

2.5.1　花粉

花粉(Pollen)是有花植物的雄性生殖细胞,根据植物花源分成不同的种类,常见的有:茶花粉、荞麦花粉、油菜花粉、葵花花粉、玉米花粉等。花粉汇聚植物营养之精华,各种营养素比该植物的根、茎、叶都高出许多倍,不仅营养全面丰富,而且具有多种生理保健功效,在国际上被誉为"完全食品"。

花粉按照传播方式可分为风媒花粉和虫媒花粉,风媒花粉为依靠风力传播的花粉,呈粉末状,无色、无香且无味。虫媒花粉为蜜蜂传播、采集的花粉,也称蜂花粉,多为椭圆形的花粉团,有颜色和辛香味,味甜。蜂花粉由于蜜蜂在采集过程中加进去少量花蜜和分泌物,其营养价值比普通花粉高。

2.5.1.1　花粉的主要成分

目前已发现花粉含有 200 多种营养成分,不仅含有人体通常必需的蛋白质、脂肪、糖类、微量元素、维生素,而且含有有机酸、黄酮类化合物、多种酶、激素、牛磺酸等生理活性物质。

花粉蛋白质含量因植物和季节的不同而有差异,5~6 月份采集的花粉蛋白质含量最高,油菜花粉总氮含量为 4%~5%,松花粉蛋白质含量则较低,这主要是由于不同植物的生物氮代谢规律不同造成。蜂花粉蛋白质含量高于普通花粉,多数在 35% 以上。花粉中氨基酸种类齐全,平均含量在 170.50 mg/g±39.58 mg/g 范围,七里香花粉氨基酸含量高达 230.83 mg/g,油菜、芝麻、党参花粉氨基酸含量较高,而高粱、玉米花粉和松花粉氨基酸含量较低。

花粉中脂肪含量较少,占花粉的 4%~5%,但含有丰富的多不饱和脂肪酸。花粉中糖类约占干物质的 1/3,包括葡萄糖、果糖和淀粉等。花粉中的元素种类繁多,含有人体必需的元素锌、铜、锰、铁、硒、钙、镍、铬、钒等。蜂花粉中钾含量相当高,在 4.306~9.968 mg/g 之间,而钠含量较低,在 92.54~450.9 μg/g 之间。花粉含有丰富的维生素,包括维生素 B_1、B_3、B_5、B_6 等,α-、β-、γ-、δ-胡萝卜素和维生素 C、D、E 等。花粉含有丰富的有机酸,如松花粉中含有羟基苯甲酸、原儿茶酸、没食子酸、香荚兰酸、阿魏酸、对羟基桂皮酸、绿原酸和芥子酸等。花粉含有黄酮类化合物,据分析,蜜蜂采集的水杨梅、油菜、苜蓿和脆柳花粉的黄酮醇含量高达 1.40%~2.55%。另有报道,我国的油菜花粉和紫云英花粉中总黄酮含量相当高,分别达到 4.15% 和 4.07%。各类花粉已被分离鉴定的酶多达 100 多种,主要有淀粉酶、转化酶、氧化还原酶、乳酸脱氢酶和果胶酶等。花粉是激素的富集区域,含有三萜烯类、甾醇类激素。花粉中牛磺酸含量较高,玉米花粉中牛磺酸含量为 202.7 mg/100 g 干重,荞麦花粉和油菜花粉分别为 198.1 mg/100 g 和 176.8 mg/100 g,比人乳(51.25 mg/L)和牛乳(1.25 mg/L)高很多。

2.5.1.2　花粉的生理功能

(1)花粉对心血管系统有保护作用,主要生理功能为降血脂,预防高血压、冠心病,增加毛细血管的强度,增强心脏功能。花粉黄酮类化合物具有显著降低血清总胆固醇、甘油三酯和 β-脂蛋白的功效,而血液中胆固醇、甘油三酯浓度高是导致动脉粥样硬化和高脂血症的重要因素,经常食用花粉可防治动脉粥样硬化和高脂血症,临床上将花粉用于治疗高血脂症。蜂花粉具有高钾低钠的营养特点,长期食用可预防和治疗高血压、冠心病。花粉中的芸香苷和原花青素能增加毛细血管的强度,有效预防冠心病患者发生脑中风,对防治毛细管通透性障碍、脑溢血、视网膜出血等有良好的效果。花粉能增强心脏的生理功能,运动员长期服用可增强耐力。

(2)花粉能刺激骨髓细胞造血。蜂花粉可加速机体造血功能的复原,肿瘤放疗及其他原因所致造血机能低下和贫血者经常食用花粉,可改善造血功能。

(3)花粉能充分满足大脑活动所需的营养和能量需求,有利于合成神经递质,促进脑细胞的发育,增强中枢神经系统的功能。花粉对儿童的智力发育有良好的促进作用,对预防中老年记忆减退也有明显的功效。花粉还可以提高脑细胞的兴奋性,脑力劳动者和学生食用有助于使疲劳的脑细胞更快地恢复,被誉为脑力疲劳的最好恢复剂。

(4)花粉不仅有助于脑力疲劳的恢复,而且对体力疲劳的恢复也有显著的功效。花粉易于消化,其中的能量物质能快速释放,并且含有肌肉收缩过程中所必不可少的常量和微量元素、酶,还含有对体力消耗后能量恢复有重要作用的生物活性物质。长期食用花粉可增强体力,这是花粉对心脏功能的增强作用、提高机体的耐氧能力和耗氧状态、改善能量代谢和神经系统的适应性等生理功能的综合体现。

(5)花粉可增加食欲,促进消化系统对食物的消化和吸收,增强消化系统的功能。

(6)花粉对肝脏有保护作用,甲、乙、丙型肝炎或肝硬化患者服用花粉都能保护肝脏和减轻肝病的症状。花粉还能预防由于过量饮酒所导致的酒精性肝硬化,帮助受损的肝脏功能康复。

(7)花粉能促进内分泌腺体的发育,提高内分泌腺的分泌功能,明显改善更年期症状,防治妊娠期孕吐。性功能障碍的男性连续服用花粉后,性功能可得到恢复。

(8)花粉有抗衰老的作用,可通过补充人体营养成分、提高机体免疫能力、激活体内组织细胞酶的活性、增强机体新陈代谢、调节神经和体液的功能和增强应激能力延缓人体衰老。花粉含有核酸,可使细胞再生,增强对脂褐素沉积的清除功能。脑细胞中脂褐素在大脑衰老的过程中堆积,会影响脑细胞的正常功能,导致细胞萎缩和死亡。食用花粉有助于祛除脂褐素,延缓机体衰老过程。

2.5.2 金银花

金银花为忍冬科植物忍冬(*Lonicera japonica* Thunb.)、红腺忍冬、山银花或毛花柱忍冬的干燥花蕾或带初开的花,我国大部分地区均产,以山东产量最大。金银花气味芳香,呈略弯曲的长棒状,外表黄色或黄褐色。

(1)金银花的主要成分

金银花的主要成分为挥发油、绿原酸类化合物、黄酮类化合物。挥发油是金银花最重要的生理活性成分,包括棕榈酸乙酯、芳樟醇、双花醇、棕榈酸、二氢香苇醇等数十种成分,鲜金银花芳樟醇含量高,干制后以棕榈酸含量为主,占 26% 以上。金银花绿原酸类化合物有绿原酸、异绿原酸和新绿原酸等,黄酮类化合物有木犀草素、忍冬苷、葡萄糖苷、乳糖苷、金丝桃苷等。

（2）金银花的生理功能

金银花对多种致病性细菌有不同程度的抑制作用,如金黄色葡萄球菌、溶血性链球菌、大肠杆菌、痢疾杆菌等,金银花的抗菌有效成分为绿原酸类化合物和木犀草素。

金银花有降血脂的作用,能显著降低多种模型小鼠的血清胆固醇及动脉粥样硬化指数,提高高密度脂蛋白含量,降低低密度脂蛋白含量。

金银花中的三萜皂苷有保肝作用,绿原酸有显著的利胆作用,能增进大鼠胆汁分泌。此外,金银花清热解毒作用也很显著,常用于外感风热,疮、痛肿等热毒症。

2.5.3 红花

红花为菊科植物红花（*Carthamus tinctorius* L.）的干燥管状花,主产河南、浙江、四川等地。红花具有特异香气,呈橙红色。

红花的主要成分有黄酮类化合物、有机酸、色素和糖类物质。黄酮类化合物有山萘酚、杨酶素、槲皮素等。主要的有机酸有棕榈酸、肉桂酸、月桂酸、对羟基桂皮酸、阿魏酸,以及由棕榈酸、硬脂酸、花生酸、油酸、亚油酸和亚麻酸等脂肪酸组成的甘油酸酯类。红花黄色素为黄色素 A、B 和 C 等多种水溶性成分的混合物,是红花中具有生理活性的重要成分。红花多糖由葡萄糖、木糖、阿拉伯糖与半乳糖以 β-糖苷键连接而成,糖类物质还有具降血压作用的丙三醇-呋喃阿拉伯糖-吡喃葡萄糖苷。红花中还含有水溶性干扰素诱导剂,为磷酸糖蛋白结构。

红花的提取物可抗心肌缺血,改善心肌能量代谢,缓解心肌缺氧损伤。红花能抑制血小板聚集,使血栓形成时间延长,血栓长度缩短,重量减轻,还有扩张血管、降压的作用。红花能增强免疫力,对细胞介导的免疫功能具有促进作用。红花水提液有抗氧化作用,可清除羟自由基及抑制脂质过氧化反应。红花黄色素具有镇痛、镇静、抗炎和抗惊厥的作用。

2.5.4 菊花和丁香

2.5.4.1 菊花

菊花为菊科植物菊花（*Chrysanthemum morifolium* Ramat.）的干燥头状花序。菊花的品种主要有杭菊、亳菊、贡菊、滁菊、祁菊、怀菊、济菊、黄菊。菊花又分为黄、白两种,黄菊花以产于浙江杭州一带的品质最佳,白菊花以亳菊花（产于安徽亳县）、滁菊花（产于安徽滁县）和杭白菊花（产于浙江杭州）三者品质最佳。

菊花的主要成分有黄酮类化合物、三萜及甾醇类化合物、挥发油、腺嘌呤、胆碱、水苏碱、菊苷等化合物。从菊花中已分离得到的黄酮类化合物有香叶木素、芹菜素、木犀草素、槲皮素、香叶木素-7-O-β-D 葡萄糖苷、芹菜素-7-O-β-D-葡萄糖苷、木犀草素-7-O-β-D-葡萄糖苷等。菊花含挥发油 0.2%～0.85%,挥发油的含量因品种及加工方法不同而有较大变化,主要有龙脑、樟脑、菊酮和醋酸龙脑酯等。

菊花可以显著扩张冠状动脉,增强冠脉血流量,并可提高心肌细胞对缺氧的耐受力,在临床上常用于治疗冠心病。从菊花中分离得到的蒲公英赛烷型三萜烯醇类物质以及 15 个三萜烯二醇和三醇具有抗肿瘤作用。菊花在体外对金黄色葡萄球菌、乙型链球菌、大肠杆菌、人型结核杆菌等有抑制作用。

2.5.4.2　丁香

丁香为桃金娘科植物丁香(Eugenia caryophyllatat Thunb.)的干燥花蕾,主产于坦桑尼亚、马来西亚、印度尼西亚等国家,我国广东有少量出产。丁香花呈淡紫红色,花蕾形似"丁"字,具有强烈的香味,故称丁香。未绽放的花蕾称"公丁香",已熟的果实称"母丁香"。丁香质坚实而重、入水即沉、表面粗糙,用指甲划之有油渗出。

丁香主要含有丁香酚、丁香酚乙酸脂、石竹烯、甲基正庚基甲酮等挥发性成分,还含有山奈酚、鼠李素、齐墩果酸等黄酮类成分。

丁香有健胃的功效,可促进胃液分泌,其水浸液能刺激胃酸和胃蛋白酶分泌,显著增强胃内消化,还可缓解腹部气胀,减轻恶心呕吐。

丁香散发的香气中所含的丁香酚,其杀菌能力比石炭酸强5倍以上,对多种致病性真菌、球菌、链球菌和肺炎、痢疾、伤寒等杆菌以及流感病毒有抑制作用。丁香乙醇提取物对金黄色葡萄球菌、白色念珠菌具有较强的抗菌作用。

丁香还具有抗血栓形成、抑制血小板聚集、抗氧化以及清除氧自由基的生理功能。

2.5.5　鱼腥草和蒲公英

2.5.5.1　鱼腥草

鱼腥草为三白草科植物蕺菜(Houttuynia cordata Thunb.)的地上部分,微具鱼腥气味,主产浙江、江苏、湖北等地。

(1)鱼腥草的主要成分

鱼腥草的主要成分为挥发油和黄酮类化合物。新鲜鱼腥草的挥发油含量为0.022%～0.025%,干制品为0.03%。挥发油主要含有抗菌成分癸酰乙醛(鱼腥草素)、月桂醛、甲基正壬酮、丁香烯、芳樟醇、α-蒎烯、莰烯、月桂烯、癸醛、癸酸等。黄酮类化合物主要有槲皮素、异槲皮苷、槲皮苷、瑞诺苷、金丝桃苷、芸香苷。

此外,鱼腥草还含绿原酸、棕榈酸、亚油酸、油酸、氯化钾和硫酸钾等钾盐以及β-谷甾醇和蕺菜碱。

(2)鱼腥草的生理功能

鱼腥草有增强机体非特异性和特异性免疫的功效,可以增强白细胞的吞噬能力,显著提高外周血T淋巴细胞的比例,促进IgM的生成。鱼腥草提取物对亚洲甲型病毒、流感病毒、出血热病毒有明显的抑制作用。鱼腥草所含槲皮素、槲皮苷及异槲皮苷等黄酮类化合物具有显著的抗炎作用。鱼腥草因含大量钾盐及槲皮素而具有利尿作用,槲皮素还有一定的降血压、降血脂、扩张冠脉、增加冠状动脉血流量等作用。体外抑菌试验表明,鱼腥草素对卡他球菌、金黄色葡萄球菌、流感杆菌、肺炎球菌有明显的抑制作用,对大肠杆菌、痢疾杆菌、变形杆菌、白喉杆菌、分枝杆菌有一定的抑制作用。

2.5.5.2　蒲公英

蒲公英为菊科多年生植物蒲公英(Taraxacum mongolicum)、碱地蒲公英、异苞蒲公英或其他数种同属植物的带根全草。

（1）蒲公英的主要成分

蒲公英的主要成分有三萜类化合物、黄酮类化合物和植物甾醇。

蒲公英的根中富含五环三萜成分，包括蒲公英甾醇、伪蒲公英甾醇、蒲公英赛醇、β-香树脂醇，还含有 α-香树脂醇、羽扇豆醇、新羽豆醇。蒲公英花中含山金车二醇。蒲公英还含有伪蒲公英甾醇棕榈酸酯、伪蒲公英甾醇乙酸乙酯等三萜类化学成分。

蒲公英花中含有的黄酮类化合物包括木犀草素、槲皮素、木犀草素-7-β-D 葡萄糖苷、槲皮素-7-β-D-葡萄糖苷。全草含木犀草素、香叶木素、芹菜素、芹菜素-7-O-葡萄糖苷、芸香苷等。

蒲公英含植物甾醇类化合物。花粉中含 β-谷甾醇，花茎中含 β-谷甾醇和 β-香树脂醇，根含 φ-蒲公英甾醇、蒲公英甾醇、β-香树脂醇、豆甾醇、β-谷甾醇。

此外，蒲公英还含有蒲公英素、蒲公英苦素、胆碱、有机酸、果糖、蔗糖、葡萄糖、葡萄糖苷以及树脂、橡胶等。叶中含叶黄素、蝴蝶梅黄素、叶绿醌、维生素 C 和维生素 D 等。

（2）蒲公英的生理功能

体外试验表明，蒲公英注射液对金黄色葡萄球菌耐药菌株、溶血性链球菌有较强的杀菌作用，对变形链球菌、卡他球菌、肺炎双球菌、脑膜双球菌、白喉杆菌、绿脓杆菌、变形杆菌、痢疾杆菌、伤寒杆菌等也有一定的抑制作用。

蒲公英有抗胃溃疡的作用，其水抽提液对大鼠应激性胃溃疡和无水乙醇所致胃黏膜损伤有显著的保护效果，并能明显对抗幽门结扎大鼠溃疡的形成。

蒲公英水抽提液在体外能显著提高人外周血淋巴细胞母细胞转化率，增强免疫功能。蒲公英多糖有抑制肿瘤活性，这与其免疫激活效果有关。

蒲公英还有利胆作用，对肝脏也有保护作用。

2.5.6　薄荷和藿香

2.5.6.1　薄荷

薄荷为唇形科植物薄荷（*Mentha haplocalyx* Brlq.）或家薄荷的全草或茎叶，主产江苏、浙江和江西。

（1）薄荷的主要成分

薄荷的主要成分为挥发性油、黄酮类化合物和迷迭香酸、咖啡酸等有机酸。

薄荷新鲜叶含挥发油 0.8%～1%，干茎叶中含 1.3%～2%。挥发油中主要成分为左旋薄荷醇，含量为 62%～87%，还含有左旋薄荷酮、异薄荷酮、胡薄荷酮、胡椒酮、α-蒎烯、β-蒎烯、3-戊醇、柠檬烯、薄荷烯酮、芳樟醇、桉叶素、香芹酚等。

从薄荷中分离出来的黄酮类化合物包括薄荷异黄酮、异瑞福灵、木犀草素-7-葡萄糖苷、β-胡萝卜苷等。

（2）薄荷的生理功能

体外试验表明，薄荷水煎剂对表皮葡萄球菌、金黄色葡萄球菌、变形杆菌、支气管包特菌、黄细球菌、绿脓杆菌、大肠杆菌、枯草杆菌、肺炎链球菌等均有较强抗菌作用。

薄荷及其有效成分均有解痉挛作用，薄荷油具有健胃的功效，薄荷醇有利胆的作用。

内服少量薄荷可发汗解热，此作用主要通过兴奋中枢神经系统，使皮肤毛细血管扩张，促进汗腺分泌，增加散热。

2.5.6.2　藿香

藿香为唇形科植物广藿香[*Pogostemon cablin*(Blance)Benth]或藿香[*Agastache rugosa*(Fisch. et Mey.)Kuntze]的全草。广藿香栽培于广东和云南。藿香主产四川、江苏、浙江、湖北、云南、辽宁等地,其外观类似于广藿香。

(1)藿香的主要成分

藿香的活性成分主要是挥发油。广藿香含挥发油约1.5%,其主要成分为广藿香醇,含量为52%~57%,其他成分有桂皮醛、苯甲醛、丁香油酚、β-榄香烯、石竹烯、γ-广藿香烯、α-愈创木烯、δ-愈创木烯、α-广藿香烯。从广藿香中还分离出芹黄素、鼠李黄素、商陆黄素等黄酮类化合物。

藿香含挥发油0.28%,其主要成分为甲基胡椒酚,占80%以上,其他成分为茴香醚、茴香醛、α-蒎烯、β-蒎烯、3-辛酮、3-辛醇、芳樟醇、β-榄香烯、α-依兰烯、β-金合欢烯。另外,藿香中还含有刺槐素、椴树素、蒙花苷、藿香苷、异藿香苷、藿香素。

(2)藿香的生理功能

广藿香酮在体外对白色念珠菌、新型隐球菌、黑根霉菌等有明显的抑制作用,对金黄色葡萄球菌、甲型溶血性链球菌等细菌也有一定的抑制作用。黄酮类物质有抗病毒的作用。

广藿香对胃肠道平滑肌呈双向调节作用。广藿香水提物、挥发油均能不同程度地增加胃酸分泌,提高胃蛋白酶活性,增强胰腺分泌淀粉酶的功能,提高血清淀粉酶活力。广藿香对肠黏膜有保护作用,可提高肠道自身防御体系的防御能力。

2.6　真菌类保健食品原料

2.6.1　虫草

虫草为虫草真菌[*Cordyceps sinensis*(Berk)Sacc.]寄生于虫草蝙蝠蛾幼虫体内形成的虫与菌的复合体。全世界报道的虫草属有350个种以上,我国发现并报道的有60~80种,其中医疗保健价值最高的为冬虫夏草和蛹虫草。

冬虫夏草的形成过程为:冬季蝙蝠蛾幼虫蛰居土层内,被虫草真菌感染。虫草真菌寄生于虫体内吸取养料,逐渐繁殖以致幼虫僵死。次年春夏之交真菌菌体子座自幼虫头部长出,形如角状或棒状,似草形,故名"冬虫夏草"。

2.6.1.1　虫草的主要成分

虫草含有丰富的营养物质,包括蛋白质和氨基酸、脂肪和脂肪酸、维生素、矿物元素。虫草含蛋白质20.06%~26.40%,由18种氨基酸组成,包括8种人体必需氨基酸,谷氨酸、精氨酸、天冬氨酸、亮氨酸含量最高。

虫草的粗脂肪含量为9.18%,其中饱和脂肪酸11.1%~13.6%,不饱和脂肪酸80.2%~82.5%。有机酸种类较多,主要有硬脂酸、软脂酸、油酸、亚油酸、14-甲基-十五酸、十五烷酸、十六烷酸、3-十八烷酸等。

虫草含维生素 B_{12} 和维生素 C，人工发酵虫草含有维生素 B_1、B_2、B_{12}、维生素 E 及维生素 K。虫草的微量元素共 37 种，其中磷、镁含量最高。

虫草还含有多种生理活性成分，主要有虫草多糖、环二肽类化合物、甘露醇、虫草素、甾醇、核苷与腺苷。虫草多糖由甘露糖、半乳糖、葡萄糖等单糖组成，已知虫草中含有至少两种多糖：CS-1 和 ct-4N。CS-1 是一种从子座中以热水提取的水溶性胞外多糖，是一种高度分枝的半乳甘露聚糖。ct-4N 是一种含少量蛋白质的半乳甘露聚糖，由 D-甘露糖和 D-半乳糖以 3:5 分子比组成，其分子质量为 23 000。从虫草菌丝体部分分离鉴定出 6 种环二肽类化合物，即 Gly-Pro 环二肽、Leu-Pro 环二肽、Ala-Leu 环二肽、Ala-Val 环二肽、Val-Pro 环二肽和 Thr-Leu 环二肽。虫草 D-甘露醇含量多数为 5%～8%，甘露醇的含量因虫草的产地、种类、测定方法不同而有差异。虫草素为一种生物碱，含量为 5.47%～11.41%。虫草甾醇化合物有 Δ^3-麦角甾醇、麦角甾醇过氧化物、胆甾醇、谷甾醇等。核苷类化合物有腺苷、尿嘧啶、尿苷、鸟苷、次黄嘌呤、胸腺嘧啶等。腺苷是虫草的主要活性物质，其含量是评价虫草内在质量的主要指标。

2.6.1.2 虫草的生理功能

(1)虫草对心血管系统有保护作用，能改善冠心病患者左心室舒张功能，降低血脂，减少心肌耗氧量，增加心肌营养性血流，特异性增强心肌耐缺氧能力。虫草制剂对慢性心率失常有一定疗效。

(2)虫草对非特异性免疫有促进作用，对单核-巨噬细胞系统有广泛的激活作用，使腹腔黏附细胞、脾脏巨噬细胞、肝脏细胞体积增大、胞浆增多、核质疏松，增强细胞内酸性磷酸酶活性，明显提高血浆清除率和肝、脾吞噬指数。虫草对体液免疫功能有增强和减弱的双向调节作用。虫草醇提取物还能提高人及小鼠血中自然杀伤细胞活性，部分拮抗环磷酰胺对此细胞的抑制作用。

(3)虫草对肝脏有保护作用。虫草菌丝有较强的促肝细胞修复作用。天然虫草和人工虫草制剂均能提高肝组织中超氧化物歧化酶和谷胱甘肽过氧化物酶的活性，降低脂质过氧化物的生成。虫草多糖还能明显减少肝脏的胶原沉积，促进大鼠纤维肝细胞合成、分泌白蛋白。

(4)虫草有抗肿瘤的作用，其有效成分有虫草素和虫草多糖。虫草素广泛影响免疫系统从而具有抗癌疗效。虫草多糖与水提取物对肉瘤 S_{180}、Lewis 肺癌、乳腺癌（MA 737）、喉癌等离体培养瘤株均有显著的抑制作用。虫草制剂对中晚期肺癌、肝癌和前列腺癌患者有显著功效。

(5)人工虫草对糖尿病小鼠有较好的降血糖作用，能够显著降低四氧嘧啶糖尿病小鼠的血糖水平和糖基化血红蛋白含量，明显改善糖尿病小鼠血糖耐量，提高胰岛素抵抗脂肪细胞的葡萄糖摄取水平，对正常小鼠的血糖水平无明显影响。

(6)其他功能：小鼠体内实验表明虫草营养液可明显抑制肝过氧化脂质（LPO）的生成，使红细胞超氧化物歧化酶活力增高；虫草能显著刺激雄性荷尔蒙分泌，有雄性激素样作用；虫草对神经系统有镇静的作用，可明显减少小鼠的自发活动，延长戊巴比妥睡眠时间。

2.6.2 灵芝

灵芝是一种寄生于栎及其他阔叶树根部的多孔菌科真菌，食用、药用灵芝为多孔菌科真菌紫芝[*Ganoderma japonicum*(Fr.)Lloyd]和赤芝[*G. lucidum*(Leyss. ex Fr.)Karst.]的干燥子实体,有红色、白色、黄色、紫色等。中国有 63 种灵芝,主要有赤灵芝、紫灵芝、薄盖灵芝,多分布于云南、贵州、吉林等地。

2.6.2.1　灵芝的主要成分

灵芝主要含有灵芝多糖、三萜类化合物、核苷、甾醇、生物碱、多种氨基酸、肽类化合物和钙、铁、钾、钠、镁、锗和硒等矿物元素。

灵芝多糖类是灵芝的主要有效成分,灵芝多糖的种类很多,有水溶性多糖、酸性多糖和碱性多糖,主要存在于灵芝细胞壁内壁。灵芝多糖的组成除含有葡萄糖外,大多还含有少量阿拉伯糖、木糖、岩藻糖、鼠李糖、半乳糖和甘露糖等。它们以 $1\rightarrow3$、$1\rightarrow4$ 和 $1\rightarrow6$ 等糖苷键连接,多数有分枝,部分多糖还含有肽链,多糖链分枝密度高或含有肽链的其生理活性一般也比较高。

灵芝中的三萜类化合物多达 100 多种,也是主要的功效成分之一,主要有灵芝酸 A、B、C、D、E 和赤芝酸 A、B、C、D,以及灵芝-22-烯酸、灵芝草酸、丹芝酸、赤芝孢子内脂 A、B 等。

灵芝含有尿嘧啶、尿嘧啶核苷、腺嘌呤、腺嘌呤核苷、灵芝嘌呤等核苷类物质。

灵芝中的甾醇有近 20 种,含量较高,其骨架分为麦角甾醇类和甾醇两种类型。

生物碱也是灵芝中具有重要生理活性的物质,主要有胆碱、γ-三甲胺基丁酸、甜菜碱、灵芝碱甲、灵芝碱乙和烟酸。

2.6.2.2　灵芝的生理功能

灵芝对心血管系统有保护作用,能增强心肌血流量、冠脉血流量,降低心肌耗氧量,增强耐缺氧能力和心脏功能。灵芝还有降低血液胆固醇、调节血压、抑制血小板凝聚的功效。

灵芝可增强机体免疫功能,具有增加白细胞、提高 T 细胞比值、增强巨噬细胞吞噬能力的作用。

灵芝的三萜类化合物具有抗肿瘤活性,可抑制人肝肿瘤细胞的生长。灵芝抽提液有类似 SOD 的活性,对自由基有清除作用。

灵芝有镇静安神的作用,对中枢神经系统有良好的调节作用。患头昏、失眠、心悸或记忆力减退等症状者,摄取灵芝后有明显好转。

灵芝可增强肝的解毒功能,对肝有保护作用。灵芝还有止咳平喘的功效。

2.6.3　蜜环菌

蜜环菌为担子菌亚门真菌,属于白蘑科,是兰科天麻属植物天麻的共生菌。蜜环菌是天麻生长繁殖的必需因素,可为其提供营养。蜜环菌的代谢产物可影响天麻的功效,而且其菌丝体和发酵液都具有与天麻相似的药理作用和临床疗效。蜜环菌主要分布于黑龙江、吉林、河南和山西等地。

2.6.3.1　蜜环菌的主要成分

蜜环菌的主要成分为多糖类、蓓半萜类和嘌呤类化合物。

国外学者曾从蜜环菌子实体中分离出两种多糖化合物,一种为水溶性葡聚糖,单糖组成为 D-半乳糖、D-甘露糖和 L-岩藻糖残基;另一种为多肽葡聚糖。我国学者研究了蜜环菌菌丝体、发酵液、菌索、子实体等各部位的多糖成分及含量,确定了蜜环菌菌丝体和发酵液多糖为单一葡萄糖组成的葡聚糖,菌索和子实体的多糖由葡萄糖、木糖组成。

蜜环菌菌丝体含有多种倍半萜类成分,已分离鉴定的有 14 种,均属于原伊鲁烷型倍半萜醇的芳香酸酯类。法国、爱尔兰以及意大利学者从蜜环菌菌丝体中分离出 23 种新的倍半萜成分,也均属于伊鲁烷型倍半萜醇的芳香酸酯类化合物。

蜜环菌中的嘌呤类化合物有鸟苷、腺苷、2'-甲基腺苷、N6-(5-羟基-2-吡啶亚甲基)腺苷、N6-二甲基腺苷等。

2.6.3.2 蜜环菌的生理功能

蜜环菌发酵物有中枢镇静作用。动物实验表明,蜜环菌能明显延长戊巴比妥钠睡眠时间,减少小鼠的自主活动,对小鼠脑缺血有保护作用。

蜜环菌制品对脑、冠状和外周血管有一定扩张作用。麻醉犬静脉注射蜜环菌菌丝体注射液 lg/kg,能明显降低外周血管和冠状血管阻力,增加血流量。菌丝体也能降低脑血管的阻力,增加脑血流量。

蜜环菌多糖具有显著的免疫调节功能,对 T 细胞的功能有促进作用。

2.6.4 茯苓

茯苓为多孔菌科植物茯苓[*Poria cocos*(Schw.)Wolf.]的干燥菌核,茯苓菌多寄生于松科植物赤松或马尾松等树根上,野生或栽培均可,秋季采挖,经多次堆置、晾晒直至全干,然后切成厚片。主产安徽、湖北、河南和云南等省。

2.6.4.1 茯苓的主要成分

茯苓含卵磷脂、腺嘌呤、胆碱、麦角甾醇、多种酶、三萜类化合物、脂肪酸以及茯苓多糖。茯苓多糖中的 β-茯苓聚糖约占干重的 93%,是具有 β-(1→6)吡喃葡萄糖支链的 β-(1→3)葡萄糖聚糖。三萜类化合物有茯苓酸、土牧酸、松苓酸、齿孔酸、三萜羟酸、松苓新酸。脂肪酸有辛酸、十一酸、月桂酸、十二酸和棕榈酸等。

2.6.4.2 茯苓的生理功能

茯苓多糖有明显的抗肿瘤作用,对小鼠肉瘤 S_{180} 实体型及腹水转实体型、子宫颈癌 U14 实体型及腹水转实体型等均有不同程度的抑瘤作用。

茯苓多糖对细胞免疫有很强的促进作用,特别能调整 T 细胞亚群的比值,增强机体免疫功能,改善机体状况。临床试验表明,食用茯苓多糖可改善老年人的细胞免疫功能。

茯苓多糖有利尿作用,能增加尿中 K、Na、Cl 等电解质的排除,对肝脏有保护作用,可防止肝硬变,还可预防溃疡,有镇静、降血糖、抗放射等功效。

茯苓在临床上用于治疗脑血栓、脑出血等,有显著疗效,还可促进红细胞系统的造血功能。

2.7　藻类保健食品原料

2.7.1　螺旋藻

螺旋藻又名蓝藻,是蓝藻门的一种海藻,在地球上已有35亿年的生长历史,因其藻体呈螺旋形而得名。目前国内外工业化生产的螺旋藻主要有钝顶螺旋藻(*Spirulina platensis*)和极大螺旋藻(*Spirulina maxima*)。

2.7.1.1　螺旋藻的主要成分

螺旋藻是至今为止自然界中营养最丰富、最全面的天然食物,含有丰富的优质蛋白质、氨基酸、多糖、不饱和脂肪酸、β-胡萝卜素、多种维生素、矿物质和微量元素。

螺旋藻的蛋白质含量高达60%～70%,这在天然食物中可能是最高的,比一般概念上的富含蛋白质的食物,如大豆、牛肉、鸡蛋等高出数倍。动物试验表明,螺旋藻蛋白质的功效比可达2.2～2.6,净蛋白质利用率为53%～61%,消化率高达75%,生物学价值为68%。螺旋藻的氨基酸模式全面、均衡,8种必需氨基酸含量远远高于其他食品,除了色氨酸含量较低以外,所有的氨基酸含量均达到联合国粮农组织蛋白质咨询小组认定的理想蛋白质水平。

螺旋藻属于低脂食品,脂肪含量只有6%～9%,但脂肪酸组成以不饱和脂肪酸为主,尤其是必需脂肪酸含量较高,其中对人体有多种保健功效的 γ-亚麻酸(GLA)含量高达8.75～11.97 g/kg,不含胆固醇。

螺旋藻的维生素及矿物质含量极为丰富,维生素包括维生素 B_1、B_2、B_6、B_{12} 和维生素 E、C、K 等,螺旋藻中 β-胡萝卜素的含量高达200～400 mg/100 g,为胡萝卜的15倍,维生素 B_{12} 含量是猪肝的4倍。维生素 E 含量在植物中最高。矿物元素有锌、铁、钾、钙、镁、硒、碘等,其中铁含量是菠菜的23倍,为铁含量最丰富的食物,锌、铁比例基本与人体生理需要一致,最容易被人体吸收。微量元素中硒的含量高。

螺旋藻含有10%的多糖,为白色粉末状水溶性物质,主要组分为 D-甘露糖、D-葡萄糖、D-半乳糖和葡萄糖醛酸。

螺旋藻中独特的生物活性物质有藻胆蛋白、海藻凝集素、含硫糖脂、叶绿素、普通食物中所罕见的牛磺酸以及含量高达2万至6万单位的超氧化物歧化酶。

藻胆蛋白约占细胞干重的25%,是由藻类主要的光合色素藻胆素与蛋白质结合而成的色素蛋白,主要有藻红蛋白和藻蓝蛋白,藻蓝蛋白含量高达17%,可用于防治癌症。

海藻凝集素是一类单纯蛋白质,相对分子质量多在1万～3万,以单体形式存在,氨基酸组成多为甘氨酸、丝氨酸及酸性氨基酸。海藻凝集素的生理功能有细胞凝集、激活淋巴细胞、抑制肿瘤细胞增殖、抑制血小板凝集。

含硫糖脂在螺旋藻中含量达到1%。1988年,美国国家癌症研究中心报道螺旋藻中的含硫糖脂——硫酸奎诺糖酰基甘油酯(SQDG)具有抗艾滋病毒活性。

叶绿素在螺旋藻中的含量可达800～2 000 mg/100 g,其结构与血红素极为相似,有独特的造血、净血功能。

2.7.1.2　螺旋藻的生理功能

螺旋藻有调节血脂、降低血胆固醇的作用。螺旋藻脂肪含量低,脂肪组成主要以必需脂肪酸及其他不饱和脂肪酸为主,这些脂肪组成特点对降血脂、软化血管具有重要意义。脂肪酸中 γ-亚麻酸含量很高,有清除血脂、调节血压、降低胆固醇的功效。

螺旋藻可促进骨髓细胞的造血功能,增强骨髓细胞的增殖能力,促进免疫器官的生长和血清蛋白的生物合成,从而提高人体的免疫力。研究表明,藻蓝蛋白和螺旋藻多糖能显著提高动物的免疫力。

螺旋藻多糖具有明显的抗肿瘤作用,动物实验发现,移植 S_{180} 肉瘤的小鼠摄入螺旋藻多糖,其生命延长率达 76.5%,螺旋藻多糖的抗肿瘤作用主要是通过增强免疫系统作用来实现。螺旋藻中的高含量 β-胡萝卜素、硒也有一定的防癌抗癌作用。

螺旋藻有抗疲劳的功效。螺旋藻维生素、氨基酸含量丰富,对生理机能有广泛的调节作用,丰富的优质蛋白质有助于提高机体的体质。螺旋藻属于碱性食品,有利于保持人体血液正常的弱碱性,或清除运动后肌肉中产生的乳酸,有助于疲劳的恢复。螺旋藻已作为运动员的保健食品,有助于运动员恢复体力,增强耐力。

螺旋藻可防治贫血,其铁含量高达 190～550 mg/kg,是菠菜的 23 倍,并以铁氧蛋白的形式存在,容易消化吸收,而且含量丰富的叶绿素能促进铁的有效吸收,改善血红蛋白水平,常食用可有效防治缺铁性贫血。

螺旋藻中的维生素 E、超氧化物歧化酶(SOD)和 β-胡萝卜素都是强力自由基清除剂,可以起到抗氧化、延缓衰老的作用。

此外,临床试验表明,螺旋藻对老年人的高血压、胃及十二指肠溃疡、糖尿病等均有显著功效,对体虚、精神萎靡、食欲不振的老年人也有较好作用。

2.7.2　小球藻

小球藻,又称日本小球藻,是普生性单细胞绿藻,属绿藻纲(Chlorophyceae)绿球藻目(Chlorococcales)卵囊藻科小球藻属。我国常见的小球藻有蛋白核小球藻、椭圆小球藻和普通小球藻。

2.7.2.1　小球藻的主要成分

小球藻含蛋白质 40%～50%,脂肪 10%～30%,碳水化合物 10%～25%,灰分 6%～10%,高含量的维生素、叶绿素、叶黄素、类胡萝卜素、多糖、活性代谢物、绿藻精、核酸、矿物质以及微量元素、8 种必需氨基酸。

小球藻的维生素含量很高,与富含维生素的普通陆生食物相比,小球藻中维生素 A 的含量通常高出 500 倍,维生素 B_1 高出 8 倍,维生素 B_2 和维生素 B_6 高出 4 倍,维生素 C 高出 800 倍。

2.7.2.2　小球藻的生理功能

高脂血症等疾病与脂肪过剩有关,小球藻具有抑制脂肪吸收和刺激高脂食品排泄的作用,能显著降低血清中的胆固醇含量,可用于防治高血脂症。小球藻还有降血压的作用。

小球藻可提高巨噬细胞的吞噬能力,促进淋巴细胞转化,增加淋巴细胞数,增强自然杀伤细胞活力,即可增强机体的免疫力。

小球藻对小鼠肉瘤 S_{180} 具有抗癌活性,有保肝解毒的功效,还可调节肠胃吸收和促进毒素排泄,减轻慢性肌骨髓失调症引起的疼痛。

微核试验表明,小球藻热水抽提物能修复 γ-射线在整体照射小鼠时对染色体的损害,具有明显的抗辐射作用。

2.7.3 杜氏藻

杜氏藻又名盐藻,属于绿藻门团藻目杜氏藻科,是一类极端耐盐的单细胞真核绿藻。杜氏藻约 30 个种,其中应用最广的是盐生杜氏藻(盐藻)。盐藻无细胞壁,细胞外只有一层弹性膜,故形态变化很大,呈梨形、卵形或椭圆形,具有两条等长鞭毛,可游动。盐藻细胞内有一个杯状色素体,其色素主要是叶绿素。

杜氏藻细胞内能储存大量甘油和 β-胡萝卜素,此外还含有盐藻多糖、二萜类化合物、18 种氨基酸、牛磺酸、叶绿素、多种维生素和矿物质。杜氏藻 β-胡萝卜素含量比螺旋藻更高,达其干重的 10%。杜氏藻中的蛋白质成分与豆科植物蛋白相似,赖氨酸含量较高。杜氏藻没有细胞壁,其营养成分容易被人体消化吸收。

杜氏藻主要被大规模培养用于提取 β-胡萝卜素和甘油,近年来,美国和以色列等国已开始用杜氏藻来生产 β-胡萝卜素和甘油,国内利用杜氏藻已开发出 β-胡萝卜素胶囊和功能性饮料。β-胡萝卜素是维生素 A 的前体物质,在体内可转化成维生素 A,有增强机体免疫力、缓解眼睛疲劳、预防白内障、有效清除自由基、预防心血管疾病和防癌抗癌等功效。

2.7.4 海藻

海藻又名海菜、海草,为马尾藻科马尾藻属植物,是一种海洋低等隐花植物。海藻可分为 11 大类,其中资源丰富、利用价值高的海藻主要为褐藻(Phaeophyta)、红藻(Rhodophyta)和绿藻(Chlorophyta)三大藻类。

2.7.4.1 海藻的主要成分

海藻的水分含量很高,在 65%～90% 之间,含有大量的碳水化合物,占海藻干物质的 50% 以上,还含有蛋白质、脂肪、矿物元素、10 多种维生素、色素、甘露醇、胆碱等物质。海藻的化学组成受环境水域的物理化学性质、季节、光照以及藻体生长繁殖周期、藻体部位等因素的影响很大。

海藻中蛋白质含量都较低,在 8% 左右。海藻蛋白质中的氨基酸以丙氨酸、天门冬氨酸、甘氨酸等中性氨基酸居多,赖氨酸、蛋氨酸等必需氨基酸的含量都较低。

海藻含有大量的无机元素,被称为天然矿物质食品。海藻含有较多的钠、钾、钙、镁等常量元素,对这些常量元素有浓缩作用,其中钙含量很高,海带为 308 μg/100 g,大多富含钙的食物为酸性食物,而海藻为碱性食物。微量元素中碘含量超过所有食物,如干紫菜含碘 100 μg/100 g,干海带含碘 2 400 μg/100 g。

海藻脂质中含有丰富的脂肪酸,其中饱和脂肪酸有肉豆蔻酸(14:0)、棕榈酸,不饱和脂肪酸有十六碳烯酸、油酸、亚麻酸、十八碳四烯酸、甘碳三烯酸、花生四烯酸、EPA 等。

海藻中含有较为丰富的维生素,维生素 B_2、B_{12} 含量很高,烟酸、维生素 C、β-胡萝卜素含量也很丰富,还含有维生素 A、E、K 等。

从海藻中分离出的多糖主要有纤维素、半纤维素、褐藻胶、琼胶、卡拉胶、岩藻多糖、琼脂糖与硫琼糖、褐藻淀粉等。褐藻胶包括水不溶性的褐藻酸以及各种水溶性或水不溶性的褐藻酸盐。褐藻胶不易被人体消化吸收并能促进肠道的蠕动,有降低体内胆固醇含量,吸附锶、铬等有毒金属元素的生理功能。琼胶是琼脂糖和硫琼胶两种多糖的混合物。岩藻多糖又称褐藻糖胶,具有很强的吸湿性,可以作为有毒金属的去除剂吸附体内有毒重金属离子。褐藻淀粉是一种从褐藻中分离出的分子量较低的水溶性 D-葡聚糖。

海藻中的多糖也是膳食纤维的优质来源,膳食纤维总量为 49.2%,其中可溶性膳食纤维占 32.9%,不溶性膳食纤维占 16.3%。

2.7.4.2 海藻的生理功能

海藻有抗肿瘤作用,活性物质主要是海藻多糖和血细胞凝集素。海藻多糖不能直接杀死肿瘤细胞,其抗肿瘤活性可能是通过宿主中介的。血细胞凝集素能凝集恶性肿瘤细胞,抑制肿瘤细胞活性,并抑制肿瘤细胞繁殖,从而具有抗肿瘤的功能。

海藻多糖及多糖复合物有免疫调节的作用,参与细胞各种生命现象的调节,如免疫细胞间信息的传递和感受等。

海藻中含有丰富的胶体纤维,能阻止血脂、胆固醇吸收。海藻中的多糖纤维可促进排泄,减少胆固醇的吸收。

海藻中褐藻酸钾有降血压作用。褐藻酸钾在胃酸的作用下分解成褐藻酸和钾离子,褐藻酸与钠离子结合排出体外,而钾离子被吸收,使血压下降。

2.8 动物类保健食品原料

2.8.1 昆虫

我国自古就有食用昆虫的习惯,公元 2 世纪前后的《神农本草经》记载了蜂、蝉等 20 多种昆虫的药用价值。我国曾经被食用过的昆虫有 800 多种,常见的食用昆虫有蚂蚁、家蝇、家蟋、黄粉虫、蜜蜂、蚕、蚯蚓和龙虱等。20 世纪以来,昆虫作为新一代蛋白食品资源而受到人们越来越多的关注。

昆虫作为食物有其独特的优点。首先,昆虫蛋白质含量高,而且为优质蛋白质;其次,多种昆虫含有生理活性成分,有良好的保健功效;最后,昆虫繁殖速度快,饲料来源于野生植物、腐殖质等,比家禽、家畜的饲养成本更低,而且食物转换率高。

2.8.1.1　昆虫的主要成分

昆虫主要含有蛋白质、脂肪、微量元素、维生素、酶、激素,许多昆虫含有一些独特的生理活性物质。

昆虫的蛋白质含量在 30％以上,有些甚至高达 70％以上,如蟋蟀和水虱含 75％,蚂蚁含 42％～67％,蝴蝶含 70％。昆虫蛋白质质量上乘,8 种必需氨基酸齐全,而且比例接近或超出 WHO/FAO 提出的氨基酸模式。

大部分干体昆虫的脂肪含量在 10％～30％,脂肪酸组成合理,不饱和脂肪酸的含量较高,为低脂、低胆固醇食物。

昆虫含有大量人体必需的锌、钙、锰、镁、铁、铜等微量元素。如锌含量达 100 mg/kg 以上的有刺蚁、炸蚕、菜粉蝶、桑天牛等昆虫。蝇蛆干粉中含有锌 181 mg/kg,铁 314 mg/kg,硒 0.36 mg/kg,锗 0.05 mg/kg。

昆虫中维生素含量相当丰富,蜜蜂蛹的维生素 A 含量高达 50 102.20IU/100 g,维生素 E 275.38 mg/100 g,维生素 C 20.04 mg/100 g。

此外,许多昆虫还含有一些酶、激素、磷脂等特有的生理活性物质,如蚂蚁含有核苷酸、蚁酸、蚁醛等。蜜蜂的幼虫和蛹中含有 10-羟基-癸二烯酸等。

2.8.1.2　昆虫的生理功能

昆虫可抗衰老。一些昆虫如蜂、雄蚕蛾等含有类固醇激素、脑激素、保幼激素和蜕皮激素等。类固醇激素、脑激素能增加机体的抵抗力,延缓机体衰老;蜕皮激素可以促进细胞生长,有控制特异性蛋白质合成、阻止老化的功效。蚂蚁含锌 120 mg/kg,锌具有增强记忆力、保持思维敏捷的功能。因此它们都是老年人抗衰老的保健食品。

昆虫有调节免疫、抗肿瘤的功能。斑蝥含有抗癌的活性成分斑蝥毒素。昆虫毒素、昆虫干扰素、虫草素、胆甾醇等均具有防癌抗癌作用。蚂蚁含有核苷酸、蚁醛等,对 T 细胞具有双向调节的免疫功能。

家蚕蛹可治高胆固醇血症、老年性痴呆等神经系统疾病,为冠心病、动脉硬化、高血压、肝硬化和糖尿病患者的辅助治疗食品。蟑螂对治疗原发性肝癌有辅助作用。蜜蜂体内的蜂毒具有抗菌消炎、降血压、治疗风湿与类风湿的作用,同时还有溶血、免疫抑制、抗辐射等作用,蜂毒多肽可治三叉神经痛,镇痛效果为安替比林的 68 倍。蚂蚁对乙型肝炎和乙肝病毒携带者有比较明显的疗效,还有增强性功能、抗疲劳、增强体力和耐力的功效。

昆虫直接作为食物还不能被大多数人所接受,因此,提取其蛋白质或制取水解蛋白和氨基酸,用作食品强化剂、保健食品或药品是一条有效的利用途经。例如,以蚕蛹、废弃的蜜蜂尸体、蝇蛆为原料生产水解蛋白。蚂蚁在我国开发较早,开发的产品有蚂蚁粉、蚂蚁酒、口服液等。

2.8.2　蛇

蛇为爬行纲亚目,共有 13 科,我国有蛇类约 200 种,其中毒蛇 47 种。食用蛇主要有蝰蛇科的蝮蛇、游蛇科的乌梢蛇及眼镜蛇科的眼镜蛇。它们分布于我国广东、湖南、湖北、浙江、四川、广西等地,我国广东等许多地方有吃蛇肉的习惯。蛇不仅肉质鲜美,而且蛇毒、蛇胆、蛇肉在中药中应用历史悠久,有良好的保健功效。

2.8.2.1 蛇的主要成分

蛇毒成分主要为蛋白质、血液循环毒、神经毒和混合毒素、小分子肽、氨基酸、碳水化合物、脂类、核苷、生物胺类和金属离子。从蝮蛇毒中分离到 16 种蛋白组分,含有蛋白水解酶(包括精氨酸酯酶)、磷酸单酯酶、磷酸二酯酶、L-氨基酸氧化酶、核糖核酸酶、5′-核苷酸酶等多种酶类,还含有血循环毒素和神经毒素、缓激肽增强肽和肌内毒素等肽类物质。

蛇肉富含蛋白质、脂肪、B 族维生素、多种氨基酸、棕榈酸、钙、磷等。同家畜相比,蛇肉中的蛋白质含量超过某些家畜。据研究,乌梢蛇肉的蛋白质含量与瘦牛肉相近,为 22.1%,含赖氨酸、苏氨酸、谷氨酸、天冬氨酸等 17 种氨基酸,肌肉中含 1,6-二磷酸果糖酶和原肌球蛋白。蝮蛇肉的蛋白质含量高于牛肉,蛋白质的质量也高,含有 8 种必需氨基酸,谷氨酸和天冬氨酸含量高。蝮蛇肉中的脂肪含有亚油酸和亚麻酸,特别是亚油酸含量非常丰富。

蛇胆为蛇体内贮存胆汁的胆囊,含胆酸、胰岛素、丰富的微量元素铜、铁、钙、镁、维生素 C 和 E 等。

2.8.2.2 蛇的生理功能

蛇对心血管系统有保健作用。蝮蛇有降血压、抗血栓、抗凝血的作用。从蝮蛇蛇毒中分离出的蝮蛇抗栓酶能降低血脂、血液黏度和血液中的纤维蛋白原浓度,减少血小板数量,用于治疗深部静脉血栓、脑血栓、心肌梗死等症。

蛇有增强免疫力、防癌、抗肿瘤的功效。口服蝮蛇煎剂,可以诱发干扰素的生成,增强免疫力,消灭癌细胞,用于预防食道癌、乳腺癌。临床报道,蝮蛇浸膏可用于治疗乳腺癌,蕲蛇合剂可用于治疗白血病,蛇脱散治疗唾液腺癌有一定效果。实验证明,蛇毒能破坏癌细胞,抑制癌细胞蛋白质合成,破坏癌细胞的增殖结构。蛇毒中的精氨酸酰酶能降低血脂、血液黏度,消除动脉硬化斑块,疏通血管,防止心脑血管疾病发生,清除癌症在血管内黏膜的病灶转移,预防肿瘤转移。

蛇胆具有止咳化痰、祛风健胃、明目益肝、清热解毒、增强机体的非特异性免疫功能、治神经衰弱等功效。

蛇还有舒筋活络、祛风除湿、止痛的功效,如乌梢蛇具有祛风活络、治风湿痹痛的作用。

2.8.3 蜂蜜、蜂王浆与蜂胶

2.8.3.1 蜂蜜

蜂蜜为蜜蜂科昆虫中华蜜蜂等所酿的蜜糖,新鲜成熟的蜂蜜呈黏稠的、透明或半透明的胶状物质。蜂蜜含维生素 B_1、B_2、B_6、B_{11}、H、C、K、泛酸及胡萝卜素;无机盐包括钙、磷、钾、钠、镁、碘、铁、铜、锰等;酶类有淀粉酶、脂酶、转化酶等;有机酸有柠檬酸、苹果酸、琥珀酸、乙酸和甲酸,还有乙酰胆碱、糊精、生长刺激素、黄酮类化合物、色素及花粉粒等。

蜂蜜的生理功能主要有:① 保肝:能促进肝细胞再生,对脂肪肝的形成有抑制作用。②润肠通便:能治大便干燥不畅。③润肺止咳:能治肺燥干咳无痰、喉干等。④解毒止痛:能治胃痛。⑤增强抵抗力:经常食用蜂蜜的儿童,体重增加较快,血红蛋白升高,可增强对疾病的抵抗力。⑥助消化:老年人经常食用有助于消化系统的保健。⑦抗菌:对大肠杆菌、痢疾杆菌、伤寒杆菌、副伤寒杆菌、葡萄球菌、链球菌等有较强的抑制作用,能促进创伤的愈合。⑧护肤美容。

2.8.3.2　蜂王浆

蜂王浆是蜜蜂(工蜂)头部腺体的分泌物,工蜂舌腺分泌透明的高蛋白物质,上额腺分泌白色的不透明奶油状物质,两者混合形成蜂王浆。蜂王浆营养价值高于蜂蜜,蜂王终生以蜂王浆为食物,体型比工蜂大,生殖能力强,寿命长。

(1)蜂王浆的主要成分

蜂王浆几乎含有人体生长发育所需要的全部营养成分,概括为水分 62.5%～70.0%,蛋白质 11%～14.5%,碳水化合物 13%～17%,脂类 6%,矿物质 0.4%～2%,多种维生素、激素、酶类和多种生物活性物质。

蜂王浆干重中蛋白质含量占 36%～55%,其中有 12 种以上高活性蛋白类物质,可分为类胰岛素、活性多肽和 γ-球蛋白三类。蛋白质中约 2/3 为清蛋白,约 1/3 为球蛋白,这两类蛋白质所占比例与人体血液中的清蛋白、球蛋白比例相似。

氨基酸占蜂王浆干重的 0.8%,目前已经测出蜂王浆中至少有 18 种氨基酸。8 种必需氨基酸齐全,脯氨酸含量最高,占氨基酸总量的 55%～63%,其次为赖氨酸 20%～25%,谷氨酸 7%,精氨酸 4%。

蜂王浆干物质中含碳水化合物 20%～39%,主要为果糖,占总糖量的 52%,其次为葡萄糖,占 45%,还含有麦芽糖、蔗糖和龙胆二糖。

蜂王浆脂类主要有磷脂、糖脂、甘油酯、苯酚和蜡质等,占蜂王浆干物质的 2%～3%。

蜂王浆中维生素种类多,含量高,配比合理。水溶性维生素中 B 族维生素含量最高,包括维生素 B_1、B_2、B_6、烟酸、叶酸、泛酸、肌醇、生物素等,维生素 C 含量极少。脂溶性维生素有维生素 A、D 和 E。

蜂王浆中的有机酸占干物质的 8%～12%,至少含有 26 种游离脂肪酸,主要有 10-羟基-2-癸烯酸、壬酸、癸酸、十一烷酸、十二烷酸、亚油酸等,其中特别重要的是 10-羟基-2-癸烯酸,自然界中只有蜂王浆中才存在,故又称为王浆酸(10-HAD),含量在 1.4% 以上,常用作蜂王浆质量控制的指标。

蜂王浆中含有核酸,其中 RNA 含量为 3.9～4.8 mg/g 湿重,DNA 含量为 201～223 μg/g 湿重。

蜂王浆中含有多种酶类,主要为胆碱酯酶、抗坏血酸氧化酶、酸性磷酸酶等,还含有钾、钠、钙、镁、铜、铁、锌等无机元素。

类固醇是蜂王浆中又一大类活性物质,主要包括 17-酮固醇、17-羟固醇、去甲肾上腺素、肾上腺素以及性激素雌醇、睾酮、孕酮等。蜂王浆中类固醇激素含量甚微,比例适当,对机体无不良影响。

蜂王浆还有乙酰胆碱(含量为蜂蜜的 100 倍)、生物喋呤、磷酸化合物、黄酮类化合物。

(2)蜂王浆的生理功能

①蜂王浆对大肠杆菌、金黄色葡萄球菌和巨大芽孢变形杆菌有很明显的抑制和杀灭作用,其癸烯酸有很强的杀菌能力。

②蜂王浆可增强体质,增强机体对缺氧、高温、寒冷等恶劣条件的适应能力和耐受能力,抵御外界不良因素的侵袭及恶劣环境对机体的损伤。

③蜂王浆可使衰老和受损伤的组织细胞被新生细胞所替代,促进受损伤组织再生和修复。蜂王浆能够增强造血系统的造血功能,使血中红细胞数目明显增多。蜂王浆还能够提高

机体免疫机能,具有很强的抗射线辐射能力。

④蜂王浆能调节内分泌,有促性腺激素样、兴奋肾上腺皮质的作用,使失去控制和平衡的内分泌系统恢复活力。

⑤蜂王浆能够增强组织呼吸,降低耗氧量,促进机体新陈代谢。蜂王浆能够降低血糖、血脂和胆固醇,调整血压,防治心脑血管系统疾病。

⑥蜂王浆能增加食欲、促进消化,加强消化系统的功能,还能增强过氧化氢酶的活力,促进肝脏机能的恢复,对肝脏有明显的保护作用。

⑦蜂王浆可以调节神经系统以及其他系统的平衡,改善睡眠,恢复大脑皮层的功能活动,开发智力和增强记忆力,促进机体的正常生长发育。

⑧蜂王浆可以促进和增强表皮细胞的生命力,改善细胞的新陈代谢,使皮肤保持生理营养平衡,防止弹力纤维变性与硬化,使皮肤更加润滑细腻、富有弹性、减少皱纹,推迟和延缓皮肤的衰老。

2.8.3.3　蜂胶

蜂胶是蜜蜂把从植物叶、芽、树皮内采集所得的树胶混入工蜂上颚腺的分泌物和蜂蜡而制得的混合物。蜂胶呈黄褐色、棕褐色或青绿色,有时接近黑色,具有特异芳香气味,味微苦。

（1）蜂胶的主要成分

蜂胶的化学组成非常复杂,蜂胶的采集植物种类、地点不同,其化学成分就很不一样。蜂胶通常含有树脂、树胶、多酚类、黄酮类化合物及挥发性成分,其组成通常为树脂和香脂50%～55%,蜡30%～40%,精油5%～10%,花粉5%,杂质5%。

蜂胶中已分离出的黄酮类化合物不低于46种,有白杨素、刺槐素、乔松素、良姜素、鼠李素、槲皮素及其衍生物等。

蜂胶含有苯甲酸、茴香酸、桂皮酸、阿魏酸、芥子酸等30多种酸类物质,苯甲酸乙酯、苯甲酸甲酯、水杨酸甲酯、阿魏酸苄酯等30多种酯类物质。蜂胶含有醇类物质10多种,如苯甲醇、桂皮醇、愈创木醇等。蜂胶含有醛、酮、酚、醚类物质,包括香草醛、苯甲醛、丁香酚、苯乙烯醚、对甲苯乙烯醚等20多种。蜂胶中含有烃、烯、萜类化合物,包括 α-蒎烯、β-蒎烯、石竹烯、β-愈创木烯等。

蜂胶中含有钙、磷、钾等12种常量元素以及近30种微量元素,其中含量最高的是铁。

蜂胶含有微量氨基酸,包括精氨酸、脯氨酸等20多种,含有丰富的维生素 B_1、B_2、B_6,维生素 E、H、PP 等。此外,蜂胶中还鉴定出 D-果糖、D-葡萄糖、蔗糖等7种糖以及多种酶、甾体类化合物等。

（2）蜂胶的生理功能

蜂胶具有广谱的抗菌作用,对金黄色葡萄球菌、大肠杆菌、枯草杆菌等多种致病菌有很强的抑制和杀灭作用,对常见真菌黄癣菌、白色念珠菌也有较强的抑制作用。

蜂胶是天然抗病毒物质,对多种病毒均有良好的抗性。Amoros 等(1992 年)在体外实验中发现,30μg/mL 的蜂胶可使单纯性疱疹病毒的滴度下降1 000倍,蜂胶在体外对脊髓灰质炎有很强的抗性。国外的研究还表明蜂胶有抑制腺病毒和流感病毒的作用。

蜂胶中所含的黄酮类、萜烯类、多糖苷类物质具有调节免疫的功能,能明显增强巨噬细胞的吞噬能力和自然杀伤细胞活性,增加抗体产量,显著增强细胞免疫功能和体液免疫功能,对胸腺、脾脏及整个免疫系统产生有益的影响,提高机体的特异性和非特异性免疫能力,对肿瘤细胞有抑制作用。

蜂胶有抗癌的作用。国内外的学者研究表明,蜂胶含有多种抗癌成分,包括咖啡酸苯乙酯、多甲氧基类黄酮、二萜类化合物等,对黑色素瘤、结肠癌、肾癌、子宫颈癌细胞有极为显著的抑制作用。癌症患者服用蜂胶后,不仅可抑制癌细胞,而且能减轻放化疗副作用。

蜂胶中的黄酮类化合物能明显降低血液中胆固醇、甘油三酯的含量,对高血脂、高胆固醇、动脉粥样硬化有预防作用,能防治血管内胶原纤维增加和肝内胆固醇蓄积,可用于预防高脂血症及其引发的心脑血管疾病。

蜂胶中的黄酮类化合物能改善血管弹性和通透性,扩张血管,降低血液黏稠度,改善血液循环。蜂胶中的黄酮类、萜烯类化合物可促进肝糖元合成,具有双向调节血糖的作用,即降低人体高水平血糖含量但不影响正常血糖含量,可防治糖尿病。蜂胶还能降低毛细血管渗透性,软化血管,防止血管硬化。

蜂胶对肝脏有保护作用。蜂胶提取物可保护肝细胞免受乙醇、四氯化碳、半乳糖胺、丙烯基乙醇等毒素物质的损伤。

蜂胶可清除体内自由基,延缓衰老。蜂胶制剂有助于消退炎症,迅速止痛,促使坏死组织脱落,加快伤口愈合,加速损伤软骨和骨的再生过程。

蜂胶有抗疲劳的作用,能提高 ATP 酶的活性,在代谢的过程中释放出能量,减少全身性氧耗,提高机体对内外环境变化的适应能力,增强运动耐力,常服蜂胶精力充沛。

蜂胶是天然的美容食品,食用蜂胶能全面调节机体功能,调节内分泌,促进皮下组织血液循环,在全面改善体质的基础上,分解色斑,减少皱纹,消除粉刺、皮炎、湿疹,使皮肤呈现自然美并细腻光洁、富有弹性。

2.8.4　海洋动物

海洋占地球表面积的 71%,生长在海洋这一特殊环境(高盐、高压、缺氧、缺少光照)中的海洋动物,在其生长和代谢过程中,产生并积累了大量具有特殊化学结构、生理活性和功能的物质,是开发海洋药物和保健食品的重要资源。

2.8.4.1　海洋动物的主要成分

海洋动物主要含有牛磺酸、多不饱和脂肪酸、磷脂、活性多糖、维生素、矿物元素(钙含量尤为丰富)和活性肽。由于海洋动物特殊的生存环境造成其代谢的特殊性,故多种生物活性成分在结构和生理功能上与陆地动物存在诸多差异。常见的食用海洋动物主要有牡蛎、鳖、鲨鱼、鲍鱼、海参、海龙等。

海洋动物一般都含有丰富的牛磺酸,如牡蛎、鲍鱼、章鱼、海蜇、蛤蜊、海胆、鳗鱼等。

海洋动物油脂的特点是含有大量多不饱和脂肪酸,如鲸油中不饱和脂肪酸含量高达80%,含有两个双键的十四碳酸和亚油酸,五个不饱和双键的二十二碳酸。海洋动物中典型的不饱和脂肪酸为二十碳五烯酸(EPA)和二十二碳六烯酸(DHA)。

海洋动物多糖主要是黏多糖,即氨基多糖,目前研究较为深入和广泛的是壳多糖和类肝素硫酸多糖。海洋虾、蟹等动物的外壳中富含壳多糖,鲨鱼软骨中富含黏多糖,这些多糖有广泛的生理活性。

海洋肽类(主要是毒素、环肽)和蛋白质(如糖蛋白、酶)是海洋动物重要的活性成分。海鞘和海绵含有环肽；海葵、海兔、河豚含有毒素；牡蛎和鲍鱼含有糖蛋白。

2.8.4.2 海洋动物的生理功能

海洋动物提取物中有多种具有抗癌活性的成分。例如，鲨鱼软骨中提取的软骨血管抑制因子(CDI)经体内实验证明可明显抑制 S_{180} 肉瘤的生长；鲨鱼软骨制剂用于临床，对多种恶性肿瘤有一定的治疗作用。海洋动物中的活性多糖也有抗肿瘤的作用，如壳多糖具有抗肿瘤、抑制癌细胞转移的作用。牡蛎中的糖蛋白有抗肿瘤活性，鲍鱼中的糖蛋白鲍灵也有抗肿瘤活性。

海洋动物中多种成分对心血管系统有保护作用。例如，高度不饱和脂肪酸，尤其是 EPA和 DHA，具有抑制血栓形成和扩张血管的作用，可有效地预防和治疗冠心病。牛磺酸可抗动脉粥样硬化、抗心率失常以及改善充血性心力衰竭。壳多糖和壳聚糖可降低胆固醇。一些海洋动物的毒素对心血管系统也有保健作用，如海兔毒可强心降血压，河豚毒素可抗心率失常。

牡蛎为食用较多而且具有良好保健功效的海洋动物，主产江苏、福建、广东、浙江、辽宁及山东等沿海一带，常见的有近江牡蛎(*Crassostrea rivularis*)、长牡蛎(*Crassostrea gigas*)或大连湾牡蛎(*Crassostrea talienwhanensis*)。

近江牡蛎和大连湾牡蛎肉含糖原 63.5%、牛磺酸 1.3%、必需氨基酸 1.3%、矿物元素17.6%。矿物元素包括铜、锌、锰、碘、磷和钙等。牡蛎肉还含有谷胱甘肽、维生素 A、维生素B_1、B_2、D 及亚麻酸和亚油酸。脂中含有糖脂和鞘类磷脂。长牡蛎的脂类物质中含有甾醇。

牡蛎的生理功能主要有①抑制神经系统，有助睡眠；②增强放射敏感性，强化放射射线杀灭癌细胞；③防治心血管疾病：牡蛎多糖(OGP)有防治心血管疾病的作用，牡蛎可延长血栓形成时间，延长凝血时间，降低血清总胆固醇含量，降低血液黏度，减少血小板数；④有助于胃及十二指肠溃疡的愈合；⑤抗菌抗病毒，牡蛎提取物对脊髓灰质炎病毒和流感病毒有抑制作用；⑥增强免疫功能；⑦对血管和离体回肠平滑肌有解痉作用；⑧抗肿瘤、抗细胞突变。

2.8.5 鸡内金

鸡内金(*Endothelium corneeum gigeriae galli*)为家禽类鸡的胃内膜。鸡内金含胃激素、角蛋白、17 种氨基酸、微量的胃蛋白酶、淀粉酶、氯化铵及多种矿物质。经药理研究证实鸡内金能提高胃液的分泌量、酸度和消化能力，可使胃运动期延长，胃排空速率加快。健康人口服炙鸡内金粉末 5g，经 45～60min 后，胃液的分泌量、酸度和消化能力均能增高。鸡内金可用于治疗食积胀满、呕吐反胃、遗尿遗精、小便频急等。

2.9 营养强化剂

营养强化剂指为增强营养成分而加入食品中的天然的或人工合成属于天然营养素范围的食品添加剂。在食品中添加营养强化剂的目的是为了增加营养成分，日常食物中往往缺少某些营养成分，或者加工使某些营养成分损失、食谱搭配不合理，都会造成某些营养成分长期摄入不足,而引发疾病,因此需要在食物中添加营养强化剂,以调整到合理均衡的营养水平。

食品营养强化剂必须是营养物质,与药品严格区分,我国《食品营养强化剂使用卫生标准》针对我国当前人体营养缺乏状况,规定在我国可使用的营养强化剂有三大类:氨基酸和其他含氮化合物、维生素类、矿物质与微量元素,共计 35 种。

2.9.1 氨基酸及其他含氮化合物

2.9.1.1 牛磺酸

牛磺酸(Taurine)是牛黄的组成成分,化学名为 2-氨基乙磺酸。牛磺酸不参与蛋白质代谢,但是与胱氨酸、半胱氨酸的代谢密切相关。人体内牛磺酸是由半胱氨酸代谢而来的,人体只能有限地合成牛磺酸,因此,人类主要依靠摄取食物中的牛磺酸来满足机体的需要。

牛磺酸在海洋贝类、鱼类中含量丰富,如牡蛎中牛磺酸含量较高。

2.9.1.2 L-盐酸赖氨酸

赖氨酸为人体必需的八种氨基酸之一,天然赖氨酸均为左旋型,即 L-赖氨酸,在空气中吸水性很强,一般制备成其盐酸盐,即 L-盐酸赖氨酸,作为赖氨酸的营养强化剂。

赖氨酸对维持人体正常生理功能的主要作用有:①调节人体代谢平稳,赖氨酸为合成肉碱提供结构组分。②往食物中添加少量的赖氨酸,可以刺激胃蛋白酶与胃酸的分泌,增进食欲,促进幼儿生长与发育。③赖氨酸能提高钙的吸收及其在体内的积累,加速骨骼生长。如缺乏赖氨酸会造成营养性贫血,致使中枢神经受阻、发育不良。

一方面,我国以大米、面粉等谷物食品为主食,这类食物中 L-赖氨酸含量很低,利用率也低。另一方面,食品中赖氨酸最容易发生变化,高温容易使其失去营养价值,故在食物中添加赖氨酸具有重要的意义。

2.9.2 维生素类

我国可使用的维生素类营养强化剂包括脂溶性维生素 D、E、K 和水溶性维生素 B_1、B_2、B_6、B_{11}、B_{12}、烟酸、泛酸、生物素、胆碱和维生素 C。

2.9.2.1 水溶性维生素

水溶性维生素主要功能作用包括:参与体内生物氧化与能量代谢;参与血红蛋白的合成;参与氨基酸代谢,与氨基酸的分解、蛋白质的合成有关;参与脑细胞的形成、神经递质的合成以及大脑信息传递受体的组成;促进生长,维持神经系统的正常功能等。机体缺乏时可引起相应缺乏症。

市场常见的营养强化剂有单一维生素补充剂,如维生素 C、维生素 B_2,也有复合维生素 B、金维他等维生素补充剂。

2.9.2.2 脂溶性维生素

维生素 D 具有抗佝偻病的作用。主要生理作用是促进钙的吸收,维持正常血钙水平和磷酸盐水平,促进骨骼与牙齿的生长发育,维持血液中正常的氨基酸浓度和调节柠檬酸代谢等。

维生素 D 补充剂常见的有鱼肝油和维生素 A、D 滴剂。

维生素 E 又名生育酚,主要生理作用包括强的抗氧化作用,减少脂褐素形成,改善皮肤弹性,提高机体免疫力,预防和延迟衰老,参与 DNA 的合成,促进血红蛋白、酶蛋白的合成,抑制血小板聚集,维持红细胞完整性和生殖器官的正常功能。常见维生素 E 补充剂有维生素 E 胶囊。

维生素 K 为甲基萘醌衍生物,包括天然产物 K_1、K_2 和人工合成的 K_3、K_4,主要生理功能为凝血作用。一般人单纯因膳食供应不足产生缺乏极少见。一些继发性缺乏患者和新生儿可适当补充。

2.9.3 矿物质与微量元素类

作为保健食品原料资源,我国许可使用的矿物质包括钙盐、锌盐、铁盐和硒盐,以及碘化钾、硫酸镁、硫酸铜和硫酸锰。另外,这些矿物质和微量元素各自在体内发挥重要的生理功能,缺乏时表现出相应的缺乏症状。

我国允许在食品中添加的钙强化剂主要有柠檬酸钙、葡萄糖酸钙、碳酸钙或生物碳酸钙、乳酸钙和磷酸氢钙等;锌强化剂主要有硫酸锌和葡萄糖酸锌;铁强化剂主要有硫酸亚铁、葡萄糖酸亚铁、柠檬酸铁、富马酸亚铁和柠檬酸铁胺;硒强化剂主要有亚硒酸钠、富硒酵母和硒化卡拉胶。

此类矿物质主要作为营养强化剂用于加工食品,如加碘食盐、铁强化酱油。另外,也有以膳食补充剂出现的钙制剂、强化碘丸,还有复合强化剂如黄金搭档等。

(杨吉霞,周才琼)

思考题

1. 简述保健食品的原料资源来源。
2. 试述蜂产品蜂花粉、蜂蜜、蜂王浆及蜂胶的营养保健功能。
3. 简述冬虫夏草、灵芝和银杏的化学组成及生理功能。
4. 试述螺旋藻的功能成分组成及主要的保健功能。
5. 茶叶中主要功效成分有哪些?简述茶叶主要的生理功能。
6. 简述大蒜、枸杞、桑叶、沙棘、决明子、酸枣仁、荷叶、金银花、鱼腥草、小球藻和灵芝的主要功效因子及主要的功能作用。
7. 营养强化剂的定义是什么?我国标准规定可用于食品中的营养强化剂主要有哪些?

参考文献

[1] 郑建仙主编.功能性食品学(第二版).北京:中国轻工业出版社.2006

[2] 张连富.药食兼用资源与生物活性成分.北京:化学工业出版社.2005

[3] 张春枝,安利佳,金凤燮.人参皂苷生理活性的研究进展.食品与发酵工业,2002,28(4):70~74

[4] 韩文全,李艳芹,何志松.黄豆苷元的研究与开发.食品与药品,2006,8(05A):73~74

[5] 张俊杰.大蒜的生理功能.中国食物与营养,2006,5:45~47

[6] 于淑玲,王秀玲.药用紫苏的营养价值与综合利用的概述.食品科技,2006,8:287~290

[7] 徐爱良,熊湘平,文宁等.桑叶的现代研究进展.湖南中医学院学报,2005,25(2):60~62

[8] 陈启明,张国兵.沙棘的化学营养成分及其医学保健作用.中国现代实用医学杂志,2006,5(3):24~27

[9] 周张章,周才琼,阚健全.沙棘的化学成分及保健作用研究进展.粮食与食品工业,2005,12(2):15~18

[10] 王燕,汪以真.枸杞多糖的生物学功能研究进展.饲料工业,2005,26(24):4~6

[11] 肖玫,袁全.山楂的营养保健功能与加工利用.中国食物与营养,2006,7:59~60

[12] 陈佳,宋少江.山楂的研究进展.中药研究与信息,2005,7(7):20~23

[13] 倪慧艳,张朝晖,傅海珍.中药栀子的研究与开发概述.中国中药杂志,2006,31(7):538~541

[14] 任治军,张立明,何开泽.栀子主要成分的提取工艺及药理研究进展.天然产物研究与开发,2005,17(6):831~835

[15] 徐娟,涂炳坤,邓先珍等.栀子成分开发利用研究进展.湖北林业科技,2005,6:42~46

[16] 蔡健.大枣的营养保健作用及贮藏加工技术.中国食物与营养,2004,9:16~19

[17] 苗明三,孙丽敏.大枣的现代研究.河南中医,2003,23(3):59~60

[18] 段振离.医食两用说大枣.中国保健食品,2005,12:8~9

[19] 任风芝,栾新慧,赵毅民.酸枣仁药理作用及其化学成分的研究进展.基层中药杂志,2001,15(1):46~47

[20] 史琪荣,周耘,周萍等.中药酸枣仁的研究概况.药学实践杂志,2004,22(2):94~98

[21] 彭智聪,朱建军.酸枣仁化学成分及药理研究进展.时珍国医国药,2001,12(1):86~87

[22] 郑晔,钱苏瑜,游自立.酸枣仁药理作用研究进展.四川生理科学杂志,2006,28(1):35~37

[23] 朱建标,王洪新.药食兼用植物洋刀豆的开发利用.中国种业,2002,5:38~39

[24] 余椿生.苦杏仁.食品与药品,2006,8(09A):75~76

[25] 周英,部文.苦杏仁的生理功能和保健饮料研制.食品工业科技,2000,21(5):49~50

[26] 邢国秀,李楠,杨美燕等.天然苦杏仁苷的研究进展.中成药,2003,25(12):1007~1009

[27] 林建榆.近年来薏苡仁的研究概况.海峡药学,2001,13(4):12~13

[28] 张欣,张璐.薏苡仁的临床应用及其制剂的发展前景.中国民间疗法,2002,10(11):62~63

[29] 赵素霞,程再兴,李连珍等.薏苡仁药理研究新进展.河南中医,2004,24(2):83~84

[30] 李军.中药决明子的功用.实用中医内科杂志,2005,19(5):467~468

[31] 吕翠婷,黎海彬,李续娥等.中药决明子的研究进展.食品科技,2006,8:295~298

[32] 杨怀礼,张帮启,张明.决明子中有效成分和临床应用的初步研究.基层中药杂志,2002,16(4):45~46

[33] 张雨,李艳芳,周才琼.花粉主要营养成分与保健功能.中国蜂业,2006,57(7):26~27

[34] 任育红,刘玉鹏.蜂花粉的功能因子.食品研究与开发,2001,22(4):44~46

[35] 杨晓宇,杨少玲,杨华.花粉资源利用研究进展.特产研究,2003,25(4):52~56

[36] 刘恩荔,李青山.金银花的研究进展.山西医科大学学报,2006,37(3):331~333

[37] 芦绪芳.金银花的研究现状.时珍国医国药,2006,17(5):843~844

[38] 杨玉霞,吴卫,郑有良.红花研究进展.四川农业大学学报,2004,22(4):365~369

[39] 黄镜娟.红花的研究进展.淮海医药,2006,24(2):F0003—F0004

[40] 王春霞.菊花的药理和临床应用研究.广东医学,2005,26(12):1740~1741

[41] 李锦绣.丁香现代药理研究进展.实用中医药杂志,2002,18(6):54

[42] 卢丹,李平亚.丁香属植物的化学成分和药理作用研究进展.长春中医学院学报,2001,17(4):58~59

[43] 邹春玲,张勃.鱼腥草药理作用及临床应用研究进展.中华综合医学杂志,2005,6(8):725~726

[44] 潘莹,江海燕.鱼腥草药理作用及临床应用研究进展.中医药研究,2002,18(4):52~53

[45] 黄昌杰,林晓丹,李娟.蒲公英化学成分研究进展.中国现代中药,2006,8(5):32~33

[46] 吴艳玲,朴惠善.蒲公英的药理研究进展.时珍国医国药,2004,15(8):519~520

[47] 梁呈元,李维林,张涵庆等.薄荷化学成分及其药理作用研究进展.中国野生植物资源,2003,22(3):9~12

[48] 任守忠,靳德军,张俊清等.广藿香药理作用研究进展.中国现代中药,2006,8(8):27~29

[49] 张英,张金超,陈瑶等.广藿香生药、化学及药理学的研究进展.中草药,2006,37(5):786~790

[50] 周建树,池景良,李鑫.冬虫夏草的化学成分及药理功能研究进展.人参研究,2005,1:18~20

[51] 刘彦威,刘娜,刘利强.冬虫夏草有效成分的研究进展.动物医学进展,2004,25(3):51~53

[52] 王彦松,顾明,赵杰东.灵芝药用研究进展.西南国防医药,2004,14(6):680~682

[53] 邓海林,吴佩颖,王建新.灵芝的研究进展.时珍国医国药,2005,16(2):141~143

[54] 卢振,陈金和,王雨来等.灵芝的研究及应用进展.时珍国医国药,2003,14(9):577~581

[55] 刘景圣,袁媛,田忠华.蜜环菌的活性成分研究及其在功能性食品中的应用.食品科学,2003,24(6):165~168

[56] 臧金平,袁生,连宾.蜜环菌的研究进展.微量元素与健康研究,2004,21(3):47~50

[57] 付玲,于淼.茯苓研究的新进展.新疆中医药,2005,23(3):79～83

[58] 杨树东,包海鹰.茯苓中三萜类和多糖类成分的研究进展.菌物研究,2005,3(3):55～61

[59] 吴文龙,杨志娟.螺旋藻保健食品的功能因子与研究开发进展.食品研究与开发,2006,27(2):129～131

[60] 苏大龙.螺旋藻的研究进展.黑龙江中医药,2006,3:44～46

[61] 汪多仁.螺旋藻的开发与应用进展.中国食品添加剂,2002,2:84～88

[62] 孙洁,陆胜民,陶宁萍.螺旋藻的营养价值及保健功效.中国水产,2006,5:76～77

[63] 胡月薇,史贤明.新食品资源小球藻的生理活性与保健功能.中国食品学报,2002,2(2):69～72

[64] 胡开辉,汪世华.小球藻的研究开发进展.武汉工业学院学报,2005,24(3):27～30

[65] 李志军,薛长湖,林洪.微藻中的活性物质及其保健食品的研究与开发.山东商业职业技术学院学报,2003,3(2):75～76

[66] 胡树慧.经济藻类——盐藻.特种经济动植物,2002,5:39

[67] 李森,汲晨锋,季宇彬.海藻研究进展.中国现代实用医学杂志,2005,4(1):32～36

[68] 姜桥,周德庆,孟宪军等.我国食用海藻加工利用的研究进展.食品工业科技,2005,26(9):186～188

[69] 丁大勇,马舒伟.蚂蚁成分及药理研究的进展.黑龙江医药,2005,18(5):330～331

[70] 吴福星,李郑林,朱美艳.蚂蚁的应用研究现状及进展.云南中医中药杂志,2006,27(4):59～60

[71] 段广勋,王军花,王平.药用蚂蚁的研究进展.食品与药品,2006,8(01A):26～28

[72] 周虎,刘高强,刘卫星.食用昆虫资源的研究与开发进展.食品研究与开发,2006,27(3):89～91

[73] 陆莉,林志彬.蜂王浆的药理作用及相关活性成分的研究进展.医药导报,2004,23(12):887～890

[74] 沈月新.水产食品学.北京:中国农业出版社.2001

[75] 张建中.临床营养学.郑州:郑州大学出版社.2004

[76] 王平.食品营养强化剂知识问答.北京:中国标准出版社.2000

[77] 安建钢,蔡东联,高永瑞.临床营养学.北京:人民军医出版社.2004

[78] 张学成.螺旋藻——最完善的功能食品.青岛:青岛海洋大学出版社.2003

[79] 乔廷昆.蜂王浆.北京:科学普及出版社.1986

[80] 王振山,徐景耀,袁泽良.蜂产品消费指南.北京:中国农业科技出版社.1995

[81] 王光慈.食品营养学.北京:中国农业大学出版社.2001

[82] 顾学玲.蛇养殖技术.北京:中国农业大学出版社.2003

[83] 葛凤晨.蜂王浆蜂花粉蜂蛹虫疗法.长春:吉林科学技术出版社.2000

[84] 郭芳彬.蜂胶的神奇妙用.北京:金盾出版社.2005

[85] 易杨华.海洋动物导论.上海:上海科学技术出版社.2004

第三章　保健食品的作用原理

3.1　增强免疫力的作用

免疫是指机体接触"抗原性异物"或"异己成分"的一种特异性生理反应,是人体与疾病作斗争的自身防线。人体免疫系统由免疫器官和免疫细胞组成。营养状况的好坏直接影响这些器官的结构和机能的发挥。

3.1.1　免疫系统的基本概念

机体可识别自我与非我,并通过免疫应答反应来排斥非我的异物,以维护自身稳定性的生物学功能即为免疫。

3.1.1.1　免疫系统的组成

免疫系统包括免疫器官、无被膜淋巴组织、免疫细胞以及免疫分子等。免疫器官、免疫细胞和免疫分子相互关联、相互作用,共同协调、完成机体免疫功能。

(1)免疫器官

免疫器官是指实现免疫功能的器官和组织,因为这些器官的主要成分是淋巴组织,故也称淋巴器官。按功能不同,免疫器官(immunologic organ)分为:

①中枢淋巴器官:由骨髓及胸腺组成,主要是淋巴细胞的发生、分化、成熟的场所,并具有调控免疫应答的功能。

②周围淋巴器官:由淋巴结、脾脏及扁桃腺等组成,成熟免疫细胞在这些部位执行应答功能。

(2)免疫细胞

免疫细胞(immunocyte)是泛指所有参与免疫反应的细胞及其前身,包括造血干细胞、淋巴细胞、单核巨噬细胞、树突状细胞和粒细胞等。免疫细胞可分为以下几大类:

①淋巴细胞:包括 T 细胞、B 细胞、NK 细胞等。

②辅佐细胞:包括巨噬细胞、树突状细胞(即抗原提呈细胞)等。

③其他细胞:包括肥大细胞、有粒白细胞等。

(3)免疫分子

免疫分子分为膜型和分泌型两类:膜型包括 BCR(B 细胞识别抗原的受体)、TCR(T 细胞识别抗原的受体)、MHC 分子(主要组织相容性基因复合体)、CD 分子(白细胞分化抗原)等;分泌型包括抗体、补体和细胞因子等。

3.1.1.2 免疫系统的功能

机体的免疫系统就是通过这种对自我和非我物质的识别和应答,承担着三方面的基本功能。

(1)免疫防护功能

指正常机体通过免疫应答反应来防御及消除病原体的侵害,以维护机体的健康和功能。在异常情况下,若免疫应答反应过高或过低,则可分别出现过敏反应和免疫缺陷症。

(2)免疫自稳功能

指正常机体免疫系统内部的自控机制,以维持免疫功能在生理范围内的相对稳定性,如通过免疫应答反应清除体内不断衰老、颓废或毁损的细胞和其他成分,通过免疫网络调节免疫应答的平衡。若这种功能失调,免疫系统对自身组织成分产生免疫应答,可引起自身免疫性疾病。

(3)免疫监视功能

指免疫系统监视和识别体内出现的突变细胞,并通过免疫应答反应消除这些细胞,以防止肿瘤的发生或持久的病毒感染。在年老、长期使用免疫抑制剂或其他原因造成免疫功能丧失时,机体不能及时清除突变的细胞,则易形成肿瘤。

3.1.1.3 天然免疫与获得性免疫

机体的免疫功能包括天然免疫(非特异性免疫)和获得性免疫(特异性免疫)两部分。

天然免疫是机体在长期进化过程中逐步形成的防御功能,如正常组织(如皮肤、黏膜等)的屏障作用、正常体液的杀菌作用、单核巨噬细胞和粒细胞的吞噬作用、自然杀伤细胞的杀伤作用等天然免疫功能。这些功能作用广泛且与生俱来,又称为非特异性免疫。

获得性免疫是指机体在个体发育过程中,与抗原异物接触后产生的防御功能。免疫细胞(主要是淋巴细胞)初次接触抗原异物时并不立即发生免疫效应,而是在高度分辨自我和非我的信号过程中被致敏,启动免疫应答,经抗原刺激后被刺激的免疫细胞分化生殖,逐渐发展为具有高度特异性功能的细胞和产生免疫效应的分子,随后再遇到同样的抗原异物时即发挥免疫防御功能。

特异性免疫与非特异性免疫有着密切的关系。前者是建立在后者的基础上,而又大大增强后者对特异性病原体或抗原性物质的清除能力,显著提高机体防御功能。免疫功能是机体逐步完善和进化的结果,其中非特异性免疫是生物赖以生存的基础。

3.1.1.4 体液免疫和细胞免疫

特异性免疫包括体液免疫和细胞免疫两类。特异性体液免疫是由 B 淋巴细胞对抗原异物刺激的应答,转变为浆细胞产生出特异性抗体,分布于体液中,可与相对应的抗原异物结合,发挥中和解毒、凝集沉淀、使靶细胞裂解及调理吞噬等作用。特异性细胞免疫是由 T 淋巴细胞对抗原异物的应答,发展成为特异致敏的淋巴细胞并合成免疫效应因子,分布于全身各组织中,当该致敏的淋巴细胞再遇到同样的抗原异物时,该细胞与之高度选择性结合,释放出各种免疫效应因子,达到防护的目的。这两类特异性免疫功能相互协同、相互配合,在机体免疫功能中发挥着重要作用。

3.1.2 营养与免疫的关系

3.1.2.1 蛋白质与免疫

蛋白质是机体免疫防御功能的物质基础,如上皮、黏膜、胸腺、肝脏和白细胞等组织器官,以及血清中的抗体和补体等,都是主要由蛋白质参与构成的。当蛋白质营养不良时,可导致淋巴器官发育缓慢,胸腺、脾脏重量减轻,淋巴组织器官中淋巴细胞数量减少,外周巨噬细胞数量和吞噬细胞活力显著降低,淋巴细胞对丝裂原的反应性降低。同时,细胞免疫和体液免疫能力也随之下降,使机体对传染病的抵抗力降低。哺乳期妇女蛋白质营养不足则影响泌乳力及乳品质,乳中蛋白质含量尤其是初乳中免疫球蛋白的含量可影响幼儿的免疫抗病力。

3.1.2.2 维生素与免疫

(1)维生素 A 和 β-胡萝卜素

维生素 A 对免疫系统功能的维护至关重要。维生素 A 的缺乏可增加机体对疾病的易感性。缺乏维生素 A 时,其淋巴细胞对有丝分裂原刺激引起的反应降低,抗体生成量减少,自然杀伤细胞活性降低,对传染病的易感性增加。维生素 A 与类胡萝卜素在吸收前必须在肠道中经胆汁乳化,然后又被分解为视黄醇而被吸收入肠黏膜细胞,并以视黄醇的形式储存。视黄醇可有效刺激多形核嗜中性粒细胞(PMN)产生大量的超氧化物,从而增强其杀菌力。视黄酸以磷酸视黄酯的形式参与单糖转运至受体蛋白质,进而合成特异性糖蛋白的过程。糖蛋白是细胞膜表面的主要成分,在细胞信息传递与黏着方面有重要作用。与膜有关的蛋白质糖基化的改变必然影响细胞的识别机制,从而影响淋巴细胞的增殖与转运及 PMN 与巨噬细胞的吞噬作用。

β-胡萝卜素的免疫调节作用主要与其抗氧化功能有关。在生物系统反应中不断产生单线态氧和过氧自由基,这些活性物质能破坏细胞膜的功能,并使 DNA 单链断裂。而 β 胡萝卜素具有清除单线态氧和猝灭过氧自由基的作用,尤其在低氧应激下其链式反应阻断活性更强,因而它可保护免疫细胞免受活性氧类的损害。

(2)维生素 E

维生素 E 能有效防止细胞内不饱和脂肪酸不被氧化破坏,而且影响花生四烯酸的代谢和前列腺素(PGE)的功能。免疫保护作用与前列腺素水平直接相关,前列腺素 E 干扰免疫系统的功能,比如淋巴细胞的活动、增殖以及巨噬细胞的一系列功能。维生素 E 通过抑制前列腺素-I 和皮质酮的生物合成,促进体液、细胞免疫和细胞吞噬作用以及提高白细胞介素-1 含量来增强机体的整体免疫机能。

3.1.2.3 微量元素与免疫

微量元素中已知与免疫关系较密切的有铁、铜和锌。当机体缺乏铁元素时,主要引起 T

细胞数减少而且可抑制活化 T 淋巴细胞产生巨噬细胞移动抑制因子,嗜中性粒细胞的杀菌能力也减退,因此可导致对感染敏感性的增加。缺乏铜元素,也可使单核细胞和 T 细胞数量减少,使淋巴细胞对抗原反应的能力减退。缺乏铜的小鼠,其白细胞介素的水平仅为正常鼠的40%~50%,并发现在患各种感染时,血清铜升高,刺激并增加肝脏合成和释放铜蓝蛋白,有利于抵抗微生物的侵袭。而血铜升高主要与中性粒子及巨噬细胞被激活时分泌一种白细胞内源性物质有关,该物质随流到相关的靶细胞,并发挥重要的免疫调节及杀菌功能。锌缺乏主要导致 T 细胞功能明显下降,抗体产生能力降低。并证实 T 辅助细胞是一类依赖锌的细胞亚群。人与动物缺锌则生长迟缓,胸腺和淋巴组织萎缩,容易感染。动物实验表明,妊娠中、后期锌不足可使后代抗体产生能力降低。人患锌缺乏症时,血中胸腺活性、白细胞介素-2活性,以及 T 细胞的亚群比例、T 杀伤细胞的活性都可降低。锌还可调节白细胞分泌 TNF、白细胞介素-Iβ 以及白细胞介素-6,它在 T 淋巴细胞中有独特的作用。

3.1.3 具有免疫调节作用的食物

3.1.3.1 含有乳酸菌的食品

乳酸菌及其代谢产物能通过诱导产生干扰素和促细胞分裂剂,活化 NK 细胞,促使免疫球蛋白抗体的产生,从而活化巨噬细胞的功能,提高人体免疫力,增强对癌症的抵抗能力。更值得一提的是双歧杆菌,它是人体肠道内典型的有益细菌,它的生长繁殖贯穿在人的整个生命历程中。它能分泌双歧杆菌素和类溶菌物质,提高巨噬细胞的吞噬能力,增强人体免疫病力。

目前开发的有链球菌属、明串珠菌属、中球菌属、乳酸杆菌属、双歧杆菌属等。乳酸菌类食品来源主要是乳酸饮料、泡菜和乳酸菌类保健品。

3.1.3.2 富含活性多糖的真菌类食物

很多研究表明存在于银耳、黑木耳、香菇、茯苓、灵芝等大型食用或药用真菌中的多糖成分可以通过活化巨噬细胞刺激机体产生抗体,来提高人体的免疫能力。

银耳:含有银耳多糖,能提高小鼠腹腔巨噬细胞的吞噬功能,改善和提高人体的细胞免疫和监视异己细胞、清除肿瘤细胞的能力。

黑木耳:木耳浸膏对腹腔巨噬细胞的吞噬反应有非常显著的促进作用,能提高人脐血淋巴细胞活性。对人体外周血单核细胞在植物血凝素等诱导下产生干扰素时,发挥协同作用。

香菇:香菇多糖能提高小鼠碳粒廓清指数和外周血液中 T 淋巴细胞百分率,促进外周免疫系统的功能;同时,能促进 B 淋巴细胞→浆细胞,使抗体生成增加,体液免疫增强;还能提高网状内皮细胞功能,加强巨噬细胞和网状细胞的吞噬能力。

茯苓:茯苓多糖可明显增加腹腔巨噬细胞的吞噬功能,并可拮抗可的松免疫抑制作用,增强 T 淋巴细胞功能。

灵芝:可以提高体内的 IgA 的水平,增强特异性免疫功能,还有促进白细胞增加,抑制过敏性介质释放等作用。

3.1.3.3 一些含特殊功能因子的蔬菜、水果

茶叶:茶叶中含有较丰富的茶多酚、儿茶素、类黄酮等,能提高人体嗜中性粒细胞的吞噬

功能,增加人体的唾液溶菌含量,同时茶叶复合多糖也具有相应的调节免疫功能的作用。

猕猴桃:猕猴桃提取物,即猕猴桃多糖能显著提高小鼠腹腔及脾脏巨噬细胞的吞噬功能,也能使体外多种巨噬细胞的吞噬功能显著增强,还能拮抗环磷酰胺等免疫抑制剂对机体单核吞噬系统的抑制。猕猴桃多糖还可增强 NK 细胞的活性,促进正常及荷瘤小鼠的 IL-2 分泌,也能有效地恢复被环磷酰胺抑制的小鼠迟发型过敏反应。

萝卜:含有木质素,可提高机体的免疫功能和杀伤细胞的活力。

花椰菜:能诱导产生干扰素,增强机体免疫力。

黄瓜:其中的葫芦素有提高人体免疫功能,促进细胞及体液免疫的作用。

苦瓜:含有类喹啉样蛋白质,能明显增强细胞免疫力。

大蒜:提取液可增加实验动物脾脏重量,增加吞噬细胞数,增强吞噬细胞的吞噬功能,提高淋巴细胞转化率,增加 T 细胞数,并与 B 细胞功能相协调,还具有对抗免疫抑制剂的功效。

大枣:为免疫抑制剂,有抗变态反应的作用。

桑葚:动物实验表明桑葚有激发淋巴细胞转化的作用,能提高 T 细胞的数量,起免疫调节作用,并能升高 Ig 水平,增强吞噬细胞活性,促进免疫功能。

3.1.3.4　其他

牛初乳:牛初乳含有免疫球蛋白、乳铁蛋白和多种细胞因子,可为机体提供很好的被动免疫保护,能够提高免疫力低下者及体弱多病者的机体免疫力。

山药:具有促进干扰素生成、增加 T 细胞活性、提高网状内皮细胞吞噬功能,以及增强免疫力的作用。

百合:水提液对免疫抑制对环磷酰胺引起的白细胞减少症,有预防作用。其中百合中的秋水仙碱可提高癌细胞中的 cAMP 水平,抑制癌细胞有丝分裂和增殖。

海参:含黏多糖,能显著提高人体免疫功能,抑制肿瘤细胞的生成和转移。

文蛤:文蛤提取液对患有 Moloney 白血病的动物有延长生存期的作用。杂色蛤提取液对肉瘤抑制率达 30%。

肉桂:肉桂提取物 200mg/kg 一次给小鼠,可降低小鼠对碳粒的廓清指数及半数溶血值。连续给药 5 天,可减轻幼鼠脾重,但对胸腺没有影响,提示肉桂可抑制网状内皮细胞的吞噬功能,具有免疫调节作用。

人参:人参提取物可增强免疫活性细胞的功能,小剂量人参可使网状内皮细胞的吞噬作用加强,大剂量则抑制。人参能促进实验动物抗体和补体的生成,促进淋巴细胞转化。

螺旋藻:螺旋藻有增强骨髓细胞增殖活力,促进胸腺、脾脏等免疫器官生长,加强血清蛋白的生物合成,提高巨噬细胞的吞噬活性、小鼠外周中 T 淋巴细胞的百分数和血清溶血素含量等作用。

(索化夷)

3.2 抗氧化作用

3.2.1 自由基理论与衰老

3.2.1.1 衰老的主要学说

随年龄增长,机体各器官在形态结构和功能方面发生一系列的变化,即逐渐衰老。衰老表现为组织细胞数目减少、水分降低、器官质量减轻、功能减退,但脂肪组织数目却呈现增加趋势。与 25 岁年轻人相比,75 岁老人组织细胞减少 30%,细胞内水分从 42% 减少到 33%。由于细胞减少、器官萎缩、质量减轻,如老人性腺、脾、肾等重要器官的质量明显下降,甲状腺、肾上腺及脑的质量也一定程度下降,器官的功能发生一系列改变,有的器官功能丧失,如更年期妇女丧失排卵功能,有的器官功能减退,如老年人神经传导兴奋速度减慢等。

随生命科学的迅猛发展,许多老年学研究者根据观察到的机体衰老的宏观与微观变化,综合分析后先后提出多种衰老学说。主要有:

(1)错误成灾说:认为在细胞生长过程中许多细小随机变化日积月累会影响细胞的信息传递,包括 DNA 复制、转录与翻译,以至合成异常蛋白质,使细胞代谢失常,导致衰老。

(2)程序衰老说:认为衰老与生长发育一样受特定基因的程序控制,可能存在衰老基因,其表达产物影响细胞的成分与功能。受损伤后修复能力的减退,可能决定生物体的寿命。

(3)神经内分泌学说:认为神经内分泌系统对机体内环境统一和对外界适应性的平衡调节功能减退,尤其下丘脑、垂体与肾上腺的作用减弱是衰老的主要原因。认为人类在性成熟之后垂体便开始分泌特殊的"死亡激素",老年人甲状腺分泌的激素与年轻人一样多,但这些激素完不成应该做的工作,垂体分泌的"死亡激素"使甲状腺激素敏感性下降。如把衰老的老鼠垂体切除,一些属于青年期特有的生理功能便得以恢复。

(4)免疫衰老学说:认为胸腺随生长发育逐步成熟,但于青春期后随年龄的增加而退化,受其调节的 T 细胞功能及其产生的细胞因子水平下降,同时,骨髓调控的 B 细胞功能及其产生的免疫球蛋白(Ig)减少,免疫功能下降,从而对外源性抗原的应答反应减弱,对内源性抗原的分辨力降低,以至衰老。

(5)端粒学说:认为真核细胞的端粒经细胞分裂不断缩短,短至一定程度则启动停止分裂的信号,正常细胞开始衰老死亡。端粒是染色体 DNA 末端的一种结构,人的端粒由组蛋白与 $2 \sim 20kb$ 核苷酸片段组成,含重复序列(TTAGGG)。线性 DNA 复制必须有端粒参与,以保证复制 DNA 的完整。每次细胞分裂,端粒丢失 $50 \sim 200$ 个核苷酸,因此细胞分裂是有限的。体细胞约可分裂 50 次。精原细胞与癌细胞有端粒酶,能复制端粒结构,故可无数次分裂。

(6)线粒体损伤说:认为线粒体受损伤基因突变是衰老与退行性疾病的主要原因。线粒体的基因小,无组蛋白保护易受损伤,且修复机制不全。有的真核细胞分裂时线粒体发生裂解。故线粒体基因的突变频率很高。

(7)自由基学说:是目前比较公认的衰老学说,也是现代自由基生物学与自由基医学的重要内容。认为需氧生物受到氧自由基损伤的积累导致本身衰老死亡。该学说的观点,也融合了其他学说特别是线粒体损伤学说,当前的看法是线粒体 DNA(mtRNA)活性氧自由基(OFR)氧化损伤的积累,导致生物能量缺乏、细胞死亡和衰老。1998 年 Beckman 提出氧化损伤的后果取决于 3 个因素,即氧化产物的生成、抗氧化防御功能及修复氧化损伤的功能,这 3 个因素也决定机体寿命与物种寿限。

3.2.1.2 自由基学说

自由基是含未配对原子的基团、原子或分子。以小圆点(·)来表示未配对的电子,它有很大的能量,可以从稳定的原子或分子上夺得一个电子以求达到平衡,同时就会使被夺走电子的原子或分子成为新的自由基。这个反应是连锁反应,可以不断形成新的自由基。人体内的自由基主要是含氧自由基,包括 O_2^-·、HO·、HOO·、RO·、ROO· 等。在正常情况下,人体内的自由基总是处于不断产生和不断消除的动态平衡中,若平衡失调就会造成对组织的伤害。

自由基具高度的化学活性,是人体生命活动中多种生化反应正常的中间代谢产物,如细胞内酶的催化活动、电子传递、细胞成分的自动氧化以及杀死微生物的吞噬作用等,对维持机体正常代谢有一定促进作用,生命活动离不开自由基。人体细胞在正常代谢过程中存在着许多细胞内酶的催化活动,这类酶催化反应是形成自由基的最重要的途径,如细胞内存在的黄嘌呤氧化酶、髓过氧化酶等重要的可溶性酶类,都会诱发大量的自由基产生。正常情况下,由于体内存在自由基生成系统和清除系统,人体内的自由基处于不断产生与清除的动态平衡之中,若该系统失衡,自由基产生过多或清除过少,就会引起机体损伤和病变。

自由基对于细菌有很强的杀伤能力,同时具有对炎症、化学物质等的清除能力,这是自由基维持机体正常代谢的积极作用。自由基还有促进前列腺素、凝血酶原、胶原蛋白的合成,参与肝脏解毒,调节细胞分裂等作用。

在正常情况下,一般总有 2%～5% 的自由基多余,这些多余的自由基就成为对身体健康不利的物质。

除正常情况外,一些外界因素,如衰老、从事激烈运动、遭遇物理和化学物质(如腐败、酸败、霉变等变质的食物、抗菌素、杀虫剂、农药、麻醉剂)、污染的空气、香烟的烟雾和焦油、辐射能、光化学空气污染物等因素危害或患病时,自由基可能产生过多或清除过慢。而在人体内如发生炎症、缺血、心肌梗死、脑血栓发作等病变时,以及体内部分组织血液突然停止流动到再开始流动的这一瞬间,都会爆发性地产生大量自由基。

具有高度活性的自由基会攻击生命大分子及各种细胞器,造成机体在分子水平、细胞水平及组织器官水平的各种损伤,加速机体的衰老进程并诱发各种疾病。自由基对生命大分子的损害包括:

自由基作用于核酸类物质,引起核酸类 $-NH_2$ 或 $-OH$ 的脱除、碱基与核糖连接链的断裂、核糖的氧化和磷酸酯键的断裂等,导致细胞死亡或遗传突变。

自由基作用于蛋白质,引起氨基酸氧化脱氨、多肽键断裂、蛋白质分子间交联生成变性高聚物,从而导致酶蛋白结构和空间构象发生改变而变性或失活,以致细胞生命活动停止而死亡。

自由基作用于多糖,可破坏细胞膜上镶嵌的多糖结构,影响细胞免疫系统。黏多糖分子如透明质酸经氧化断链,可导致结缔组织基质与滑液的正常性质与功能丧失。

自由基作用于脂类,破坏细胞膜的结构和功能,同时脂类过氧化物又会去攻击蛋白质、核酸,形成新的伤害。

自由基衰老理论认为,衰老来自机体正常代谢过程中自由基随机而破坏性的作用结果,由自由基引起机体衰老的主要机制可以概括为以下三个方面:

(1)生命大分子的交联聚合和脂褐素的累积

自由基作用于脂质发生过氧化反应,氧化终产物丙二醛等会引起蛋白质、核酸等生命大分子的交联聚合,该现象是衰老的一个基本因素。脂褐素(lipofuscin)是丙二醛与蛋白质等的交联聚合产物,由于它不溶于水故不易被排除,这样就在细胞内大量堆积。脂褐素在皮肤细胞的堆积,即形成老年斑,是衰老的一种外表象征;而它在脑细胞中的堆积,则会出现记忆力减退或智力障碍甚至出现老年痴呆症。胶原蛋白的交联聚合会使胶原蛋白溶解性下降、弹性降低及水合能力减弱,导致老年皮肤失去张力、皱纹增多以及老年骨质再生能力下降等。脂质的过氧化导致眼球晶状体出现视网膜模糊等病变,诱发产生老年性视力障碍(如眼花、白内障等)。

(2)器官组织细胞的破坏与减少

器官组织细胞的破坏与减少是机体衰老的症状之一。例如神经元细胞数量的明显减少是引起老年人感觉与记忆力下降、动作迟钝及智力障碍的又一重要原因。器官组织细胞破坏或减少主要是由于自由基引起的脂质过氧化会造成对脂类的损害,另外自由基作用于核酸引起基因突变,改变了遗传信息的传递,导致蛋白质与酶的合成错误以及酶活性的降低,这些结果的积累,造成了器官组织细胞的老化与死亡。

(3)免疫功能的降低

自由基作用于免疫系统或作用于淋巴细胞膜使其受损,引起老年人细胞免疫与体液免疫功能减弱,并使免疫识别力下降,以致出现自身免疫性疾病,即免疫系统不仅攻击病原体和异常细胞,同时也将自身组织当作外来异物攻击,侵犯自身正常组织。

3.2.2 自由基与疾病的关系

活性氧和自由基具有很大的能量,可攻击细胞组织中的脂质、蛋白质、糖类和 DNA 等物质,以夺取一个电子来重新达到平衡,这就造成了脂质和糖类的氧化、蛋白质的变性、酶的失活、DNA 结构的改变或碱基变化等,从而导致细胞膜、遗传因子等的损伤,引发种种疾病。据报道,由氧自由基所引起的疾病已达到 100 余种,如动脉硬化、某些类型的癌症、皮肤疾病及多种神经退行性疾病等。越来越多的临床和干预试验表明,抗氧化剂可有效地预防和阻止这些疾病的发生和发展。

3.2.2.1 自由基与动脉硬化

动脉硬化是指动脉内壁上局部性的肥厚、硬化、变形,导致动脉功能下降的一种疾病。在动脉硬化的病灶中有呈荧光的蜡样物质沉积,这种蜡样物质的形成机理尚未充分了解,但一般认为是由过氧化脂质与蛋白质及氨基酸等含氨基的化合物反应生成的物质。动脉硬化的程度与硬化斑中脂质的过氧化程度呈正相关性,因此蜡样物质即为脂质发生过氧化反应的产物。

低密度脂蛋白(LDL)是负责向身体各组织输送胆固醇的一种血清脂蛋白,LDL 的氧化变性是动脉硬化初期病变的重要因素。采用健康被检动物的血浆在试管内用自由基引发剂

AAPH 进行 LDL 的氧化试验,结果氧化低密度脂蛋白(OXLDL)的量在一定时间内大量增加。而 OXLDL 可使血管壁产生纤维状斑点,进一步发生坏死和石灰化,从而导致血管狭窄、血管壁内膜损伤,乃至发生动脉瘤和出血。

现已证明,维生素 E 等抗氧化物质(不包括 β-胡萝卜素)不但能阻止 OXLDL 的形成,而且还能使已沉积于血管内壁的蜡样物质减少,从而避免动脉粥样硬化病变的发生和加重。

抗氧化物质的保护作用可分为两个方面:一是对 LDL 的保护作用,即减少 OXLDL 的生成,降低 OXLDL 对细胞的毒害,减少黏合单核细胞和泡沫细胞的生成;另一方面是对组织尤其是血管组织的保护作用,抗氧化成分进入血管细胞,使细胞内氧化 LDL 的能力受到抑阻,从而改善血管功能,降低血管疾病的临床表现。

3.2.2.2　自由基与癌症

正常细胞在接触致癌物后,都会经过启动、促进和发展三个阶段才会转化为肿瘤细胞。体外研究表明,DNA 氧化损伤导致 DNA 的单链或双链断裂、DNA 交联及染色体断裂或重排异常。当细胞暴露于氧化应激时,可检测到 DNA 的碱基被修饰,如羟基胸腺嘧啶和羟基鸟嘌呤。DNA 的碱基修饰是致癌的第一步,可能导致点突变、缺失或基因扩增。

活性氧还能使清除强致癌剂的解毒物的酶失活。

在正常情况下,人体具有多层次的抗氧化防御系统,严格控制着体内自由基的氧化效应,以维持体内环境的相对稳定。这种抗氧化防御系统由两类物质构成:一类是能捕获自由基的酶系,如谷胱甘肽过氧化酶(GSH-Px)、超氧化物歧化酶(SOD)、过氧化氢酶(CAT)等;另一类是具有还原能力的抗氧化物质,如维生素 A、B_2、C、E、β-胡萝卜素等,这些物质若摄入不足会使机体捕获自由基的能力下降,从而导致自由基在体内的堆积和产生危害。

各种抗氧化物在一定程度上都具有抑制肿瘤的作用,流行病学的资料也认为抗氧化剂可通过清除活性氧来预防癌症的发生。

3.2.2.3　自由基与皮肤病

光线性皮肤病包括各种光线过敏症、光老化症等,均与活性氧有一定关系。卟啉症(亦称紫质症)是由于卟啉在体内发生代谢障碍,积聚成为感光过敏物质卟啉体的一种光线过敏症,其最易致病的光线波长为 400 nm。卟啉症所产生的紫斑(亦称肝斑)的过氧化脂质总量是正常皮肤的 5 倍。卟啉症在发病过程中会产生单线态氧$^1O_2$,故该病自 1970 年起采用$^1O_2$ 消除剂 β-胡萝卜素治疗有明显的效果。

β-胡萝卜素对光致癌也有同样的预防效果。在临床上,维生素 E、维生素 C、谷胱甘肽制剂等也已用于急性紫外线伤害、慢性紫外线伤害的皮肤光老化以及光致癌等方面的预防和治疗。

灼伤是局部过度受热的结果,灼伤部位过氧化脂质的增加十分明显,用 SOD 外敷有一定作用。

3.2.2.4　自由基与神经元疾病

已有资料表明,在一些与神经元进行性退行性疾病如帕金森氏症、阿尔茨海默症的发展进程中,氧化应激可能起一定作用。

活性氧能诱导细胞坏死和凋亡;脂质过氧化作用可能导致细胞膜破裂及膜两侧离子梯度紊乱。细胞培养的研究表明,细胞内的抗氧化巯基耗竭后,神经元可能坏死。

3.2.3 具有抗氧化作用的食品

自由基作用于人体细胞膜上的多不饱和脂肪酸（PUFA），使之氧化导致细胞膜受损，最终导致人体器官的衰老。清除自由基的物质有 SOD、GSH、过氧化氢酶等及参与酶组成的微量元素铜、锰、锌、硒，还有抗氧化维生素包括维生素 C、E、β-胡萝卜素等。常见的富含抗氧化成分的食品有：

（1）番茄

含有丰富的番茄红素，番茄红素的抗氧化能力很强，是维生素 E 的 100 倍、维生素 C 的 20 倍、β-胡萝卜素的 2 倍以上，能淬灭单线态氧，消除自由基。番茄红素不仅作为天然食品色素，更因其具有良好抗氧化作用，被广泛应用到营养、保健食品等多个领域。

（2）葡萄

葡萄籽中的原花青素（OPC），其抗氧化能力是维生素 C 的 20 倍、维生素 E 的 50 倍，对延缓脑部退化、预防心血管疾病有一定的效果。原花青素也可以从新鲜水果中摄取，如红葡萄、草莓、樱桃、蓝莓、蔓越莓、覆盆子，特别是这些水果的果皮，也含有大量原花青素。

葡萄经过发酵酿成的红酒具有较高的抗氧化能力，但葡萄或葡萄汁因其原花青素含量相对较低，抗氧化功能较葡萄籽、葡萄皮低。

（3）茶叶

茶叶含有的维生素 E、C、P 和茶多酚具有清除自由基、抑制脂质过氧化的作用；茶叶中锰含量高，它是人体抗氧化酶的必需元素。茶叶具有一定的抗氧化作用。

（4）鲑鱼

因含有超强的 ω-3 多元不饱和脂肪酸，有很强的抗氧化功效。

（5）坚果

富含维生素 E 的坚果类食物（腰果、开心果、核桃、榛子、花生、杏仁等）具有很好的抗氧化作用。

（6）花椰菜

除了含有丰富的维生素 C、A 外（ 100 g 鲜菜中含 61 mg 维生素 C，为番茄的 3.2 倍），还含有多种吲哚类衍生物，可提高肝脏的芳烃羟化酶的活性，增强分解致癌物质的能力。因此，花椰菜除具有抗氧化作用外，还具有抗癌作用。

（7）莓类水果

富含 β-胡萝卜素以及维生素 C 的莓类水果是抗氧化物，所含有的钾及水溶性纤维还能降低胆固醇浓度，减少患高血压的几率。

（8）大蒜

大蒜及其制品含硫成分蒜氨酸（alliin）本身活性并不高，被蒜氨酸酶催化分解生成的小分子含硫化合物包括大蒜辣素（allicin）、dithiin 类、ajoene 类以及多种烷（烯）基硫化物，有较高活性。大蒜油主要含烷（烯）基二硫和三硫化物，水溶性提取物以 dithiin 和 ajoene 类为主，而经高温处理制备的蒜产品主要含蒜氨酸。这些含硫化合物都具有抗氧化作用。

大蒜中的硫化合物具有直接清除自由基的作用，如二烯丙基硫化物、二烯丙基二硫化物和烯丙基硫醇能够捕获三氯甲基、三氯甲基过氧化氢和乙酰氨基苯酚产生的自由基，防止 CCl_4 和乙酰氨基苯酚等对实验动物肝和其他组织的损害。烯丙基甲基硫化物能直接破坏脂质过氧化中间产物 4-羟基壬烯醛,抑制脂质过氧化作用。

（9）菠菜

因富含 β-胡萝卜素、维生素 C、叶酸及铁、钾、镁等多种矿物质,能有效抗氧化、降低血压。

（10）燕麦

燕麦多酚类物质可激活超氧化物歧化酶、谷胱甘肽过氧化物酶的活性,降低细胞耗氧量,抑制低密度脂蛋白过氧化的过程,具有显著的抗氧化作用。燕麦富含蛋白质、钙、核黄素、硫胺素等成分,能加速氨基酸的合成,促进细胞更新。

（11）其他

①灵芝:灵芝的子实体中含有多种酶和多种微量元素,研究证明灵芝可以明显延长实验动物的生命时限,但对其最高寿命没有明显影响。

②人参:人参主要成分为人参皂甙、人参倍半萜烯、人参酸等,人参含有的麦芽醇具有抗氧化活性,它可与机体内的自由基相结合,减少脂褐素在体内的沉积。

③大豆:大豆所含的大豆皂甙具有促进人体内胆固醇和脂肪代谢,抑制过氧化脂质的生成以及提高机体免疫功能的作用。

④玉米:新鲜玉米中含维生素 E,能促进细胞分裂,延缓细胞衰老,并能抑制过氧化脂质的生成。

⑤芝麻:芝麻中含油量达 60%,含蛋白质 25%,芝麻油中含油酸、亚油酸、棕榈酸、花生酸等,还含有甾醇、芝麻素、维生素、叶酸、烟酸、卵磷脂及钙等,现已研究证实芝麻油有很强的抗氧化能力。

⑥韭菜:韭菜含有一定量的硫化物,而硫离子是当前已知的阴离子中还原能力最强的还原剂。硫离子被吸收进入血液循环,可补充机体的自由电子,可和血液中亲电子活性中心、过量质子以及过氧化基迅速结合,进而阻断蛋白质因硫键断裂而造成的损伤,以减少损伤蛋白质的积累及其对机体组织细胞的损害。因而,硫离子也就具有软化血管、促进淤血吸收、疏通微循环、调整血压、恢复心率、增进免疫等功能。

⑦柚子:柚子富含的生物类黄酮是一种强大的抗氧化成分,有助于增加维生素 C 在人体组织中的稳定性。

⑧鸡蛋:鸡蛋含有磷脂、维生素 A、维生素 B、胡萝卜素等物质,这些物质能增强机体的抗氧化作用。

（王洪伟）

3.3　辅助改善记忆的作用

学习和记忆是脑的基本功能,经过学习可以改变自身的行为,以适应不断变化的外界环境而得以生存。在进化过程中,脑的学习和记忆功能经历了巨大的发展和飞跃。

学习是指人或动物通过神经系统接受外界信息而影响自身行为的过程。行为学上的定义为引起个体对特殊环境条件所产生的适应性行为的全部过程。记忆是获得的信息或经验在脑内储存和提取(再现)的神经活动过程。学习和记忆的基本过程包括获得、巩固、再现。获得是感知外界事物或接受外界信息(外界信息)的阶段,也就是通过感觉系统向脑内输入讯号的阶段。注意力对获得的信息影响很大。巩固是获得的信息在脑内编码贮存和保持的阶段。保存时间的长短和巩固程度的强弱与该信息对个体的意义以及是否反复应用有关。再现是将贮存于脑内的信息提取出来使之再现于意识中的过程，即回忆。

3.3.1 学习的定义及类型

学习是指人或动物通过神经系统接受外界环境信息而影响自身行为的过程。学习的类型可分为以下几种。

(1)惯化(habituation)：惯化是普遍存在于动物和人类的一种学习现象。惯化表现为对经常出现的刺激反应减弱或消失。这种变化不同于感官的适应或肌肉的疲劳，这是一种学习过程。在这种学习过程中只需一种刺激的重复出现，不涉及任何其他的刺激。这对适应环境、保护机体有重要意义。

(2)联合学习(associative learning)：联合学习包括经典性条件反射和操作性条件反射。其中，经典性条件反射，也就是巴甫洛夫创立的条件反射，指的是一个中性刺激与非条件刺激在时间上接近，随着反复结合，使有机体对中性刺激逐渐产生与非条件反射反应相似的应答性反应。操作性条件反射是在巴甫洛夫条件反射的基础上发展起来的，它指的是通过有机体自身的某个特定的操作动作而获取食物或回避有害刺激的反射活动。

(3)潜在学习(latent learning)：在有鼓励或酬赏的时候，学习行为会有较明显的改变，结果会有较明显的进步。1929年，布罗哥特(H. C. Brodgett)用老鼠进行了由6个单位组成的T型迷宫学习实验。实验组动物在最初7天内，即使到达目标箱也不给予报酬，从第8天才开始给予报酬。与一开始就给予报酬的对照组动物比较，实验组动物虽然在无报酬期间几乎看不到效果，但给予报酬后，错误的次数可急剧减少，很快追上了对照组水平。这说明即使在无报酬期间，学习曾潜在地进行，这种现象称为潜在学习。潜在学习对于学习中的刺激—反应理论，从认识理论方面提出了有力的反证，后来成为围绕学习理论的主要争论问题之一。

(4)顿悟学习(insight learning)：有学者认为，"尝试错误"是动物或人学习的一种基本规律，即人学习某一新鲜事情，总要通过若干次错误或失败，才能最终掌握这一事件。可是，也有人用试验证明，动物不总是靠着盲目地尝试错误解决问题，有时它可以突然抓到问题的关键，因而把这种学习叫做"顿悟"。

(5)语言学习或第二信号系统的学习：言语、文学和符号是人类所特有和最重要的学习方式。言语能促使人们使用概念进行思维，而不用具体的东西进行思维，这就大大简化和促进了认识过程。人类的语言也有助于建立新的暂时联系，即使没有物质的刺激，人们也能概述第一信号系统形成许多暂时的联系。文字进一步促进了解的过程，使面对面的接触变得并非是不可少的，使人类把长时期积累的知识和精神财富贮存起来，从一个人传给另一个人，从这一代传给下一代。

(6)玩耍(play)和模仿(imitation)：虽然人类的学习是以语言和文字的学习为主，但儿童和幼年动物的"玩耍"以及动物和人的"模仿"等也是不可忽视的学习方式。

(7)铭记(imprinting)：心理学家发现，动物和人都有一种铭记现象，与通常的学习不同，铭记过程迅速而短暂，且不可逆转，也无须以后靠强化来加深印象。但如果弄错了关系和对象，铭记便成为错记(Mal-imprinting)。

3.3.2 学习与记忆的机制

记忆的贮存似乎也广泛地分布于神经系统之中。许多用损毁脑组织的方法研究学习记忆机制的实验并未发现脑内有一个专门贮存某种记忆的区域。然而,学习记忆的机制广泛分布于神经系统之中这一事实,并不能否定某些脑区在学习和记忆中具有特殊的功能。例如,许多实验证明,破坏了海马或杏仁核,或同时损毁这两部分脑区都能妨碍新的学习,但并不妨碍已有的记忆。这些结果表明,这两个区域虽然不是贮存记忆的地方,但是可以调节其他脑区的记忆贮存机制。

现代生物学研究指出:学习和记忆是通过神经系统突触部位的一系列生理、生化和组织学可塑性变化而实现的,其中,短时性记忆主要借助于中枢临时性的电活动来完成,而长时性记忆是脑内 RNA-蛋白质系统细微结构方面变化的结果。有人认为,瞬时记忆可能是由于大脑感受区神经元发生了强直后增强等的结果。短时性记忆可能是通过大脑皮层内部或皮质-丘脑之间的复杂神经元环路的返回振荡而产生的。如果上述临时性电活动反复进行(如学习过程中的运用与复习),便能逐渐诱发参与活动的神经元突触部位产生种种理化变化,如递质的合成与释放、受体的数量及其与递质亲和力的改变、突触膜通透性的改变、RNA-蛋白质的脑结构(下丘脑、膈区、海马和杏仁核方面)的变化。

在学习记忆与中枢递质关系的研究中,被研究最多、了解最清楚的是胆碱能系统(乙酰胆碱 Ach),其他还有单胺类神经递质与神经肽等。

(1)胆碱能系统:乙酰胆碱(Ach)是记忆痕迹形成的必需神经递质,是远事记忆的生理基础,而胆碱与乙酰胆碱辅酶 A 则是 Ach 的直接前体。大脑内胆碱能回路,即隔区-海马-边缘叶与近事记忆功能密切相关。

Ach 通过脑干网状结构上行激活系统,维持大脑觉醒状态,通过摄入胆碱来增加大脑内胆碱浓度,可增进 Ach 的合成,增强树突的形成与神经膜的流动性。可选择性影响 Ach 的化合物,均会影响大脑的学习记忆行为,常见痴呆患者突触前的胆碱能系统活性降低,通过补充 Ach 可促使正常记忆的形成。人类随年龄增加的记忆功能退变,与中枢胆碱能系统功能的下降相平行。

(2)单胺类神经递质:单胺类神经递质包括去甲肾上腺素(NE)、多巴胺(DA)和 5-羟色胺(5-HT)。已知脑干的蓝斑细胞的减少与记忆缺损有密切关系。蓝斑神经原的退变与老年记忆衰退高度相关。向老年动物的脑室注射 NE 或 DA 可改善记忆反应。脑干的中缝核团是 5-HT 神经原胞体的集中部位,向海马中注入 5-HT 可抑制记忆。

(3)中枢神经系统的神经肽:中枢神经系统的神经肽不仅影响神经原的兴奋与抑制过程,也参与学习与记忆活动的调节。老年大鼠下丘脑中的甲硫脑啡肽、亮脑啡肽、β-内啡肽等神经肽水平均明显低于青年大鼠,其中 β-内啡肽可减少 50%。老年大鼠的下丘脑等中的促肾上腺皮质激素(ACTH)和 P-物质也明显低于青年大鼠。由于脑内神经肽水平在老年动物中有明显改变,因此有专家认为老年识别能力和学习记忆能力的减退与神经肽的生物利用减少有关,当给予神经肽后,可延缓老年智力减退。神经肽对学习记忆功能的调节主要发生在与学习记忆密切相关的下丘脑延缓、隔区、海马和杏仁核等脑结构,一般作为神经递质或一种调节神经递质活动的调节物质来发挥作用。

3.3.3　营养与记忆的关系

决定脑功能优劣的因素很多,如遗传、环境和智力训练等,但80%以上仍取决于营养。营养素对记忆的影响日益被人们所重视。营养素对学习和记忆的影响,在于许多营养素是某些神经递质的前体,或是神经系统发育的必需成分,或直接参与生物活性分子的组成。

对学习记忆有影响的营养因素有蛋白质、脂、糖类、无机盐和维生素等。食物营养素的组成直接影响神经递质的合成。

3.3.3.1　蛋白质、氨基酸与记忆

蛋白质是重要的营养素,缺乏时对机体各系统均产生不良影响。脑细胞约有35%由蛋白质构成,大脑的兴奋和抑制以及记忆、思考、语言表达等都靠蛋白质来完成。脑中的氨基酸平衡有助于脑神经细胞和大脑细胞的新陈代谢,向大脑提供氨基酸比例平衡的优质蛋白质可使大脑智能活动活跃,因此它对生长发育期的人群及老年人特别重要。动物实验也表明出生早期蛋白质供应不足的小鼠脑重减轻,母鼠蛋白质缺乏可使仔鼠神经系统发育不良。如核苷酸是大脑细胞新陈代谢的基础物质,参与细胞分裂与更新,对婴幼儿脑细胞形成及生长发育至关重要。牛磺酸对人脑神经细胞微管蛋白质的合成具有明显的促进作用,在神经细胞增殖的高峰时尤为突出,在人脑神经细胞的分化成熟过程中发挥着重要作用。

氨基酸可作为神经递质或神经递质的前体直接参与神经活动,影响学习记忆功能。已被认为是神经递质的氨基酸有谷氨酸、甘氨酸和 γ-氨基丁酸(GABA)。一般认为学习的开端是细胞内谷氨酸的释放,随后经一系列神经活动导致突触直径增加,加速神经传递,有利于行为的获得,因而谷氨酸直接参与了学习记忆过程。GABA 的脑注射对明暗分辨法学习试验有剂量和时间依赖的促进作用。作为神经递质前体的氨基酸包括色氨酸(5-羟色胺的前体)、苯丙氨酸和酪氨酸(甲肾上腺素和多巴胺的前体),谷氨酸(神经递质,也是 GABA 前体)。

3.3.3.2　脂类是大脑的物质基础

脑细胞的60%由类脂组成,因此类脂是大脑的物质基础。磷脂合成的中枢神经传递物质乙酰胆碱,是大脑思维、记忆及其他智能活动所必需的物质。一般认为人脑在15~20岁后开始衰退,25岁前的记忆力处于最高峰,35~45岁以前的认知功能保持一定水平,从45岁开始大脑发生变异和萎缩,65岁以上尤为明显,这是自然的生理现象。随脑部的萎缩,记忆也逐步减退。人到中年后,脑内与记忆有关的物质乙酰胆碱会逐渐减少,这是因为大脑中利用胆碱制造乙酰胆碱的能力下降所致。老年性痴呆患者乙酰胆碱的合成能力比正常脑组织下降50%。摄入富卵磷脂的食物可延缓乙酰胆碱消失速度。脑组织中含有17%~20%的磷脂质。摄取磷脂可使脑细胞活化,利于消除疲劳、增强记忆、提高学习和工作注意力。

DHA 是大脑及视网膜中脂肪酸的主要成分,在大脑中主要存在于脑细胞膜及突起和连接脑细胞之间网膜的轴突和树突等重要部位,担负信息接收、处理、传递及反应的重任,对脑神经功能的发育有促进作用。

3.3.3.3　碳水物是大脑的能源

大脑消耗总能量的20%,糖类经人体消化后变成葡萄糖,经血液送至大脑,为大脑供能。由于脑中储存葡萄糖有限,因此必须由血液不断补充。当糖供给不足时,人体会出现头昏乏

力、注意力不集中、烦躁不安及学习效率下降等现象。

3.3.3.4 维生素与记忆

维生素 A 可增强大脑判断力,其缺乏可影响包括脑在内的许多器官的发育和蛋白质含量,在胚胎期和哺乳期,脑的生长发育和蛋白质代谢与维生素 A 获得量成正相关。

维生素 E 可有效抑制脑中必需脂肪酸的氧化,维护大脑健康旺盛的工作活力。

B 族维生素可促进糖代谢以保证大脑能量供给,有利于克服倦怠疲劳,使人思维敏捷。大鼠喂饲缺乏维生素 B_1 的饲料,会使被动回避反应能力丧失,50% 大鼠丧失学习能力,补充后即可恢复。维生素 B_1 是体内代谢反应的辅酶,缺乏时使丙酮酸合成乙酰 CoA 减少,从而抑制脑 Ach 合成,影响学习记忆功能。烟酸缺乏会导致记忆丧失,补充后记忆恢复。维生素 B_6 作为辅酶参与多种氨基酸的合成,长期缺乏可导致脑功能不可逆性损伤与智力发育迟缓。

3.3.3.5 微量元素与记忆

微量元素参与生物活性分子的组成,许多生命必需酶的活性与微量元素密切相关,缺乏某些微量元素可妨碍学习记忆功能。

钙能抑制脑神经的异常兴奋性,使大脑思维敏捷注意力持久。缺钙时会造成情绪不稳定,易因小事受刺激,使大脑疲劳,严重缺钙会使骨钙溶出增加,引起脑细胞及末梢神经上钙沉着,破坏和干扰脑功能,引起痴呆。缺钙还会导致铝在脑细胞内沉着,直接破坏神经细胞,引起细胞萎缩导致神经间连接断裂,从而造成记忆损伤。

铁影响血红蛋白的合成,从而影响智力及脑功能。缺铁除可引起贫血外,还可使婴儿精神发育迟缓,降低凝视时间、注意广度和完成任务的能力,学龄前缺铁性贫血儿童的智力明显出现障碍,注意力不集中,经常产生无目的的活动。缺铁儿童由于鉴别和复述能力降低。影响长期记忆,使选择性地专心学习的能力降低。

碘缺乏可导致胎儿和婴幼儿中枢神经系统分化和发育障碍、感知障碍、运动障碍等。严重碘缺乏所导致的地方性甲状腺肿大常伴有智力发育迟缓,轻中度碘缺乏所致的甲状腺肿大儿童的智商亦明显降低。碘缺乏还可影响识别功能。

锌是大脑记忆元素,缺锌可导致儿童生长发育障碍(比同龄儿童矮小)、智力发育不良等。孕期和哺乳期的母鼠缺锌,其仔鼠主动避免刺激的应答能力降低。大鼠出生早期缺锌则影响脑组织正常发育,可损害短期记忆和长期记忆,额外补充锌能防止或延缓遗传性痴呆症的发生。

3.3.4 具有改善记忆作用的食物和保健食品

3.3.4.1 富含磷脂和胆碱的食物

乙酰胆碱可以加快大脑神经细胞之间的信息传递速度,增强记忆功能。因此,磷脂和胆碱的代谢产物就是乙酰胆碱,所以富含磷脂和胆碱的食物可促进大脑组织和神经系统的健康完善,提高记忆力,增强智力。豆类、蛋类和动物肝脏等食物含有的胆碱可增强记忆力。鸡蛋蛋黄中所含有的卵磷脂被酶分解后,能产生丰富的乙酰胆碱,乙酰胆碱入血后很快到达脑组织中,可增强记忆力。蜂蜜、蜂王浆含有多种营养物质及乙酰胆碱、激素等成分,对神经衰弱、失眠、健忘、神经官能症有一定的功效。花生所含卵磷脂和脑磷脂是神经系统所需要的重要物质,能延缓脑功能衰退。含磷脂和胆碱丰富的还有动物的脑、动物心脏、绿叶蔬菜、酵母、动物肝脏、麦芽等。

3.3.4.2 富含优质蛋白质的食物

蛋白质是脑细胞的重要组成部分,并且脑中的氨基酸平衡对脑细胞和神经细胞的新陈代谢有着重要的作用,富含优质蛋白的食物可以促进大脑的新陈代谢,增强思维活力。富含优质蛋白质的食物有蛋类、乳类、鱼类、禽类、瘦肉及大豆类。这些食物不但含有丰富的优质蛋白质,还富含钙、铁、维生素 A、维生素 B_2 和维生素 D。

3.3.4.3 含多不饱和脂肪酸丰富的食物

功能性的多不饱和脂肪酸主要有亚油酸、γ-亚麻酸、二十碳五烯酸(EPA)和二十二碳六烯酸(DHA)等,DHA 和 EPA 能促进大脑神经细胞成长、释放乙酰胆碱,以增进记忆和学习功效、降低坏胆固醇及中性脂肪、预防高血压及动脉硬化,是一种多功能补脑素。富含 DHA 及 EPA 的主要是青背鱼,如秋刀鱼、沙丁鱼、鲑鱼等。但由于 DHA 和 EPA 容易氧化,最好买新鲜的鱼并尽早食用,和维生素 A、C、E 等抗氧化剂一起摄取,效果更好。其他富含不饱和脂肪酸的食物包括植物油、葵花子、南瓜子、花生、西瓜子、核桃等。

3.3.4.4 含维生素和矿物质丰富的食物

B 族维生素除了负责制造体内能量外,还能降低血糖和胆固醇,也是神经细胞和神经传导物质生成不可或缺的物质。富含 B 族维生素的食物包括全谷类、豆类、肉类、肝脏等。

大脑所产生的氧自由基,会造成线粒体细胞膜氧化,降低大脑能量。维生素 A、C、E 具有抗氧化作用。其中维生素 E 能与细胞膜的脂肪共存,并将氧自由基无毒化,以保护脑神经细胞,预防老年痴呆症。富含维生素 A 的食物为胡萝卜、菠菜、鳗鱼、鸡肝;食用苦瓜、花椰菜、柑橘类可补充维生素 C;胚芽、坚果类、豆制品为维生素 E 的良好来源。黄、红椒同时有维生素 C 和 E,南瓜则同时具有维生素 A、C、E。

缺铁会减少注意力,延迟理解力和推理能力的发展,损害学习和记忆,使学习成绩下降;缺钠会减少大脑信息接收量;锌能增强记忆力和智力,防止老年痴呆;钙可以活跃神经介质,提高记忆效率,缺钙会引起神经错乱、失眠、痉挛;缺镁会导致人体卵磷脂的合成受到抑制,引起疲惫、记忆力减退。铁的食物来源有动物肝脏、全血、畜禽肉类、鱼类;锌的食物来源有牡蛎、畜禽的肉及肝脏、蛋、鱼等;含钙丰富的食物有奶与奶制品、小虾皮、海带豆和豆制品、各种瓜子、芝麻酱和蔬菜等;含镁丰富的食物有豆类、蛋黄、荞麦、香蕉、麦片、麦芽及多种坚果等。

3.3.4.5 具有改善记忆的保健食品

该类保健品的开发目前主要有三类:卵磷脂、DHA 和 EPA、氨基酸。

卵磷脂可减缓记忆力衰退的进程。目前市场上常见的此类保健食品主要是来自大豆的大豆卵磷脂。

DHA 和 EPA 能促进大脑神经细胞的成长,增进记忆和学习能力。该类产品主要来源于深海鱼油。

必需氨基酸是大脑赖以活动的物质基础,如果供应不足将严重影响智能水平。该类产品主要以蛋白质粉和氨基酸补充液的形式上市,同时调配以矿物质和维生素。

(索化夷)

3.4 改善生长发育作用

体力与智力的高低是制约一个人成功与否的最基本因素,一个民族的整体体力与智力水平是影响该民族兴亡盛衰的核心因素。随着现代社会物质文明的高度发达,为儿童的健康成长创造了很多有利条件,但不合理的饮食搭配也导致儿童出现营养失衡现象。据统计,我国儿童患单纯性肥胖的约占 10%,如不及时采取有效的对策,城市的肥胖儿童不久即可达到儿童总数的 30%左右,而在农村及边远地区,儿童营养不足、营养素缺乏的现象依然十分严重。这不仅影响儿童的身心健康,有的甚至造成无法挽回的后果。因此,研究开发能促进儿童生长发育、提高智力的儿童功能性食品具有重大的经济效益和现实意义。

3.4.1 生长发育的概念

生长(growth)是指细胞繁殖加快和细胞间质增加,表现为组织、器官、身体各部分以至全身大小、长短、重量的增加和身体化学组成成分的变化。发育(development)是指细胞和组织的分化及功能的不断完善,心理、智力和体力的发展,难以用量来衡量,如免疫功能的建立、思维记忆的完善等等。影响生长发育的环境因素有生物性和非生物性因素,前者主指营养、锻炼、疾病、地理生态环境及妇女围产期因素等;后者主要指社会经济状况、生活和学习环境、家庭生活质量、亲子情感联结等。

3.4.2 营养与生长发育的关系

营养是生长发育最主要的物质基础,尤其是足够的热量和蛋白质、多种维生素、常量及微量元素等更是生长发育迅速、新陈代谢旺盛的儿童所必需的。营养素缺乏、各种营养素的摄入不均衡或膳食结构不合理等,不但会引起生长发育迟缓,还会导致急、慢性营养不良和各种营养素缺乏症。据计算,新生儿要比成人多耗 2~3 倍的热量,3~6 个月的婴儿每天有 15%~23%的热量用于生长发育。青春期生长突增期间,对热量、蛋白质、Ca、P、Fe 等营养的需要量更大。长期营养不良会使青少年的骨骼长度增加过程减慢,成熟过程受阻,出现营养不良性矮小症。

3.4.2.1 营养素与生长发育

(1)蛋白质是机体生长发育的基本营养素,是人体组织和器官的重要组成部分,参与机体的一切代谢活动,具有构成和修补人体组织、调节体液和维持酸碱平衡、合成生理活性物质、增强免疫力、提供能量等生理作用。儿童正处于生长发育的关键时期,因为他们的肌肉系统、脑组织与内脏器官的生长发育都需要蛋白质,充足的蛋白质摄入对保证儿童的健康成长具有至关重要的意义。蛋白质还是构成脑和神经系统的主要原料,脑神经元和神经胶质细胞的成熟和代谢有赖于许多必需氨基酸,如谷氨酸可纠正脑细胞的生化缺陷,酪氨酸直接参与脑细胞的功能演进过程和神经环路的构成,而色氨酸是 5-羟色胺的前体,可促进注意力和记忆力的改善。与此同时,儿童、青少年时期合成代谢旺盛,骨骼的发育、肌肉的增强以及体育锻炼等,都需要大量的蛋白质。因此少年儿童对蛋白质的需要量相对高于成人。

(2)脂肪是青少年生长发育过程中热量的主要来源,每克脂肪能供给 37.8 kJ 的热量。更为重要的是,脂肪中的不饱和脂肪酸与磷脂是大脑及其他神经组织的重要成分,脑和神经组织是含脂肪数量和种类最多的组织。它们与青少年的智力发育关系相当密切。脂肪中的亚油酸更是细胞的组成成分,可参与脂肪和胆固醇的代谢,调节和改善微血管的功能。适量的脂肪有助于饮食中脂溶性维生素的吸收利用。此外,脂肪还是几种激素的前体,可促进青少年正常发育。

脂肪适宜摄入量占总能量的 25%~30%,其中饱和脂肪酸、单不饱和脂肪酸和多不饱和脂肪酸的比例为 <1:1:1,ω-6 和 ω-3 多不饱和脂肪酸的比例为 (4~6):1。

(3)碳水化合物一直是人类膳食中提供能量的主要来源。由于儿童、青少年的神经、肌肉等器官的发育及活动依赖碳水化合物供给能量,特别是大脑细胞的增殖和整个神经系统的发育都需要大量的葡萄糖作为能量,因此儿童、青少年膳食中碳水化合物适宜摄入量占总能量的 55%~65% 为宜。

碳水化合物还能起到节约蛋白质的作用。如果食物中淀粉太少,必然要消耗一部分摄入的食物蛋白质来作为能量,以补偿体内能量的不足。所以,由足够的碳水化合物来保证能量的供应,可以使蛋白质最大限度地被利用在合成机体的组织蛋白上,促进生长发育。

(4)水分是人类赖以生存的条件,儿童、青少年处于生长发育时期,新陈代谢旺盛,热量需要多,但肾脏浓缩功能差,因此所需水分相对地较多。婴儿需水量为 100~150 mL/kg/d,3~7 岁 90~110 mL/kg/d,10 岁为 70~85 mL/kg/d,14 岁时为 40~60 mL/kg/d。婴幼儿每日摄水量少于 60 mL/kg,即可发生脱水症状。

3.4.2.2　矿物元素与生长发育

钙是构成骨骼和牙齿的重要成分,而儿童期是骨骼和牙齿生长发育的关键时期,对钙的需求量大,同时对钙的吸收率也比较大,可达到 40% 左右。

膳食中钙磷比例 1.5:1 最适宜婴儿需要,过高或过低都将影响对钙、磷的消化吸收。人乳的钙磷比例 2:1,钙的吸收率较高,而牛乳的钙磷比例为 1.2:1,钙的吸收率较低。

铁主要以血红蛋白、肌红蛋白的组成成分参与氧气和二氧化碳的运输,同时又是细胞色素系统和过氧化氢酶系统的组成分,在呼吸和生物氧化过程中起重要作用。儿童生长发育旺盛,对铁的需求量较成人高,4~7 岁儿童铁的需求量为 12 mg/kg/d。

锌是体内许多酶的组成成分和激活剂。对机体的生长发育、组织再生、促进食欲、促进维生素 A 的正常代谢、性器官和性机能的正常发育有重要作用。锌不同程度地存在于各种动植物食品中,一般情况下能满足人体对锌的基本需求,但在身体迅速生长时期,由于膳食结构的不合理,也容易造成锌的缺乏,出现生长停滞、性特征发育推迟、味觉减退和食欲不振等症状。

碘是甲状腺素的成分,具有促进和调节代谢及生长发育的作用。碘供应不足会造成机体代谢率下降,影响生长发育并易患缺碘性甲状腺肿大。

其他微量元素如铬、氟、硒、铜等也从不同环节影响生长发育过程。铬促进胰岛素激活，参与糖和蛋白质的代谢，影响生长发育；氟是骨、齿的构成成分，是维持生长重要的微量元素；硒存在于机体的多种功能性蛋白、酶、肌肉细胞中，能有效提高机体的免疫水平。

3.4.2.3　维生素与生长发育

维生素参与神经系统的生物氧化和机能维持，是促进生长发育所必需的营养物质。

维生素 A 的缺乏是一个世界性问题，缺乏维生素 A 会使儿童抗病毒能力下降、生长发育缓慢。

维生素 D 调节体内的钙和磷的代谢，促进钙、磷在肠内的吸收，使牙和骨骼正常发育。

体内合成脱氧核糖核酸，骨髓、肌肉、眼、脑等组织中细胞的形成，都需要维生素 E 的参与。维生素 E 缺乏可致新生儿贫血，还可引起肌肉萎缩。据研究，先天性心脏病、肌软弱等，均与维生素 E 缺乏有关。

处于生长发育中的儿童、青少年活动量大，要及时补充与热量代谢相关的 B 族维生素，其中维生素 B_1 被称为大脑及肌肉的维生素，缺乏会引起食欲不振、消化不良、生长缓慢。维生素 B_2 在食物加工时极其容易损失，缺乏会引起口角、眼、皮肤的炎性反应，应注意补充。

维生素 C 的功能是多方面的，有助于维持细胞间质的正常结构和通透性，增强免疫力，保护骨骼、牙齿及牙龈，促进铁的吸收。维生素 C 缺乏可引起牙龈出血、贫血等症状。

3.4.3　具有促进生长发育作用的食物

蛋类食品富含卵磷脂，能改善脑组织代谢，促进儿童智力发育。在蛋类中以鹌鹑蛋卵磷脂尤为丰富，其含量是同量鸡蛋的 5～6 倍，对改善儿童脑组织代谢、促进智力十分有益。此外，蛋类食品还富含铁、磷脂类以及维生素 A、B 等，有很好促生长发育作用。

酸奶含有乳酸菌，能分解乳糖产生半乳糖，有助于儿童脑及神经系统的发育，同时还能提高 Ca、P、Fe 的吸收利用率。

牛初乳富含乳铁蛋白、乳清蛋白等免疫物质，还有大量的生长因子和乳钙，可以促进婴幼儿骨骼生长，帮助身体机能健康发育。

虾皮里含有丰富的钙、磷、碘及肝醣等成分，钙有预防儿童佝偻病的作用，可促进儿童生长发育。海藻类食品不但含有丰富的碘，可满足甲状腺发育的需要，还含有丰富的钙磷，可促进骨骼、牙齿生长。

海藻类包括海带、紫菜、海裙菜等，都富含钙、碘、铁等，钙能促进骨骼、牙齿生长，碘能预防小儿痴呆及生长缓慢，而铁可防治缺铁性贫血。

海产品、猪肝、鱼类、蛋黄等含丰富的锌，其中牡蛎的含锌量最高。

苋菜含多种维生素及丰富的铁、钙等矿物质，苋菜叶和种子含高浓度的赖氨酸，可补充谷物食品赖氨酸不足的缺陷。苋菜还富含铁元素，是血红蛋白的重要构成物质，有防止儿童贫血作用。

胡萝卜富含胡萝卜素，在体内可转化为维生素 A，维生素 A 对视力发育和预防小儿软骨病有特殊功效。胡萝卜还含较多的赖氨酸，有益儿童生长发育。

豆类食品能补充钼和氟，可以促进牙齿发育。

萝卜缨、小麦、扁豆、大白菜、粗粮、干果、茶叶中含有锰，它能促进生长发育和性的成熟，也能促进骨的钙化过程。

苹果、柑橘、柠檬这类碱性食品中含丰富维生素 C 和钾，能够促进儿童肌肉生长发育。

香菇含较多的维生素 D，能防治小儿佝偻病。香菇富含多糖类物质，具有免疫活性，能提高和增强儿童机体抗病能力。

（索化夷）

3.5 缓解体力疲劳作用

3.5.1 疲劳的发生机制

疲劳（fatigue）是机体的一种复杂的生理生化变化过程。体力疲劳是由于运动或体力劳动而引起机体生理过程不能将其机能持续在一特定水平或机体各器官不能维持其原有功能水平的现象。体力疲劳是机体的一种保护性反应，疲劳的产生提醒工作者减低工作强度或终止运动，以免发生威胁生命的过度机能衰竭或机体损伤。根据疲劳发生的部位，疲劳可分为中枢疲劳、神经—肌肉接点疲劳和外周疲劳。

3.5.1.1 中枢疲劳

中枢神经系统在运动性疲劳的发展过程中起着主导作用。关于中枢疲劳的机理有两种假说：第一种假说以疲劳时大脑中三磷酸腺苷（ATP）、磷酸肌酸（CP）水平下降为基础。高强度短时间工作导致大脑皮层运动区 ATP、CP 动用过多，腺苷二磷酸（ADP）/ATP 比值增加，致使神经元的机能活动性降低，从而引起疲劳。第二种假说是以长时间运动引起大脑中抑制性递质 γ-氨基丁酸增加为基础。γ-氨基丁酸是大脑皮层中一种抑制性的神经递质，可阻抑皮层神经元轴—树突触联系，长时间运动后 γ-氨基丁酸含量增加，形成中枢保护性抑制，引起疲劳。

3.5.1.2 神经—肌肉接点疲劳

神经—肌肉接点是传递神经冲动引起肌肉收缩的关键部位。"乙酰胆碱量子论"假说解释了这一疲劳的机理：如果神经—肌肉接点的神经末梢释放乙酰胆碱减少时，肌肉收缩能力下降。乙酰胆碱由接点前膜释放后，进入接点间隙，在这里遇到由于剧烈运动产生的乳酸，发生酸碱中和，乙酰胆碱被消耗，使到达肌膜处的乙酰胆碱量减少，造成肌肉不能收缩或收缩能力下降，表现出的就是神经—肌肉接点疲劳。

3.5.1.3 外周疲劳

外周疲劳指除神经系统和神经—肌肉接点之外的各器官系统产生的疲劳，其中主要指运动器官肌肉的疲劳。其发生的物质代谢机制目前有三种主要学说：

一是能量物质消耗学说，即人的一切活动都需要能量，机体能量物质的大量消耗是导致疲劳的一个重要原因。体力活动后，体内的能量物质 ATP 和 CP 大量消耗，或者肌糖元、肝糖元大量消耗，血糖降低，引起疲劳。

二是代谢产物堆积学说，即在体力活动后，机体内形成缺氧的环境，糖原主要经无氧酵解途径代谢，其代谢产物乳酸在肌肉中积累，进而引起一系列生化变化导致疲劳。糖酵解的产物——乳酸及 H^+ 的积累，造成细胞 pH 下降，是导致疲劳发生的另一个重要原因。

三是内环境平衡失调学说，即在剧烈的运动、劳动过程中，由于机体渗透压、离子分布、pH、水分、温度等内环境条件发生巨大变化，使体内酸碱平衡、渗透平衡、水平衡等失调，从而导致工作能力下降，发生疲劳。

3.5.2 体力疲劳对机体的损害

1. 体力疲劳时的生理变化

体力疲劳时，大脑和肌肉中能量物质 ATP 和 CP 含量明显降低，糖原含量减少，许多酶活性下降，ATP 再合成速率下降，能量供给的降低限制了机体的活动能力。

疲劳时脑组织中抑制性神经递质 γ-氨基丁酸水平升高，阻抑皮层神经元轴—树突触联系，降低大脑兴奋性。血液中色氨酸和支链氨基酸（BCAA）浓度比值发生改变，影响脑中一些神经递质的前体进入脑组织，这些神经递质前体包括苯丙氨酸、酪氨酸和色氨酸等。其中色氨酸可转变为 5-羟色胺（5-HT），5-HT 可使机体乏力、困倦，过量的 5-HT 可引起中枢神经系统性疲劳，降低中枢向外周发放的冲动。

体力疲劳时自由基增多，如超氧自由基（O_2^-·）或羟自由基（HO·），自由基容易交出其电子而使与细胞膜结合的游离不饱和脂肪酸氧化，造成脂质过氧化，而且生成共轭双烯、丙二醛等代谢产物，损伤生物膜，引起机体组织损伤。体力疲劳也会使抗氧化酶体系出现故障，体内氧自由基代谢失衡，从而导致细胞和机体组织损伤。

体力疲劳时，血浆和脑中蛋白质的代谢产物——氨的浓度上升。氨在神经系统内破坏谷氨酸和氨基丁酸的平衡，影响神经系统的机能状态，对神经系统有毒害作用。氨在肌肉内常以离子形式出现，氨离子对参与体内有氧代谢的柠檬酸脱氢酶的活性有抑制作用，削弱体内有氧代谢过程。

2. 体力疲劳对机体的损害

体力疲劳发生时，体内产生氨、自由基等有害物质，如果不能及时消除疲劳和清除有害物质，内分泌系统、神经系统、免疫系统的平衡就会受到破坏，给脑组织、肌肉组织、心血管系统、免疫系统、内分泌系统造成损害。

3. 体力疲劳对脑组织的损害

疲劳导致思维和意识变异、肌肉无力、呼吸急促，人体出现倦怠、食欲不振、睡眠紊乱等疲劳症状。长期体力疲劳则可诱发脑神经细胞凋亡，进而导致神经元丢失，是老年性痴呆的病理基础。

4. 体力疲劳对肌肉组织的损害

体力疲劳时，骨骼肌细胞线粒体负荷加重，产生大量的自由基，而且机体内消耗大量的超氧化物歧化酶（SOD）用于消除自由基，造成脂质过氧化，直接损伤肌细胞膜的正常结构，使其收缩舒张能力下降，而且肌肉中产生大量的乳酸，人体出现肌肉酸痛、肿胀、疲乏无力等症状。

5. 体力疲劳对心血管系统的损害

体力疲劳使机体分泌大量肾上腺素,血中儿茶酚胺水平升高,肌肉中产生大量的乳酸,这些有害物质的积累会损害心肌细胞,可导致心肌缺血、冠脉痉挛,人体出现胸闷、气短、心慌、心律不齐等症状,长期疲劳可导致动脉粥样硬化、冠心病等心血管疾病。

6. 体力疲劳对免疫系统的损害

体力疲劳导致 T 细胞功能下降,白细胞介素、α-干扰素等免疫因子生成减少,人体免疫功能下降,表现出对致病因素缺乏抵抗力,如疲劳后容易感冒。体力疲劳还可导致自然杀伤细胞的减少和活性的降低,削弱机体对癌症的防御能力。

7. 体力疲劳对内分泌系统的损害

内分泌系统中,体力疲劳对泌尿系统的损害很大,会损害肾小管上皮细胞。医学上观察到疲劳者的尿液容易起泡沫,且泡沫停留的时间也长,这是因为肾小管上皮细胞受到损害,小分子蛋白渗透到尿中形成的。

3.5.3　具有抗疲劳作用的食物

(1)碱性食物

体力疲劳者体内会产生大量的乳酸,可多食用碱性食物中和乳酸,以缓解疲劳。碱性食物有:①新鲜蔬菜,如紫甘蓝、花椰菜、芹菜、小白菜等。②水果,如西瓜、香蕉、梨、苹果等。

(2)富含钙和镁的食物

钙能保持血液呈弱碱性的正常状态,防止机体变成酸性易疲劳体质。镁参与了人体内几乎所有的代谢过程,是保持充足的能量供应和体力充沛的前提。牛奶和酸奶为富含钙质的食物。新鲜小麦胚、荞麦、核桃、杏仁、紫菜、蜂蜜和黄豆富含镁。

(3)富含天冬氨酸的食物

天冬氨酸在体内生成草酰乙酸,草酰乙酸含量增加可以提高三羧酸循环的速度,促进糖和脂肪的有氧代谢,因此补充天冬氨酸,可使体内草酰乙酸的含量增加,有助于体内糖和脂肪能源物质的动员。天冬氨酸还可参与无氧代谢,促进糖异生作用,生成葡萄糖或糖原,提高血糖浓度和肌糖元储备,增强无氧供能能力。天冬氨酸还参与鸟氨酸循环,使 NH_3 和 CO_2 生成尿素,促进氨的代谢,有助于延缓疲劳的发生。富含天冬氨酸的食物有肉类、豆芽、豆类、梨、桃子等。

(4)富含胆碱或乙酰胆碱的食物

胆碱在体内转化为乙酰胆碱,乙酰胆碱为重要的神经递质。人体疲劳时,乙酰胆碱被乳酸中和,使肌膜处的乙酰胆碱量减少,造成肌肉不能收缩或不能保证信息传递。补充富含胆碱或乙酰胆碱的食物,有助于保持血浆胆碱水平,缓解疲劳症状。富含胆碱的食物有肝脏、花生、麦胚、大豆、莴苣、花椰菜。蜂王浆中含有乙酰胆碱,而且含量丰富,在人体内可以直接被吸收利用。

(5)富含维生素和优质蛋白质的食物

补充足够量的维生素可使机体代谢机能恢复和提高,有利于神经系统和内环境的稳定。蛋白质能提供足够的氨基酸,如果体内氨基酸供给不足,自由基和酸性物质就会积累,导致机体疲劳。

蚂蚁的蛋白质、维生素 B、E 含量丰富,有增强体力和耐力的功效。

螺旋藻的蛋白质含量高达 $58\%\sim71\%$，是蛋白质含量最高的食物，而且为优质蛋白质，氨基酸成分平衡合理，人体必须氨基酸齐全，还含有丰富的维生素，容易吸收，具有迅速消除疲劳，恢复体力的功效，已作为运动员的保健食品。

蜂花粉维生素含量尤其丰富，含有肌肉收缩过程中所需的常量和微量元素、酶，以及对运动后能量恢复有重要作用的生物活性物质，既能快速释放能量，又不致使消化系统负担过重，也是极佳的抗疲劳食物。

(6)其他含活性成分的食物

人参所含人参皂苷可减少心肌缺血再灌注损伤，可促进脂肪利用和糖异生，从而节约糖原及加速合成糖原。人参皂苷能促进血乳酸浓度的降低，动物实验表明，人参皂苷可增强抗氧化酶的活性，加速自由基的清除，减轻自由基对骨骼肌的损伤。

蜂胶能提高 ATP 酶的活性，在代谢的过程中释放出能量，清除体内过剩的自由基。

灵芝、黄芪、香菇、枸杞等多糖类物质有抗疲劳的作用，其中金针菇发酵液经过动物实验证明，能增加肌糖元及肝糖元的生成，有抗疲劳作用，主要活性物质为金针菇多糖。

3.5.4 抗疲劳的功能成分

(1)维生素类

B 族维生素可以显著改善慢性疲劳症，尤其是维生素 B_1、B_6、B_{12}。其中维生素 B_1 对于乳酸的分解尤为重要，维生素 B_6 参与蛋白质的代谢，维生素 B_{12} 对维持健康的神经细胞和血红细胞的生理功能至关重要。目前，维生素 B_{12} 已经被用作慢性疲劳综合征的补充剂。

维生素 C 具有预防过滤性病毒和细菌感染、增强人体免疫系统的功能，还有助于快速清除人体内积存的代谢产物，具有消除疲劳的功效。

此外，维生素 D 能促进钙、磷吸收，防止因缺钙而导致的疲劳。维生素 E 能有效对抗精神紧张，缓解精神疲劳。

(2)L-左旋肉碱

L-左旋肉碱在线粒体脂肪酸的 β-氧化和 TCA 循环中起重要作用，在机体中具有促进三大能量营养素氧化的功能。口服 L-左旋肉碱可使最大氧吸收时的肌肉耐受力提高，防止乳酸积累，缩短疲劳恢复期，减少紧张感和疲劳感。

(3)辅酶 Q_{10}

辅酶 Q_{10} 又称为泛醌，其主要作用是作为新陈代谢的催化剂，加速脂肪代谢，使机体能量供应充足，已成功用于预防和治疗慢性疲劳综合征。

(4)谷氨酰胺

谷氨酰胺是血液中含量最多的游离氨基酸，是大脑两个重要神经递质——谷氨酸和 γ-氨基丁酸的前体，机体疲劳时，体内谷氨酰胺水平降低，补充谷氨酰胺有助于神经冲动的传导，减少抑郁和疲劳感。

(5)1,6-二磷酸果糖

1,6-二磷酸果糖是细胞内糖酵解的中间产物，能直接调节某些代谢或作为底物直接参与供能，还能清除自由基，对心肌有保护作用，有利于疲劳的恢复。

(杨吉霞)

3.6 减肥作用

3.6.1 肥胖的概念

3.6.1.1 肥胖的定义

肥胖是指身体有过多的脂肪组织,一般成年女性的脂肪比例超过 30%,成年男性超过 20%~25% 即为肥胖。肥胖症(Adiposis)是指由于摄入过多或机体生理生化功能改变而致体内积聚过多的脂肪,造成体重过度增加而发生的一系列病理生理改变。

判断肥胖常用的指标有:标准体重和体重指数(BMI)。

①理想体重:理想体重或标准体重,应用于成年人。常用计算公式如下:

理想体重(kg)=身高(cm)-100 (Broca 公式)

理想体重(kg)=身高(cm)-105 (Broca 改良公式)

实际体重超过 10%~20% 为超重,20% 以上为肥胖。

②体重指数(Body Mass Index, BMI):是目前最常用的评判指标,其计算式为:

$$体重指数(BMI) = \frac{体重(kg)}{身高(m) \times 身高(m)}$$

我国 BMI 正常值为 18.5~23.9,24~27.9 为超重,28 及以上为肥胖。

3.6.1.2 肥胖的分类

肥胖症一般可分为单纯性肥胖和继发性肥胖。单纯性肥胖是指体内热量的摄入大于消耗,致使脂肪在体内过多积聚、体重超常的病症。继发性肥胖则是由于内分泌或代谢性疾病所引起。各种肥胖症中最常见的是单纯性肥胖,占肥胖症的 95% 以上。

3.6.2 肥胖产生的原因和危害

3.6.2.1 肥胖的病因

肥胖症的发生与饮食过量、运动减少、营养过剩密切相关,但也受内分泌、遗传、代谢和精神因素等的影响,突出表现在三个年龄段:婴幼儿期、青春发育期及 40 岁以后的成年期。

①饮食习惯:多食、贪食并有食欲亢进是造成肥胖症的主要原因,特别是中老年以后运动减少使能量消耗减少,多食导致热能过剩而转化为脂肪组织,形成老年性肥胖。婴儿过量喂养可使脂肪细胞增多,易于在将来造成肥胖。

②遗传:肥胖症有一定的遗传倾向,在对肥胖动物的研究中发现,鼠的肥胖基因可产生相应的蛋白质,由脂肪组织随血液向中枢神经系统发出饱食信号,当基因突变时,产生相应信号的蛋白质缺乏,引起肥胖。在人类,不少肥胖患者有家族史,同卵孪生儿体重相似。体型与肥胖也有一定的关系,宽大骨骼体型者易患肥胖症。

③内分泌和神经调节:甲状腺功能低下使基础代谢降低、能量消耗减少而引起肥胖症;肾

上腺皮质功能亢进使摄入量增加,蛋白质合成增加,并使碳水化合物转化成脂肪增加。下丘脑腹内侧核为饱觉中枢,受控于交感神经,兴奋时发生饱感而拒食,腹外侧核为饥饿中枢,受控于副交感神经,兴奋时食欲亢进,摄食增加,导致肥胖。

④运动量少:运动量减少使热能消耗减少,热能蓄积,若摄入量不减,体重很快增加。

3.6.2.2 肥胖的危害

肥胖可引起代谢和内分泌紊乱,导致许多严重并发症,如糖尿病、动脉粥样硬化、高血脂、高血压、冠心病等。

①易患糖尿病:肥胖是糖尿病的危险因素。肥胖者并发糖尿病比较多见,肥胖者的糖尿病发病率约4倍于非肥胖者。

②易患心血管疾病:一是高血压:肥胖者有30%~50%并发高血压,其并发几率随肥胖程度的增加而增加,这是由于肥胖者的心脏长期负担过重,再加上胰岛素分泌与脂代谢异常,对动脉管壁的生长和代谢造成直接损伤,导致心压升高;肥胖者常有一定程度的水盐潴留,也加剧了高血压。二是高脂血症:肥胖者血浆甘油三酯、胆固醇、极低密度脂蛋白、游离脂肪酸均增加,而高密度脂蛋白减少,引起高脂血症。可诱发冠心病。

③肿瘤易感性增强:肥胖与某些肿瘤的发生密切相关。男性主要是结肠癌、直肠癌和前列腺癌的发病率增高,而女性主要是子宫膜癌、卵巢癌、宫颈癌、乳腺癌和胆囊癌的发病率显著增高。

④肝、胆功能异常:肥胖症患者易发生脂肪肝,出现肝功能异常。这是因为肥胖症患者的脂代谢活跃,导致大量游离脂肪酸进入肝脏,为脂肪的合成提供了原料。肥胖症患者胆石症的发病率显著增高。30%的肥胖者手术发现有胆结石,而非肥胖者只占5%。

⑤其他:肥胖者还易引起痛风、肾损害,使肾功能低下。妇女肥胖可引起怀孕时行动困难,易难产,还可导致卵巢功能不全、不育症或妊娠高血压综合征。肥胖引起皮肤改变,多汗症、汗斑、皮肤瘙痒症、湿疹、皮肤炎等。

3.6.3 具有减肥作用的食物

减肥的基本原则是要限制能量的摄入,但不可陷入一些误区,如食物中无碳水化合物、脂肪,长期食用这样的减肥食品对身体有害无宜。食物营养要均衡,应采用高蛋白、低脂肪、低碳水化合物的食物,三餐热能分配应平均。具有减肥功能的食物主要有:

(1)富含膳食纤维的食物

粗粮含有多种膳食纤维,对血液中胆固醇含量降低有显著作用。

红薯膳食纤维高,营养平衡热量低,能阻止糖类变为脂肪。

魔芋则是一种高纤维、低脂肪、低热量的天然食品。魔芋中含60%左右的甘露聚糖,吸水性很强,可吸水膨胀,填充胃肠,消除饿感,并可延缓营养素的消化吸收,降低对单糖的吸收,从而使脂肪酸在体内的合成下降,又因其所含热量极低,所以可以控制体重的增长,达到减肥的目的。

(2)高蛋白低脂肪的蛋白质类食物

以大豆为主的豆类食品富含植物性蛋白质,营养丰富,有降低血液中胆固醇含量的作用。一些动物肉类如兔肉、牛肉、鱼肉、鸡肉,含蛋白质较多,胆固醇和脂肪较少,可作为肥胖人群的良好蛋白质来源。

（3）部分蔬菜

黄瓜中含有的丙醇二酸,有助于抑制其他食物中的糖类在体内转化为脂肪。白萝卜含有多种维生素,营养价值很高,还含有辛辣成分介子油,可促进脂肪类物质更好地进行新陈代谢,避免脂肪在皮下堆积。芹菜含有粗纤维,可以干扰过多的营养物质吸收,减低热量的储存。经常食用冬瓜,能去除体内多余的脂肪和水分,从而起到减肥的作用。辣椒含有辣椒素,能促进脂质代谢,并可溶解脂肪,抑制脂肪在体内蓄积。

（4）菌藻类食品

各种食用真菌和藻类食品多为低能量、高蛋白质、高维生素、高矿物质食物,是需要控制体重人群的良好食物来源。

（5）茶叶

绿茶可抑制动物血清和肝组织中胆固醇、甘油三酯和低密度脂蛋白的升高,有抗高血脂和预防肥胖的作用。其他具有减肥作用的茶叶还包括乌龙茶、沱茶及普洱茶等。

3.6.4　具有减肥作用的功能因子

（1）膳食纤维

膳食纤维包括来自谷物和豆类的谷物纤维和豆类纤维,以及来自水果、蔬菜、甜菜、甘蔗等的纤维。由于其能量值低,再加上持水性和充盈作用可增加胃饱腹感,减少食物和能量摄入量,有利于控制体重。常见膳食纤维有米糠纤维、大豆纤维、甜菜纤维及魔芋精粉等。

（2）L-肉碱

1959 年 Friz 发现 L-肉碱能促进脂肪酸代谢。研究表明 L-肉碱具有明显的加速脂肪氧化功能的作用,能提高机体对脂肪的利用,促进体内脂肪燃烧。食用 L-肉碱的同时,必须辅以运动,否则效果不明显。

（3）壳聚糖

壳聚糖对脂肪和胆固醇具有良好的吸附性能,能安全有效地降低胆固醇。

（4）丙酮酸盐

丙酮酸盐具有加速脂肪消耗、增加活动欲望、增强耐力、降糖、降血脂、消除或抑制自由基、抗疲劳等诸多生理功效。

（杨吉霞）

3.7　辅助降血脂作用

心血管疾病是严重危害人类健康的疾病之一,其主要起因是动脉硬化,即动脉内壁沉积有脂肪、复合碳水化合物与血液中的固体物(特别是胆固醇),并伴随有纤维组织的形成、钙化等病变。动脉硬化中以动脉粥样硬化(atherosclerosis, AS)最为重要,发生冠状动脉粥样硬化时可造成心肌供血不足,引起心绞痛乃至心肌梗死,而脑动脉粥样硬化可引起脑供血不足、眩晕、头痛等。

动脉粥样硬化的发生在我国有明显的上升趋势,高脂血症被视为引发 AS 的主要危险因素。高脂血症即人体血液中的血脂高于正常水平,可引起心脑血管病症、脂肪肝、肥胖症、胆结石等。

3.7.1 血浆脂蛋白的组成和来源

血浆脂质主要包括磷脂、胆固醇及其酯、甘油三酯及游离脂肪酸。血浆中的脂类含量与全身相比只占极小部分,但在代谢上非常活跃。肠道吸收外源性脂类、肝脏合成内源性脂类、脂肪组织贮存和脂肪动员都要经过血液。因此,血脂水平可反映全身脂类代谢情况。

脂类一般不溶于水,血浆中的脂类与蛋白质结合在一起运输,因此,所谓的高脂血症实际上是高脂蛋白血症,即运输胆固醇的低密度脂蛋白和运送内源性甘油三酯的极低密度脂蛋白浓度过高,超出正常范围。

血浆脂蛋白主要由载脂蛋白、甘油三酯、胆固醇及其酯和磷脂组成。根据脂蛋白密度大小的不同,其在盐溶液中的沉浮状况不同,可将血浆脂蛋白分为 5 大类:由小肠黏膜细胞合成的转运外源性甘油三酯及胆固醇的乳糜微粒(chylomicron,CM)、肝细胞合成的转运内源性甘油三酯及胆固醇的极低密度脂蛋白(very low density lipoprotein,VLDL)、VLDL 向低密度脂蛋白转化的中间产物中等密度脂蛋白(intermediate density lipoprotein,IDL)、血浆内合成的转运内源性胆固醇的低密度脂蛋白(low density lipoprotein,LDL),以及肝、肠和血浆内合成的主要作用是从组织中清除不需要的胆固醇并运往肝脏代谢处理的高密度脂蛋白(high density lipoprotein,HDL)。

3.7.2 血浆脂蛋白的临床意义

(1)CM

CM 含外源性甘油三酯近 90%,由于其密度最低、颗粒最大,不能进入动脉壁内,一般不致动脉粥样硬化,但易诱发胰腺炎。近年的研究表明,餐后高脂血症(主要是 CM)高亦是冠心病的危险因素。此外,CM 的代谢残骸可被巨噬细胞表面受体所识别而摄取,可能与动脉粥样硬化有关。

(2)VLDL

VLDL 主要由甘油三酯构成,占一半以上,而磷脂和胆固醇含量比乳糜微粒多。其颗粒相对大,不易透过动脉内膜,以往认为正常的 VLDL 不具致动脉粥样硬化作用,但其代谢产物IDL,LDL 具有致动脉粥样硬化作用。目前认为,VLDL 水平升高同样是冠心病的危险因素。

(3)IDL

IDL 与 VLDL 相比,其胆固醇的含量已明显增加。目前有关 IDL 的认识仍不太一致,有人将其归为 VLDL,称为 VLDL 残粒;也有人认为 IDL 是大颗粒的 LDL,称为 LDL1。血浆IDL 浓度升高易伴发动脉粥样硬化,被认为具有致动脉粥样硬化作用。

(4)LDL

LDL 是血浆中胆固醇含量最多的一种脂蛋白,其胆固醇含量在一半以上,是所有血浆脂蛋白中首要的致动脉粥样硬化性脂蛋白。已证明粥样硬化斑块中的胆固醇来自血循环中的LDL,致动脉粥样硬化作用与其本身的一些特点有关,如颗粒相对较小,能很快穿过动脉内膜层。因小颗粒 LDL 易被氧化,更具有致动脉粥样硬化作用。LDL 水平升高与心血管疾病患病率和病死率升高有关,尤其 LDL_2 在动脉粥样硬化形成中起重要作用。

（5）HDL

HDL 一种抗动脉粥样硬化的血浆脂蛋白。HDL 能将周围组织中包括动脉内壁内的胆固醇转运到肝脏进行代谢,还有抗 LDL 的作用,并能促进损伤内皮细胞的修复。流行病学调查表明,人群中 HDL-C<0.907 mmol/L 者,冠心病发病危险性为 HDL-C>1.68 mmol/L者的 8 倍。HDL-C 水平每增加 0.26 mmol/L,患冠心病的危险性下降 2%～3%。

3.7.3　高脂血症的定义和分类

3.7.3.1　高脂血症的定义

高脂血症(hyperlipidemia)是血浆中某一类或几类脂蛋白水平升高的表现,严格说来应称为高脂蛋白血症(hyperlipoproteinemia)。

临床上主要以测定总胆固醇(TC)、甘油三酯(TG)水平和 LDL-C 浓度作为判断血脂水平的指标。我国对高脂血的诊断标准见表 3-1。

表 3-1　中国高脂血症诊断标准(1997)

	血浆 TC		血浆 TG	
	mmol/L	mg/dL	mmol/L	mg/dL
合适水平	<5.2	<200	<1.7	<150
临界高值	5.23～5.69	201～219	2.3～4.5	200～400
高脂血症	>5.72	>220	>1.7	>150
低 HDL-C 血症	<0.91	<35		

资料来源:吴桂锡.预防心脏病学.济南:山东科学技术出版社,2000

TC 测定值的主要用途是作为冠心病(CHD)的筛选指标,TC 正常者患 CHD 的危险度微乎其微。TG 测定值主要作为 CHD 危险因子分析的脂类筛选或评价的一部分,若 TG 为2.83～5.65mmol/L,人群总体患 CHD 的危险度约高 2 倍。

此外,HDL-C 主要作为 CHD 的危险因子,HDL-C 在估计心血管危险性中的意义比 TC和 TG 高 3 倍。LDL-C 也是公认的 CHD 的危险因子,若 LDL-C>4.40mmol/L,有患 CHD的高度危险性。

3.7.3.2　高脂血症的分类

目前高脂血症的分类较繁杂,为指导治疗,提出了简易分型方法,将高脂血症分为 3 种类型,各型特点见表 3-2。

表 3-2　高脂血症简易分型

分　型	TC	TG	相当于 WHO 表型
高胆固醇血症	↑↑		Ⅱa
高甘油三酯血症	↑↑		Ⅳ（Ⅰ）
混合型高脂血症	↑↑	↑↑	Ⅱb（Ⅲ、Ⅳ、Ⅴ）

资料来源：郭红卫. 医学营养学. 上海：复旦大学出版社，2002

3.7.4　具有调节血脂作用的食物

饮食不当是高脂血症重要的发病原因，预防血脂升高，膳食应采用低能量、低脂肪、低胆固醇和高纤维的饮食原则。注意调整饮食习惯，才能有效控制血脂水平。具有调节血脂作用的食物有：

（1）燕麦

燕麦中蛋白质、脂肪、食用纤维含量均高于其他谷类作物，其中组成食用纤维的多糖物质β-葡聚糖具有降低血清胆固醇的作用；燕麦片中含有食用纤维 $4\sim6g/100g$ 食部，而其他谷类含 $1\sim3\ g/100g$ 食部。燕麦中亚油酸含量占总脂肪酸含量的 40% 左右，在代谢中能改变人体内胆固醇的分布，也具有降血脂的作用。1997 年美国 FDA 批准，燕麦食品包装上可以标示具有能使胆固醇过多患者的血浆低密度脂蛋白含量降低的作用。我国卫生部也认定燕麦片是具有调节血脂功能的保健食品。

（2）蔬菜、水果

蔬菜、水果含有的膳食纤维能吸附和分解肠道内胆固醇，减少脂质吸收，促进肝脏胆固醇降解，降低血脂浓度。具有降血脂作用的常见蔬菜、水果有茄子、黄瓜、洋葱、大蒜、山楂和苹果等。

（3）豆类食品

除燕麦和水果、蔬菜外，降胆固醇食品首推豆类，无论是豌豆、扁豆还是大豆，均可降胆固醇。如大豆所含的大豆皂甙、大豆异黄酮、丰富的卵磷脂和亚油酸均具有阻止过氧化脂质产生和降血脂的作用。

（4）海产品

无论是海产鱼类还是藻类，均含丰富的 ω-3 脂肪酸，可降低血清甘油三酯水平。而藻类食品还有丰富的牛磺酸和褐藻酸，同样具有降胆固醇的作用。

（5）其他

酸奶含乳清酸，能抑制肝脏合成胆固醇，并能阻止胆固醇在血管壁的附着，使血胆固醇下降。香菇含香菇嘌呤可明显降低血胆固醇。螺旋藻是优质的天然低脂食品，所富含的 γ-亚麻酸具有降血脂作用。

其他具有降血脂作用的食物包括茶叶、菊花、枸杞、槐实、红曲粉、花粉、灵芝孢子油和月见草油等。

（杨吉霞）

3.8 辅助降血糖作用

随着生活水平的提高,近年来与人们生活方式密切相关的糖尿病(diabetes mellitus)已成为世界上继肿瘤、心脑血管疾病之后第三位严重危害人类健康的慢性常见病。

在世界上大多数国家,糖尿病的发病率达到 1%～2%,而发达国家的发病率相对较高,如美国的发病率为 6%～7%。随着物质生活水平的提高和人口老龄化的加剧,糖尿病的发生率还在升高。据统计,现在全世界有 1.25 亿～1.35 亿糖尿病患者,预计到 2025 年将增加到 3 亿。世界卫生组织(WHO)已将糖尿病列为世界三大疑难病之一,并把每年的 11 月 14 日定为"世界糖尿病日"。

我国已成为世界第一糖尿病大国。1980 年全国糖尿病患病率不足 1%,而到 1996 年已达到 3.21%;据估计,我国 60 岁以上的脑力劳动者中,糖尿病患病率高达 11.2%。目前我国糖尿病患者有 2 000 万～3 000 万人,每年新增 150 万～200 万人;糖尿病的发病有年轻化的倾向,以前多发于 40 岁以上年龄段的 II 型糖尿病,现在在 30 多岁的人群中也不少见。

糖尿病的特点是高血糖、高血压,临床表现常见多食、多饮、多尿及体重减少的"三多一少"症状以及皮肤瘙痒、四肢酸痛和并发症多(如并发心血管病等严重疾病)、致残率高等现象,目前尚无治愈的有效方法。因此控制患者血糖水平、预防并发症的发生是治疗糖尿病的关键措施。

实践证明,通过食品途径辅助调节、稳定糖尿病患者的血糖水平是完全可行而有效的,这样可以减少降糖药物的使用。因此,辅助降血糖保健食品的开发具有重要的实际意义。

3.8.1 血糖

3.8.1.1 基本概念

血糖是指血液中的葡萄糖,它是碳水化合物在体内的运输形式,是为人体提供能量的主要物质。正常人血糖的产生和利用是处于动态平衡的,正常情况下,人体内血糖浓度有轻度的波动,餐前血糖略低,餐后血糖略有升高,但这种波动是保持在一定的范围内的。正常人空腹血糖浓度一般在 $3.89～6.11 \text{ mmol/L}$,餐后 2 小时血糖略高,但也应该小于 7.78 mmol/L。

血糖的来源主要有以下 3 条途径:①饭后食物中的糖类物质消化成葡萄糖后,被吸收入血,这是体内血糖的主要来源;②肝脏储有肝糖元,空腹时肝糖元分解成葡萄糖而进入血液;③蛋白质、脂肪及从肌肉生成的乳酸通过糖异生途径变成葡萄糖而进入血液。

正常人血糖的去路主要有以下 5 条:①在组织细胞中氧化分解成二氧化碳和水,释放出大量的能量,供给人体利用,这是血糖的主要去路;②进入肝脏变成肝糖元储存起来;③进入肌肉细胞变成肌糖元贮存起来;④转变为脂肪储存起来;⑤转化为细胞的组成成分。因此正常人可以维持血糖的相对稳定,既不会过高,也不会过低。

当空腹血糖浓度>7.0 mmol/L 时,称为高血糖;当血糖浓度>8.89～10.00 mmol/L,已超过了正常人体肾小管的重吸收能力,就会在尿中出现有葡萄糖的糖尿现象。持续性出现高血糖和糖尿就是糖尿病。

3.8.2　血糖的调节

人体的胰腺实质是由外分泌部和内分泌部组成。外分泌部主要分泌胰液,含有多种消化酶,在食物消化中起重要作用;内分泌部是散在于外分泌部之间的细胞团,又称之为胰岛,分泌的激素主要调节碳水化合物的代谢。

胰岛细胞按其染色和形态学特点,主要分为 A 细胞(又称 α 细胞)、B 细胞(又称 β 细胞)、D 细胞及 PP 细胞。A 细胞约占胰岛细胞的 20%,分泌胰高血糖素,其作用主要是使血糖升高;B 细胞占胰岛细胞的 60%~70%,分泌胰岛素,是体内唯一能使血糖降低的激素;D 细胞占胰岛细胞的 10%,分泌生长激素抑制激素;PP 细胞数量很少,分泌胰多肽。

胰岛素是有 51 个氨基酸的小分子蛋白质,相对分子质量为 6 000,由 A 链(21 个氨基酸)与 B 链(30 个氨基酸)通过两个二硫键结合而成的。正常情况下,进餐后胰岛分泌的胰岛素增多,而在空腹时,胰岛素的分泌会明显减少,因此正常人血糖浓度保持在一定的范围内,处于相对稳定的状态。

胰岛素受体为胰岛素起作用的靶细胞膜上的糖蛋白,仅可与胰岛素结合而引起细胞效应。此受体主要分布于肝细胞、脂肪细胞、肌肉细胞等细胞膜上,当胰岛素到达靶细胞后,即与靶细胞上的胰岛素受体结合。不同情况下胰岛素受体会发生变化,进食后胰岛素的分泌增加,其受体数量和亲和力下降;胰岛素减少,则受体数目又增加。

人体内胰岛素绝对或相对缺乏可引起糖尿病。糖尿病通常分为 Ⅰ 型和 Ⅱ 型两种。如果胰岛素绝对缺乏,使葡萄糖无法利用而使血糖升高导致的糖尿病属 Ⅰ 型糖尿病,又称之为胰岛素依赖型,对该型病人必须终身用胰岛素治疗。如果胰岛素只是相对缺乏或胰岛素水平并不低,但其工作效率降低而使血糖升高导致的糖尿病属 Ⅱ 型糖尿病,也叫非胰岛素依赖型或成人发病型糖尿病。该型多在 35~40 岁之后发病。据统计,Ⅱ 型糖尿病人占全部糖尿病病例的 95% 以上。这类糖尿病可用口服药物治疗,同时配合保健食品的辅助降糖作用,以改善胰岛素的工作效率。

Ⅱ 型糖尿病主要诱因是遗传,国外资料显示糖尿病病人有家族史的占 25%~50%;上海报道为 8.7%。其他诱发因素主要有:①肥胖,肥胖时脂肪细胞膜和肌肉细胞膜上胰岛素受体数目减少,对胰岛素的亲和能力降低,对胰岛素的敏感性下降,这些都可导致血糖利用障碍,使血糖升高。②饮食习惯不良,长期进食过多的高糖、高脂肪食品可加重胰岛 B 细胞的负担,引起胰岛素分泌发生部分障碍。尤其是长期以精米、精粉为主食的人,由于这些食品中微量元素如锌、镁、铬等及维生素的大量丢失,而这些营养素对胰岛素的合成、能量代谢都起着十分重要的作用,如缺乏也可能诱发糖尿病。③糖尿病的发病率随年龄的增长而增高。40 岁后的患病率开始明显升高,50 岁以后急剧上升,发病的高峰期在 60~65 岁。④体力活动减少,一方面可引起肥胖,另一方面也可以使肌肉细胞表面胰岛素受体的数目减少,并使其敏感性下降而使血糖升高。据统计,我国知识分子糖尿病的发病率为 10.74%,而农民仅为 4.29%,推测这可能与参与体力活动较少有关。⑤其他因素如环境、药物等可诱发或加重糖尿病。

糖尿病对人体健康的主要危害是对心、脑、肾、血管、神经、皮肤等的危害。据调查我国糖尿病人的并发症在世界上发生得最早、最多,且最严重,如糖尿病病程 10 年以上的病人,78% 以上的人都有不同程度的并发症。如糖尿病人心脑血管病的发病率和死亡率是非糖尿病人的 3.5 倍;由于糖尿病而促进糖尿肾病发生和发展,也是Ⅱ型糖尿病最主要的死亡原因之一。糖尿病患者由于血糖升高,可引起周围血管病变,导致局部组织对损伤因素的敏感,在外界因素损伤局部组织或局部感染时,特别容易在足部发生溃疡,称为糖尿病足,40%的Ⅱ型糖尿病患者可发生糖尿病足。糖尿病对神经的危害也是糖尿病最常见的慢性并发症之一,糖尿病还能引起糖尿病视网膜病、糖尿病性白内障、青光眼及其他眼病。由此可见,糖尿病对人体健康的危害是十分严重的。

3.8.3　具有辅助调节血糖作用的食物和功能因子

开发具有辅助调节血糖作用的食品的目的在于保护胰岛细胞的功能,使血糖、尿糖和血脂值达到或接近正常值,同时控制糖尿病人的病情,延缓和防止糖尿病并发症的发生与发展。目前市场上常见的辅助调节血糖的保健食品有三大类:一类是膳食纤维类,如南瓜茶等;一类是含微量元素类,如强化铬的奶粉等;还有一类是无糖食品,如无糖饮料等。

3.8.3.1　开发辅助降血糖保健食品的原则

(1)控制每日摄入食物所提供的总热量,以达到或维持正常体重。糖尿病患者血糖、尿糖浓度虽然高,但机体对热能的利用率却较低,因此机体就需要更多的热能以弥补尿糖的损失。一般以每日每千克体重供给 0.13～0.21 MJ 热能,即每日 7.56～9.23 MJ。

(2)限制脂肪的摄入,增加优质蛋白质的摄入量。糖尿病人的蛋白质分解增加,因此蛋白质供给量应较正常人适当增多,每日以 100～110 g 为宜。

减少饱和脂肪酸的供给,增加多不饱和脂肪酸供给,以减少心血管并发症的发生。脂肪的供给仅占总能量的 30% 或少于 30%。

(3)适当控制碳水化合物的摄入。碳水化合物摄入总量以每日摄入 200～300 g 为宜,所供热能应不超过总热能的 50%～60%。增加餐次,减少每餐进食量;严格限制单糖及双糖的使用量,最好选用含多糖较多的食品如米、面、玉米面等,同时加入一些土豆、芋头、山药等根茎类蔬菜混合食用。由于不同食物来源的碳水化合物在消化、吸收、食物相互作用方面的差异以及由此引起的血糖和胰岛素反应的区别,混合膳食使糖的消化吸收减缓,对血糖的控制是有利的。

(4)补充维生素和微量元素。维生素 C、B_6 和尼克酸、微量元素 Cr 等在糖代谢中起重要作用,充足与否对血糖水平有很大的影响。

3.8.3.2　降糖因子和辅助降糖食品

(1)铬(Cr)

铬是参与机体糖代谢和脂肪代谢不可缺少的微量元素。铬具有的氧化态仅 3 种:+2 价、+3 价和+6 价。Cr^{6+} 有剧毒,如长期接触有可能致癌或致死;Cr^{2+} 可很快氧化为 Cr^{3+}。只有 Cr^{3+} 才是人体的必需微量元素,具有间接调节血糖等作用。

Cr^{3+} 活性的大小与其结合的成分有密切的关系。Cr^{3+} 与谷氨酸、甘氨酸和含硫氨基酸配位并与 2 分子烟酸结合形成葡萄糖耐量因子(GTF),这是一种类激素,它通过促进胰岛素与胰岛素受体的结合而增强胰岛素的活性。GTF 实际上是胰岛素发挥作用的辅助因子,与胰岛素一起使氨基酸、脂肪酸和葡萄糖能较容易地通过血液到达组织细胞中,同时它还能促进细胞内营养素的代谢。当胰岛素缺乏时,GTF 不起作用;如 GTF 数量不足,就需要更多的胰岛素才能进行这些过程。铬在小肠被吸收后大部分被运往肝脏合成 GTF。由于在食品精加工过程中会引起铬大量流失,造成现代人体内普遍缺铬;生活节奏的加快,人们的应激状态加重,造成了体内血糖波动频繁,又消耗了大量的铬。因此糖尿病人和中老年人都应适当补铬。研究表明:对糖尿病鼠补铬能使升高的血糖水平降低 14%～29%,胆固醇降低 35%,甘油三酯降低 45%,而对正常鼠补铬则没有此种情况发生。Cr^{3+} 及 GTF 已被卫生部批准作为辅助调节血糖的功能因子。

根据 Cr^{3+} 结合的不同成分,可将其分为有机铬和无机铬。有机铬包括有机酸铬(如烟酸铬,吡啶酸铬)、酵母铬、氨基酸铬和蛋白铬等;无机铬主要有氯化铬、三氧化二铬等。无机铬难以吸收,啤酒酵母铬、氨基酸铬不易溶解于脂肪,因此也不易被直接吸收和充分利用。

吡啶酸铬为红色晶体状粉末,几乎不溶于水而脂溶性好,可以穿透细胞膜而被人体完全吸收利用。吡啶酸铬可使糖尿病患者对胰岛素的敏感性明显增强,其中Ⅱ型糖尿病比Ⅰ型更为明显。同时发现补充吡啶酸铬后人体内脂肪减少,肌肉明显增加,因此吡啶酸铬还可以用于减肥。美国食品协会调查表明,自 1989 年开始,美国每年约有 1 000 万人在长期服用吡啶酸铬,至今没有发现任何毒副反应,也没有致癌的报道。通过长期的试验观察证明:吡啶酸铬的有效剂量与有毒剂量之间有很宽的安全性,在吡啶酸铬被吸收和利用后,多余的铬会随尿液迅速排出,不会在体内积蓄。

成人每日铬的需要量为 20～50μg,孕妇因生理需要,供给量应高于一般人群。富含铬的食物主要来源为牛肉、肝脏、蘑菇、啤酒、粗粮、土豆、麦芽、蛋黄、带皮苹果等。食品加工越精,铬的含量越少,应少食精加工食品。

(2)锌

1 个胰岛素分子中有 4 个锌原子,结晶的胰岛素中大约含有 0.5% 的锌。

锌是糖分解代谢中 3-磷酸甘油脱氢酶、乳酸脱氢酶、苹果酸脱氢酶的辅助因子,所以锌可影响葡萄糖在体内的平衡,并可通过激活羧肽酶 B 促进胰岛素原转变为胰岛素。缺锌时,大鼠体内的羧肽酶 B 活性下降 50%,使无活性的胰岛素原转变为有活性胰岛素的趋势下降,从而造成血清胰岛素水平下降。锌促进胰岛素与受体结合,增强胰岛素—受体的亲和力,降低胰岛素的分解和受体的再循环,并在受体或受体后水平调节胰岛素作用。大鼠实验表明,无论是急性还是慢性缺锌,均可导致脂肪细胞上胰岛素受体的合成下降,从而导致受体与胰岛素的结合力下降。

锌本身又具有胰岛素样作用。如果锌充足,机体对胰岛素的需要量减少;锌可纠正葡萄糖耐量异常,甚至替代胰岛素改善大鼠的糖代谢紊乱,部分预防大鼠高血糖症的发展,并促进葡萄糖在脂肪细胞中转化成脂肪。而缺锌可诱导产生胰岛素抗性或糖尿病样反应。锌可使从肠道内进入血液的葡萄糖贮存并分布到各细胞中。

研究也发现,锌对胰岛素的影响是双向性的,锌的浓度过高或过低都会减弱胰岛素的分泌。糖尿病患者普遍缺锌,可进行适当的补充。成人每日锌的需要量为 10～20 mg 即可,但妇女应适当增加,为每日 20 mg,妊娠期为 25 mg/天,哺乳期为 30 mg/天。富含锌的食物主要有动物肝脏、胰脏、肉类、鱼类、海产品、豆类和粗粮、坚果、蛋等,牛奶含锌低于肉类。饮食不要过精,一般不会缺锌。

(3)富硒食品

近年来研究发现,硒具有类胰岛素样作用,可降低血糖。有报道认为硒能促进脂肪细胞膜上葡萄糖载体的转运过程、激活 cAMP 磷酸二酯酶、刺激核糖体 S6 蛋白的磷酸化作用、保证胰岛素分子结构的完整和功能。

常见食物中含硒量高的依次为鱼类、肉类、谷类、蔬菜。糙米、标准粉、蘑菇、大蒜中硒含量也较丰富。推荐成人每日供给量为 $50\mu g$。

（4）高纤维食品

含有大量膳食纤维的食品给人体提供的能量很少，它们在胃肠道充分吸收水分后迅速膨胀，增加食物的黏滞性，从而使胃肠的排空时间延迟，降低葡萄糖的吸收速度，使餐后血糖不会急剧上升；可溶性纤维还能在小肠黏膜表面形成一层"陷离层"，从而阻碍了肠道对葡萄糖的吸收，未被吸收的葡萄糖随大便排出体外。因此膳食纤维能有效降低餐后血糖，减轻胰岛 B 细胞的负担，对糖尿病有一定的预防和治疗作用。

若摄入过多膳食纤维，由于它对矿物质有离子交换和吸附作用，会影响机体对钙、镁、铁、锌等多种微量元素和维生素的吸收和利用，还会使食用者出现腹胀、腹泻等症状，因此对食欲不振、腹泻的糖尿病患者应适当限制其摄入量。国外学者主张每天给予膳食纤维 20～30 g，国内报告每天不应少于 35 g。

富含纤维的食品主要有：水果、蔬菜和全麦谷类食物如麦麸、玉米、糙米、大豆、燕麦、荞麦等。动物实验表明，蔬菜纤维比谷物纤维对人体更为有利。

（5）苦瓜

实验证明苦瓜有较强的降糖作用，并推测苦瓜内降血糖活性物质包括一种生物碱和一种类似胰岛素样化合物。用苦瓜果实水提取物治疗实验性四氧嘧啶糖尿病大鼠，3 周后，鼠血糖从 12.22 mmol/L 下降到 5.83 mmol/L。给正常大鼠和四氧嘧啶糖尿病大鼠口服苦瓜皂甙、优降糖，结果显示苦瓜皂甙组血糖由实验前的 14.18 mmol/L 降至给药后的 5.93 mmol/L，优降糖组的血糖由实验前的 13.01 mmol/L 降至给药后的 4.88 mmol/L。

实验结果表明，苦瓜果实中的确存在着非单一的多种降糖活性成分，且不同成分的降糖物质有着协同的降糖作用。

（6）苦荞麦

苦荞麦属蓼科双子叶植物，俗称苦荞，学名鞑靼荞麦，主要分布在我国西南山区，四川省凉山彝族自治州是苦荞麦的主要产区和起源地之一。苦荞麦中含有黄酮类成分芦丁，芦丁含量占苦荞总黄酮的 70%～90%。

体内的自由基能造成胰岛 B 细胞的损伤，使血糖升高。由于苦荞复合物提高了体内抗氧化酶的活性，对脂质过氧化物又有一定的清除作用，因此具有抗氧化和降血糖的作用。以苦荞麦替代糖尿病患者膳食中的部分碳水化合物，检测服用苦荞麦前后各项生化指标，结果显示：空腹血糖由 10.12 mmol/L±4.17 mmol/L 下降到 6.48 mmol/L±3.19 mmol/L；胰岛素由 9.52 mmol/L±3.81 mmol/L 上升到 13.26 mmol/L±3.46 mmol/L，各项生化指标均较使用苦荞麦之前有显著改善，且可减少服用降糖药物的剂量。这充分说明苦荞麦对降低血糖有一定的辅助作用。

（7）其他

①番石榴：属热带灌木或小乔木，原产于美洲墨西哥和秘鲁，引入我国也有 200 多年的历史。在中国主要分布于海南、广东、台湾、福建、广西和云南南部等省、自治区。因为与石榴外形相像，又是外来水果，故称为番石榴。

番石榴的降糖作用早已被日本科学家用动物实验证明。广西医学院糖尿病科研组对番石榴叶及生果进行了动物及临床研究,表明番石榴叶的有效成分为黄酮甙,能调节糖、脂代谢,有明显的降糖作用,并无毒副作。用番石榴汁和木糖加工制成的食品对糖尿病有明显的辅助治疗作用。

番石榴的果实和叶中还含有丰富的有机铬,也有利于血糖的降低。

①洋葱:所含的降低血糖的活性物质可能为烯基二硫化合物和大蒜素。用狗做动物实验,将狗的胰腺摘除后,由于狗不能再合成胰岛素,一般仅能生存数日,但给它注射三次洋葱提取物后,狗存活了两个多月。说明洋葱提取物有刺激胰岛素合成与分泌的作用。洋葱油也可以降低血糖值,同时对正常的血糖不会产生影响。

③洋姜:又称菊芋,原产于北美,后传入我国,在全国各地都有零星栽培,其根茎中含菊粉。菊粉是由 35 个果糖和 1 个葡萄糖组成的线状聚合物,属低聚果糖,作为非水溶性膳食纤维它释放的热量低于 4.186 kJ/g,是一种不会导致血糖升高的碳水化合物。

洋姜调节血糖的作用具有双向性,无论是高血糖还是低血糖,都可用洋姜来达到调节的目的。

④人参

人参为五加科多年生草本植物人参的干燥根和根茎,主要成分有人参烯(人参特异香气来源)、人参奎酮(即人参素)、人参皂甙、人参醇等成分。

人参总皂甙可以刺激分离的大鼠胰岛释放胰岛素,并可促进葡萄糖引起的胰岛素释放增加。实验证明人参皂甙能明显降低四氧嘧啶糖尿病小鼠的血糖,且停用人参后尚能维持 1～2 周。高血糖小鼠腹腔注射 10 mg/kg 的高丽人参多糖,7h 后与空白对照组比较,高丽人参多糖 A 与 B 分别使血糖下降 62% 和 47%。一般来说,日本人参中分离的多糖降血糖活性要比高丽人参与中国人参弱些。

(丁晓雯)

3.9 改善睡眠作用

觉醒和睡眠是人体生理活动所必要的过程。只有在觉醒状态下,人体才能进行劳动和其他活动。而通过睡眠,可以使人体的精力和体力得到恢复,以保持良好的觉醒状态。但是随着现代社会生活节奏的加快,生存压力的加大和竞争的不断激烈化,人类的睡眠正在受到严重的威胁。睡眠障碍轻者夜间数度觉醒,严重者可彻夜未眠。迄今,消除睡眠障碍最常用的方法是服用安眠药如苯二氮类(BZS)催眠镇静药。它们都具有较好的催眠效果,在临床上发挥了巨大作用。但 BZS 生物半衰期长,其药物浓度易残留到第二天,影响第二天的精力。长期服用会产生耐受性和成瘾性。久服骤停后可能出现反跳性失眠和戒断效应,形成恶性循环。因此寻求与 BZS 一样安全有效的可改善睡眠的保健食品成为保健食品一个新的发展方向。

3.9.1　睡眠

人们每天都需要睡眠,睡眠是生命中一个重要部分,一个人一身中 1/3 的时间在睡眠中度过。通过睡眠,可消除疲劳,恢复精神与体力,保持良好的觉醒状态,提高工作与学习效率。

一般认为睡眠是中枢神经系统产生的一种主动过程,与中枢神经系统内某些特定结构有关,也与某些递质的作用有关。中枢递质的研究表明,调节睡眠与觉醒的神经结构活动与中枢递质的动态变化密切相关,其中 5-羟色胺与诱导并维持睡眠有关,而去甲肾上腺素则与觉醒维持有关。在睡眠时,机体基本上阻断了与周围环境的联系,身体许多系统的活动在睡眠时都会慢慢下降,心率缓慢而血压下降,新陈代谢降低,全身肌肉渐渐松弛,但此时机体内清除受损细胞、制造新细胞、修复自身的活动并不减弱。研究发现,睡眠时,人体血液中免疫细胞显著增加,尤其是淋巴细胞。由此可看出,睡眠具有保持能量、修复自身的作用。通过睡眠可以使精力和体力得到恢复,以便睡眠后保持良好的觉醒状态。

3.9.2　失眠的原因与危害

失眠是指睡眠时间不足、深度不够,使机体难以恢复的睡眠障碍,是最常见、最普通的一种睡眠紊乱现象。失眠可以表现为入睡困难、易醒早醒、睡眠质量低下、睡眠时间明显减少或几项皆有。

3.9.2.1　失眠的类型

(1)暂时性失眠　突然发生的短暂失眠,失眠的时间通常不超过 3 周。通常是由时差、暂时的压力、兴奋、疾病或睡眠时间表的变化所引起。

(2)慢性失眠　即长期失眠,持续时间 3 周以上,在每晚、大多数晚上或每月的若干晚上发生。慢性失眠通常是由内科疾病引起;长期应用安眠药也可能是造成慢性失眠的重要原因;也可能是坏的睡眠习惯所引起的。

根据欧美等国的调查资料显示,世界上有将近 50% 的人患不同程度的失眠,其中近 20% 的人成为慢性失眠或严重失眠。我国有近 1/3 的人存在着不同程度的失眠现象。

3.9.2.2　失眠危害

(1)失眠会导致人体免疫力减退。由于睡眠时人体会产生一种称为胞壁酸的睡眠因子,可促使白细胞增多,巨噬细胞活跃,使人体免疫功能增强,从而有效预防细菌和病毒入侵。

(2)长期失眠会使人体加速衰老,缩短寿命。研究发现,深度睡眠的下降会引发生长激素分泌量的明显减少,而生长激素分泌量决定了人衰老的程度和速度。晚上 10 点至凌晨 2 点是体内细胞坏死与新生最活跃的时间,此时不睡眠,细胞新陈代谢就会受影响,人就会加速衰老。

(3)人通过睡眠获得休息和能量。睡眠不好,大脑容易缺血缺氧,加速脑细胞的死亡,造成大脑皮层功能失调,引起植物神经紊乱,严重者可导致神经官能症等。

(4)影响工作和学习生活。失眠会导致精神不振、注意力不集中、记忆力减退、思维能力下降、工作效率降低、易怒等现象。

（5）研究表明，失眠极易引起青少年抑郁症，并出现如头晕目眩、急躁易怒、注意力不集中、健忘等一系列症状，影响学习成绩和生长发育，工作和学习效率明显下降，甚至有自杀等恶性事件发生。

（6）失眠可诱发多种躯体性（器质性）疾病。失眠直接影响全身新陈代谢，容易导致心脏病、高血压、月经不调、乳腺增生甚至黄褐斑等疾病，已有这些疾病的患者病情往往会明显加重。

失眠同时伴有胸闷、头痛头晕、浑身乏力等系列症状，通过神经系统、内分泌系统及免疫系统相互作用与影响，加深抑郁、焦虑等不良情绪，形成心理和生理的恶性循环。但并不是睡眠时间越长越好。睡眠过多，可使身体活动减少，未被利用的多余脂肪积存在体内，易诱发动脉硬化等危险病症。

3.9.3　具有改善睡眠作用的食物

（1）含松果体素较多的食物

研究表明，人体生物钟的运转依赖于大脑中的松果体素（褪黑素）。当黑暗的信号由眼球经视神经传到大脑中的松果体，引起松果体素的合成和分泌。松果体素通过血液循环作用于睡眠中枢，诱发人体睡眠。当光线进入眼球视网膜，通过视神经信号，引起松果体素合成下降并停止，使人醒来。松果体素在血液中呈 24 小时周期性节律波动，晚间高而白天低。研究发现，40 岁中年人体内松果体素合成含量仅为青少年时期的 1/4，50 岁时为 1/6，60 岁时已降低到不足 1/10，这是中老年人失眠现象非常普遍的原因。因此，补充适量的松果体素，与体内的松果体素一起作用于睡眠中枢，是改善睡眠的首选方法。

燕麦、甜玉米、姜、黄瓜、番茄、香蕉等中均含有松果体素。目前市场上出售的许多改善睡眠的保健食品，其有效成分就是松果体素。

褪黑素在正常人体内含量非常低。如果摄入较高剂量的褪黑素，有明显的抑制生殖机能的副作用，还可能促进大脑血管收缩，增加中风的危险。应当在医生指导下使用。

（2）富含锌、铜等矿物元素的食物

锌、铜都是人体必需的微量元素，在体内都主要是以酶的形式发挥其生理作用，与神经系统关系密切。研究发现，神经衰弱者血清中的锌、铜元素的含量明显低于正常人。缺锌会影响脑细胞的能量代谢及氧化还原过程，缺铜会使神经系统的内抑过程失调，使内分泌系统处于兴奋状态，而导致失眠，久而久之可发生神经衰弱。由此可见，失眠患者除了经常锻炼身体之外，在饮食上有意识地多吃一些富含锌和铜的食物对改善睡眠有良好的效果。

含锌丰富的食物有牡蛎、鱼类、瘦肉、动物肝肾、奶及奶制品。乌贼、鱿鱼、虾、蟹、黄鳝、羊肉、蘑菇以及豌豆、蚕豆、玉米等含铜量较高。

在一部分失眠或醒后难以再度入睡的人中，其失眠是因血糖水平降低所引起的。钙元素对人体有镇静、安眠作用。酸奶中含有糖分及丰富的钙元素。香蕉使人体血糖水平升高，用一杯酸奶加一个香蕉，给失眠病人口服后，可使其血糖升高，使病人再度入睡。

（3）富含色氨酸的食物

5-HT 是神经递质，主要分布于松果体和下丘脑，可能参与痛觉、睡眠和体温等生理功能的调节。色氨酸是 5-HT 的前体，体内 5-HT 的合成需要食物提供色氨酸作为原料。每 100 g 食物色氨酸含量较高的有：海蟹（含 801 mg）、豆腐皮（含 715 mg）、肉松（含 710 mg）、生西瓜子(含 631 mg)、黄豆(含 485 mg)、黑芝麻(含 402 mg)、全脂奶粉(含 372 mg)、生葵花子(含 365 mg)。

(4)其他

①酸枣仁为鼠李科植物酸枣的干燥成熟种子,酸枣仁含酸枣仁皂甙 A 和酸枣仁皂甙 B。酸枣仁对多种动物均可产生明显的镇静催眠作用,其煎剂对正常或咖啡因所引起的中枢兴奋状态也有明显的镇静催眠作用。酸枣仁镇静催眠作用的有效成分是酸枣仁皂苷和黄酮类。酸枣仁还与多种镇静催眠药有明显的协同作用,灌服酸枣仁煎剂及其水溶性提取物可明显延长注射戊巴比妥钠的小鼠的睡眠时间。

酸枣仁给多种动物灌服后,都可产生安静嗜睡状态,但外界刺激即可惊醒,中毒剂量亦不能使动物产生麻醉。且酸枣仁煎剂能对抗吗啡所引起的猫的躁狂现象,还可抑制小鼠防御性条件反射,而不抑制非条件反射。表明酸枣仁有类似安定药的作用。

试验结果表明,生、炒两种炮制酸枣仁作用无明显差异。

②西番莲为西番莲科常绿草质藤本植物,原产南美巴西、巴拉圭等地,现广泛分布于世界热带和亚热带地区。西番莲花提取液有较强的镇静作用,可用于催眠。

③洋甘菊是菊科草本植物。它不但能缓解肌肉痛、神经痛、头痛等各种疼痛不适感,还可缓解失眠、紧张、焦虑。

葡萄中含有葡萄糖、果糖及多种人体所必需的氨基酸,还含有维生素 B_1、B_2、B_6、C、P、PP 和胡萝卜素。常吃葡萄对神经衰弱和过度疲劳者有益。

其他如远志、柏子仁、黄花菜、猪心等也有一定镇静催眠作用。

(王洪伟)

3.10 改善营养性贫血作用

人体血液中红细胞数目或血红蛋白含量低于正常标准称为贫血,是全身循环血液中单位容积内血红蛋白(Hb)的浓度、红细胞计数(RBC)和红细胞比积(HCT)低于同地区、同年龄、同性别的正常标准的一种病理状态。简单来说,就是贫血的人血液总量并不少,但血液中的红细胞数量减少。其中与膳食营养有关的一类贫血称为营养性贫血。

我国健康男子红细胞应为 $(4.5 \sim 5.5) \times 10^{12}/L$,女子为 $(3.5 \sim 5.0) \times 10^{12}/L$;健康男子血红蛋白为 $120 \sim 160$ g/L,女子为 $110 \sim 150$ g/L。如果男性红细胞低于 $4.0 \times 10^{12}/L$,血红蛋白低于 120 g/L;女性红细胞低于 $3.5 \times 10^{12}/L$,血红蛋白低于 110 g/L,才能称为贫血。贫血可引起脸色苍白、全身无力、头晕眼花、食欲不振、恶心、腹泻,严重者可发生贫血性心脏病。

3.10.1 营养性贫血的原因及危害

营养性贫血是因某些营养素的缺乏而造成的贫血,包括缺乏造血物质铁引起的小细胞低色素性贫血和缺乏维生素 B_{12} 或叶酸引起的大细胞正色素性贫血(或称为巨幼细胞性贫血)。

3.10.1.1 缺铁性贫血

缺铁性贫血是指体内用来合成血红蛋白的贮存铁缺乏，导致血红素合成减少而形成的一种小细胞低色素性贫血。在营养性贫血中以缺铁性贫血最为常见，占各类贫血总数的50%～80%。

缺铁性贫血发病率占世界人口总数的10%～20%，女性高于男性，以婴儿、儿童、孕妇及育龄妇女的发病率最高。发生的主要原因可以归纳为：

（1）铁的需要量增加而摄入量不足。铁是合成血红蛋白的原料，血浆中转运的铁到达骨髓造血组织时，铁即进入幼红细胞内而形成正铁血红素，再与珠蛋白形成血红蛋白。当体内缺铁或铁的利用发生障碍时，因正铁血红素的合成不足，使血红蛋白合成减少。明显缺铁时对幼红细胞的分裂增殖也有一定影响，但远不如对血红蛋白合成的影响明显，故新生的红细胞胞体变小，胞浆中血红蛋白量减少，而形成小细胞低色素性贫血。

（2）铁的吸收不良。萎缩性胃炎和胃大部分切除、慢性腹泻及肠道功能紊乱（肠蠕动过快）等均可影响正常铁的吸收，致使机体缺铁。

（3）铁的丢失。由于失血而导致铁的丢失，最终也将导致贫血。最多见的失血原因是消化道出血如溃疡病、癌症、食道静脉曲张破裂出血、痔出血及服用阿司匹林后发生的胃窦炎出血等。

缺铁性贫血将危害四个系统：

（1）消化系统。常出现厌食、舌乳头萎缩、胃酸减少、胃肠功能弱、消化吸收差。

（2）神经系统。贫血由于影响脑细胞发育会造成智力落后，还可引起烦躁不安、多动、注意力不集中、反应迟钝。这种变化是不可逆的，如果婴幼儿期脑细胞营养不良引起智力落后，长大后即便提供再好的营养也无法弥补这一阶段已造成的落后。因此在两岁以前脑发育的关键期，一定要注意预防贫血。

（3）心血管系统。当血色素低于 7 g/dL 时，会导致心率增快、心脏扩大甚至可听到收缩期杂音。

（4）免疫系统。贫血可导致免疫力低下，使这种小儿常患有各种感染且难以治愈。

严重缺铁时不仅发生贫血，也可引起体内含铁的酶类缺乏，致细胞呼吸发生障碍，影响组织器官的功能，临床上可发生胃肠道、循环、神经等系统的功能障碍。由于贫血，带氧不足，更使功能障碍加重。妇女月经期、妊娠期、哺乳期、婴儿期及青少年发育期等，每日需铁量应相应增加。如果食物中缺铁，则易致缺铁性贫血的发生。

3.10.1.2 巨幼红细胞性贫血

巨幼红细胞性贫血又名营养性大细胞性贫血，多见于 2 岁以内的婴幼儿，是由于叶酸及维生素 B_{12} 缺乏，使得红细胞的细胞核发育受阻碍，最终导致红细胞的数量减少而产生的一种贫血。多见于孕妇和婴儿。形成的主要原因有：

（1）由于偏食或绝对素食、婴儿喂养不当如单纯母乳喂养，或食品烹煮过度等导致的叶酸及或维生素 B_{12} 摄入量不足。维生素 B_{12} 主要存在于动物食品中，肝、肾、肉类较多，奶类含量甚少。叶酸以新鲜绿叶蔬菜、肝、肾含量较多。维生素 B_{12} 生理需要量成人为每日 2～3 g，婴儿为每日 0.5～1 g。叶酸的生理需要量成人为每日 50～75 g，婴儿为每日 6～20 g。如不及时添加辅食或年长儿长期偏食，易发生维生素 B_{12} 或叶酸的缺乏。

（2）由于妊娠、哺乳、长期发热、恶性肿瘤、甲亢、慢性炎症等所导致的叶酸及或维生素 B_{12} 消耗增加，从而导致需要量增加。未成熟儿、新生儿及婴儿期生长发育迅速，造血物质需要量相对增加，如摄入不足，则易缺乏。

（3）小肠部分切除、乳糜泻、热带口炎性腹泻等均可导致小肠对叶酸及维生素 B_{12} 吸收功能不良。胃酸减少或维生素 C 缺乏，皆可影响维生素 B_{12} 与叶酸的代谢或利用。

（4）先天贮存不足

胎儿可通过胎盘，获得维生素 B_{12}、叶酸并贮存在肝脏中，如孕妇维生素 B_{12} 或叶酸缺乏时则新生儿贮存少，易发生缺乏。

（5）肠道细菌和寄生虫夺取维生素 B_{12}。

巨幼红细胞性贫血对婴幼儿健康的影响主要表现在：

（1）因贫血而引起骨髓外造血反应，常伴有肝、脾、淋巴结肿大。

（2）嗜睡、对外界反应迟钝、少哭或不哭、智力发育和动作发育落后，甚至倒退，此外尚有不协调和不自主的动作，肢体、头、舌甚至全身震颤，肌张力增强，腱反射亢进，踝阵挛阳性，浅反射消失，甚至抽搐。

（3）食欲不振、舌炎、舌下溃疡、腹泻等。

3.10.2　具有改善营养不良性贫血作用的食物

（1）动物类食品

猪牛羊鸡等动物肝脏和瘦肉富含优质蛋白质、铁、铜及维生素 A、B 族维生素等。猪肝含铁量为猪肉的 18 倍。动物肝、肾是铁的主要来源，也是 B 族维生素等的主要来源，是改善营养性贫血的优良食品。此外，鱼类、蛋黄等也具有改善营养性贫血的作用。

（2）水果

樱桃中铁含量居水果之首，达 6 mg/100 g，与动物肝脏接近，比苹果、梨子、橘子高 20 倍；维生素 A 原比苹果、橘子、葡萄高 4～5 倍；Ca、P、维生素 C 含量也较丰富。葡萄中大量的果酸可帮助消化，含有 Ca、Fe、K 及 B 族维生素、维生素 C、维生素 A 原等，是贫血者的滋补佳品。此外有补血功能的水果还有山楂、草莓、桃，干果有柿饼、干枣等。

（3）蔬菜

菠菜富含维生素 A 原、B 族维生素、维生素 C 及铁质，其中维生素 C 含量比一般蔬菜高，有促进铁吸收的作用。因其中草酸含量高，能与食物中铁形成不溶性铁盐而影响铁的吸收，在食用时用开水焯一下，可使约 80％ 的草酸留在水里。

含铁较多的绿叶蔬菜还有芹菜、油菜、萝卜缨、苋菜等，番茄含铁也较多。

（4）木耳

黑、白木耳成分相近，含蛋白质、脂肪、糖、多种维生素和矿物质 Ca、P、Fe 等及对人体有益的植物胶质，是天然滋补剂。

（5）红糖

红糖是未经提纯的糖，每 100g 含 Ca 90 mg、Fe 4 mg，为白糖的 3 倍。常食红糖可改善营养性贫血患者症状。

（6）其他

铜可以促进铁在体内的利用。铁的有效性与 Ca/P 比有关，P 太高或 Ca 过低与缺乏维生素 A、B、C 均可妨碍铁的吸收。在补铁时要注意平衡膳食,以利铁的吸收。

无论何种贫血,一定要注意蛋白质的补充,因为蛋白质是构成血红蛋白和红细胞的基础物质,尽量选用生理价值高的食物如牛奶、鸡蛋、瘦肉、鱼类及豆制品等。

(王洪伟)

3.11　增加骨密度作用

目前,人口老龄化已成为全球性的现象。伴随着人口的老龄化,骨质疏松患者数量也急剧增加。我国 60 岁以上的老年人骨质疏松症发病率为 59.89%。

3.11.1　骨质疏松与骨密度

骨质疏松(osteoporosis)系指每个单位内骨组织数量减少。骨质疏松症是骨量减少,应包括骨矿物质和其基质等比例的减少,骨微结构退变是由于骨组织吸收和形成失衡等原因所致,表现为骨小梁结构破坏、变细和断裂;骨的脆性增高、骨力学强度下降,对载荷承受力降低而易于发生微细骨折或完全骨折。骨质疏松是中老年人,尤其是中老年妇女易患的一种退行性疾病。它是以骨质丢失为结果,骨密度减低为特征,会使骨折发生率增加的一种复杂病症。

骨密度,全称"骨骼矿物质密度",是骨骼强度的一个主要指标,指骨单位面积的骨质密度,表示骨组织结合的紧密程度,以 g/cm^2 表示。

骨密度值是目前衡量骨质疏松的一个客观的量化指标,也是反映骨量的一个指标,骨密度越高,骨质强度越好。但骨密度值是一个绝对值,不同的骨密度检测仪的绝对值均不相同。所以人们通常用 T 值来判断骨密度是否正常。

T 值=(所测骨密度值-正常年轻人群平均骨密度)/正常年轻人群骨密度的标准差(SD)

T 值是一个相对值,显示骨质流失的程度,正常值参考范围在-1 至+1 之间。世界卫生组织对骨质疏松的诊断标准如下:

所测定的 T 值不低于年轻成人平均值1 个标准差(SD)为正常;

骨质减少:所测得的 T 值低于正常年轻成人平均值 1.0SD,但不越过 2.5SD;

骨质疏松:所测得的 T 值低于正常年轻成人平均值 2.5SD;

严重骨质疏松:所测得的 T 值低于正常年轻成人平均值 2.5SD,并有一次或多次脆性骨折。

3.11.1.1　骨质疏松的分类和起因

骨质疏松症可分为原发性骨质疏松症、继发性骨质疏松症、特发性骨质疏松症三大类。

(1)原发性骨质疏松症包括绝经后骨质疏松症(Ⅰ型)和老年性骨质疏松症(Ⅱ型),是随着年龄增长而必然发生的一种生理性退行性病变。常见的病因有以下几个方面:

①内分泌紊乱。女性在绝经期后,男性在 55 岁后,由于性激素、甲状旁腺素、降钙素、前列腺素、维生素 D 等的代谢失调,导致骨吸收增加、骨代谢紊乱所造成的。例如雌激素拮抗甲

状旁腺激素作用而减少骨质吸收。故绝经后,雌激素下降,骨质吸收加速而逐渐发生骨质疏松。这是导致骨质疏松的重要原因之一。

②营养不良。饮食中缺钙或钙磷比例不当,造成钙的摄入不足;激素影响、消化功能衰退、年龄变化等可导致小肠钙吸收不好;蛋白质缺乏可导致有机基质生成不良;维生素C缺乏可影响基质形成并使胶原组织的成熟发生障碍。

③活动减少。随着年龄的增长,户外运动减少,骨骼失去刺激,此时成骨细胞的活动降低,而破骨细胞的活动增加,骨吸收占骨代谢的主导地位。这也是老年人易患骨质疏松症的重要原因。

④遗传因素。骨质疏松的发生和遗传有关,如白种人、黄种人的发生几率高于黑种人。维生素D受体基因、雌激素受体基因等与钙吸收和骨建造有关,而且具有遗传性,它们的基因缺陷可以导致骨质疏松。

⑤生活习惯。吸烟和饮酒过量等不良的生活习惯与骨质疏松有密切关系。

(2)继发性骨质疏松症是由其他疾病或药物等因素所诱发的骨质疏松症。最常见的是由肾脏疾病、甲状腺和甲状旁腺功能亢进、慢性胃肠炎、肝病、糖尿病、类风湿等疾病引起的骨质疏松症。

(3)特发性骨质疏松症多见于青年人,原因不明,多伴随有遗传史,女性多于男性。患者内分泌系统并无异常,对治疗反应较差。近年来有人用钙盐作静脉滴注治疗,发现在临床及组织学上均有明显好转,故认为可能与降钙素分泌不足有关。滴注钙盐后造成血钙过高,既抑制甲状腺素的分泌,又促进降钙素的分泌,使骨质吸收减弱而见效。妇女妊娠、哺乳期所发生的骨质疏松也可列入特发性骨质疏松这一类。

3.11.1.2 骨质疏松的症状

多数人在骨质疏松早期可能没有任何症状或症状轻微而未被重视,或有症状但被认为是其他疾病。有明显症状出现时,表明骨质疏松已经到了比较严重的程度。

骨质疏松是全身性疾病,涉及全身几乎所有的脏器和功能,进展缓慢,不容易引起警惕,但实际危害严重。其症状主要如下:

(1)疼痛是骨质疏松最常见的症状,以腰、背痛为多见,占疼痛患者的70%～80%。一般骨量丢失12%以上时即可出现这种症状。

(2)身长缩短、驼背,多在疼痛后出现。这时脊椎椎体前部几乎多为松质骨组成,而此部位是身体的支柱,负重量大,尤其第11、12胸椎及第3腰椎,负荷量更大,容易被压缩变形使脊椎前倾,背曲加剧形成驼背。随着年龄增长,骨质疏松加重,驼背曲度将加大。

(3)骨折是退行性骨质疏松症最常见和最严重的并发症。据我国统计,老年人骨折发生率为6.2%～24.4%,尤以高龄(80岁以上)妇女为甚。一般骨量丢失20%以上时即发生骨折。

(4)呼吸功能下降。骨质疏松可能造成胸、腰椎压缩性骨折,脊椎后弯,胸廓畸形,可使肺活量和最大换气量显著减少,肺上叶前区小叶型肺气肿发生率可高达40%。老年人多数有不同程度的肺气肿,若再加上骨质疏松所致胸廓畸形,患者往往会出现胸闷、气短、呼吸困难等症状。

3.11.2　钙代谢与骨骼的生长发育

3.11.2.1　钙代谢

钙在人体内的存在并不是静止不变的。人体各组织间无时无刻不在进行着钙的交换,骨组织与细胞外液的钙交换是永远不停止的,旧骨不断吸收,新骨不断形成,这就是骨钙的新陈代谢过程。当摄入和吸收的钙不足时,骨骼会释放出钙以维持正常血钙水平,从而使各组织细胞维持其正常的功能;反之,大部分钙会被贮存于骨骼,以避免血钙过度升高。

正常情况下,钙在各组织的代谢过程中主要受甲状旁腺激素的调节,还受甲状腺素、肾上腺皮质激素、男女性腺激素等的影响。钙的平衡就是这些激素作用钙代谢的结果。

3.11.2.2　血钙与钙平衡

血液中的钙几乎全部存在于血浆中,所以血钙主要指血浆钙。在机体多种因素的调节和控制下,血钙浓度比较稳定。

血钙以离子钙和结合钙两种形式存在,各约占50%。其中结合钙绝大部分是与血浆清蛋白结合,小部分与柠檬酸、重碳酸盐等结合。因为血浆蛋白质结合钙不能透过毛细血管壁,故称为不扩散钙。柠檬酸钙等钙化合物以及离子钙可以透过毛细血管壁,则称为可扩散钙。血浆钙中只有离子钙才直接起生理作用。血浆中的不扩散钙,虽没有直接的生理效应,但它与离子钙之间处于一种动态平衡,并受血液 pH 的影响。当血中 pH 降低时,促进结合钙解离,Ca^{2+} 增加;反之,当 pH 增高时,结合钙增多,Ca^{2+} 减少。

3.11.3　具有预防或改善骨质疏松作用的食物

3.11.3.1　含钙丰富的食物及钙制剂

(1)含钙的食物　食物补钙最安全,也最容易被接受,含钙多的食物有牛奶、豆类、虾皮、芝麻酱等,海带、紫菜、银耳、瓜子、山楂含钙也较多。

牛奶及其制品含钙丰富,且极易被身体吸收。能改善老年性骨质疏松。动物猪、牛的骨头加工制成的骨粉,钙含量在20%以上,吸收率很高,骨粉可补充膳食中钙含量的不足,增加机体对钙的吸收,防止或改善由于缺钙造成的骨质疏松。

大豆及制品富含蛋白质、脂肪和碳水化合物,并且含有较多的钙和维生素 B_1。大豆中植酸与钙质螯合会影响钙质利用。而大豆制品在生产中分解了植酸,有利于机体对钙质的吸收。

绿叶蔬菜也是钙的重要来源,但其利用情况受所含的草酸盐而定,如芥菜、油菜和小白菜等所含钙质易被机体吸收利用,而菠菜的含钙量虽高,但同时草酸亦高,二者形成的草酸钙不能被机体所利用。另外,过多的膳食纤维、脂肪(未吸收的游离脂肪酸)、蹂酸等都会影响钙的吸收。改善烹调加工方法也可提高果蔬中钙的吸收,如面粉经过发酵可分解其中的植酸,含草酸多的蔬菜先烫再炒可减少草酸含量。

(2)钙制剂　常用的钙制剂有无机钙和有机钙类。

无机钙有氯化钙、碳酸钙、磷酸氢钙,其中以碳酸钙含钙量高,达40%,服用量少,是使用较多的无机钙,但由于溶解时需要胃酸,因此,无酸症患者不能吸收。

有机钙类包括乳酸钙、葡萄糖酸钙、天冬氨酸钙、柠檬酸钙等,对胃刺激较小,吸收较好,但是含钙量低,作用缓慢,一般用量大。

3.11.3.2 适量而平衡的微量元素

摄入足量的镁有助于骨胶原的合成和骨盐的沉积,增强骨密度,避免骨质流失。一些植物性食品(如玉米胚、麦麸、麦胚、芝麻酱、杏仁、榛子仁、核桃、花生、大豆)含镁量较多。

氟是维持骨骼生长与代谢的必需微量元素之一。统计表明,低氟地区居民,骨质疏松发病率高。茶叶含氟最高,适量饮茶有助于预防骨质疏松。不过氟摄入量过多或不足都有害。

体内含锰最多的部位是骨骼。骨细胞的分化、胶原蛋白的合成都需要含锰的金属酶进行催化。茶叶、坚果、粗粮、干豆类含锰较多,偏食精白米面和肉类者锰的摄入量低。

锌参与许多酶系统的活动,缺锌可抑制骨骼的生长、影响骨骼发育。含锌较多的食物有海产品、牡虾、动物的胰脏、肝脏、肉类、干豆、粗粮、坚果类等。

铜是合成骨组织中胶原蛋白的辅助因子,缺铜使胶原蛋白戴弹性蛋白的稳定性减弱,骨矿物质不能沉积其中而出现骨质疏松的病理变化,甚至发生自发性骨折。动物肝脏、肉类、牡蛎、芝麻、菠菜、大豆等含铜较多。

3.11.3.3 含维生素 D 丰富的食物

维生素 D 能调节钙磷代谢,促进钙、磷吸收和骨胶原的合成,是骨骼形成过程所不可缺少的重要物质。缺乏维生素 D 影响骨质的生成与正常矿化。其天然食物来源为动物肝脏、鱼子、蛋黄、黄油以及鱼肝油。另外多晒太阳也是获得维生素 D 的很好途经。

3.11.3.4 低聚糖

目前,已经开发出一些新型的低聚糖,如低聚果糖、大豆低聚糖、低聚半乳糖等。它们不被人的消化液消化,作为双歧杆菌增殖因子使双歧杆菌、乳杆菌增殖,而双歧杆菌对矿物元素有促进吸收的作用。

(索化夷)

3.12　辅助降压作用

3.12.1　血压与高血压

心脏的节律性射血推动血液向前流动,但由于血管系统对血流有一定阻力,因此血液在向前流动时对血管壁有一定的侧压力,称为血压。当心脏收缩和舒张时血管的压力并不相同,分别为收缩压和舒张压。收缩压是一个心动周期内心室收缩和动脉血压上升达到的最大值,舒张压是一个心动周期内心室舒张时动脉血压下降达到的最大值。正常人收缩压在 $12\sim 18.6$ kPa,舒张压在 $8\sim12$ kPa。

　　高血压是血管收缩压与舒张压升高到一定水平而导致的对健康发生影响或发生疾病的一种症状。根据 WHO 的规定,正常成年人的收缩压与舒张压分别在 18.7 kPa(140 mmHg)与 12.0 kPa(90 mmHg)以下。凡成年收缩压达 21.3 kPa 或舒张压达 12.7 kPa 以上的即可确认为高血压。介于正常压与高血压之间的称为临界高血压。

　　需注意的是,正常机体在一天 24 h 内的血压不是固定不变的。体育运动、体力劳动、精神紧张、情绪激动、吸烟和寒冷时血压会出现暂时性的上升,而平静、休息或睡眠时血压会恢复至原来水平或更低。

3.12.2　高血压的分类

　　根据不同的标准可将高血压进行不同的分类。

3.12.2.1　根据病因种类分

　　高血压可分为原发性高血压和继发性高血压。高血压患者中约 90％为原发性高血压,约 10％为继发性高血压。

　　原发性高血压即高血压病,其发病机制学说很多,但真正的病因目前尚未完全阐明,临床上以动脉血压升高为主要表现。

　　继发性高血压是指继发于某一种疾病或某一种原因之后发生的血压升高,应用现代医学技术能够找到其发病原因,其中大多数可通过手术等治疗技术去除病因而使其高血压得到治愈。例如继发于急慢性肾小球肾炎、肾动脉狭窄等肾脏疾病之后的肾性高血压,继发于嗜铬细胞瘤等内分泌疾病之后的内分泌性高血压。

3.12.2.2　根据收缩压和舒张压升高的情况分类

　　(1) 收缩期高血压

　　即仅出现收缩压升高,而舒张压正常甚至低于正常,多见于老年人大动脉硬化、动脉壁顺应性降低时。

　　(2) 舒张期高血压

　　见于外周血管硬化、阻力较高时。但大多数情况下舒张压升高往往伴有收缩压的升高。

3.12.2.3　根据高血压病的发展速度分类

　　(1) 缓进型或良性高血压

　　起病隐匿,病程发展缓慢,开始时多无症状,往往是在体检或因其他病就医时才被发现,此后随着病情的进展,才相继出现有关临床症状和体征。

　　(2) 急进型或恶性高血压

　　少数高血压病起病急骤,发展迅速,血压明显升高,舒张压多在 17.3 kPa(130 mmHg)以上,病情严重,如不及时采取治疗措施,多在一年内死于心、脑、肾等器官功能的严重损害。本病多见于青年人。

　　此外,根据临床表现及器官受损情况,可将高血压分为三期:一期,即血压达到诊断高血压的水平,尚无器官的损害;二期,已有器官损伤,但其功能还可代偿;三期,即器官的功能受损严重,已失去代偿。

3.12.3　高血压的病因

3.12.3.1　原发性高血压病因

原发性高血压的病因和发病机制尚未完全明了,随着研究的深入,与之相关的多种学说假设相继出现。目前,各种学说中以 Page 的镶嵌学说(mosaic theory)比较全面,该学说认为高血压并非由单一因素引起,而是由彼此之间相互影响的多种因素造成。

(1)遗传因素

约 75% 的原发性高血压患者具有遗传素质,同一家族中高血压患者常集中出现。原发性高血压被认为是多基因遗传病。近来研究发现,血管紧张素(AGT)基因可能有 15 种缺陷,正常血压的人偶见缺陷,而高血压患者在 AGT 基因上的 3 个特定部位均有相同的变异。患高血压的兄弟或姐妹可获得父母的 AGT 基因的同一拷贝。有这种遗传缺陷的高血压患者,其血浆血管紧张素原水平高于对照组。

(2)膳食电解质

一般而言,日均摄盐量高的人群,其血压升高百分率或平均血压高于摄盐量低者。WHO在预防高血压措施中建议每人每日摄盐量应控制在 5 g 以下。中国居民普遍尿钠浓度较高,这与中国膳食的高钠、低钾有关。钾能促进排钠,吃大量蔬菜可增加钾摄入量,有可能保护动脉不受钠的不良作用影响。钙可减轻钠的升压作用,我国膳食普遍低钙,可能加重钠/钾对血压的作用。

(3)社会心理应激

据调查表明,社会心理应激与高血压发病有密切关系。应激性生活事件包括:父母早亡、失恋、丧偶、家庭成员车祸死亡、病残、家庭破裂以及经济政治冲击等。遭受生活事件刺激者高血压患病率比对照组高。据推测,社会心理应激可改变体内激素平衡,从而影响所有代谢过程。

(4)神经内分泌因素

一般认为,细动脉的交感神经纤维兴奋性增强是本病发病的重要神经因素。但是,交感神经节后纤维有两类:①缩血管纤维,递质为神经肽 Y(neuropeptide Y,NPY)及去甲肾上腺素;②扩血管纤维,递质为降钙素基因相关肽(calcitonin gene related peptide,CGRP)及 P 物质。这两种纤维功能失衡,即前者功能强于后者时,才引起血压升高。近年来,中枢神经递质和神经肽,以及各种调节肽与高血压的关系已成为十分活跃的研究领域。据报道,CGRP 可能抑制大鼠下丘脑去甲肾上腺素的释放,在外周它可能抑制肾上腺神经受刺激时去甲肾上腺素的释放。有报道称,从哺乳动物心脏和脑中分离出利钠肽(A,B 及 C 型),启示了人体内有一个利钠肽家族。近年来,争对局部肾素-血管紧张素系统(RAS)的研究取得了新进展。将小鼠肾素基因(Ren-2 基因)经微注射装置注入大鼠卵细胞,形成了转基因大鼠种系 TGR(mREN2)27,这种动物血压极高。用 Northern 印迹杂交法证明,Ren-2 转基因表达在肾上腺、血管、胃肠及脑,并可表达于胸腺、生殖系统和肾。由于其表达于血管壁,可能使血管的血管紧张素形成增加,从而发生高血压和血管平滑肌细胞(SMC)肥大。

3.12.3.2　继发性高血压病因

(1)肾性高血压

肾性高血压为最常见的继发性高血压,它是由于肾脏血管或肾脏实质的病变引起的高血压。负责供应肾脏血液的动脉——肾动脉狭窄时,会导致肾脏缺血,其主要临床表现之一是高血压。引起高血压的常见肾脏实质性病变包括肾炎、慢性肾盂肾炎、肾结核等。有肾脏实质性病变的病人除了在临床上有高血压之外,常在检查尿液时,可发现有蛋白、白细胞或红细胞等异常。

(2)肾上腺疾病引起的高血压

肾脏是由成千上万的小腺体(肾上腺)构成的。肾上腺的增生或肿瘤也是引起继发性高血压的重要原因。肾上腺的外面为皮质,中间为筋质。肾上腺皮质的增生或肿瘤主要引起两种病,分别是柯兴综合征和原发性醛固酮增多症。这两种疾病都可以引发继发性高血压。同时柯兴综合征伴有向心性肥胖,皮肤痤疮,体毛增多、增粗及女子男性化的症状。原发性醛固酮增多症还会出现低血钾的症状以及剧烈头痛、出汗、心悸。

(3)妊娠高血压综合征(妊高征)

孕妇血压增高大致有三种情况:①孕前已有原发性或继发性高血压,称为妊娠合并慢性高血压;②孕期出现高血压,分娩后 3 个月内血压恢复正常,即妊娠高血压综合征;③孕前已存在高血压;妊娠后血压增高加重,称妊娠前高血状况并妊高征。

(4)血管性高血压

引起血压增高的血管病变常见的有主动脉缩窄、大动脉炎和动脉粥样硬化等。主动脉缩窄病人的上肢血压明显升高,而下肢血压低,甚至无血压。大动脉炎多发于年轻女性,它常累及身体一侧的动脉,测血压时可发现两上肢血压明显不同,一侧多异常升高,另一侧低,甚至测不出。大动脉炎也可累及肾动脉,导致肾动脉狭窄。老年人常见的动脉粥样硬化也可引起两上肢血压明显不同。

3.12.4 高血压对机体的危害

高血压是当今最大的流行病,是心脑血管疾病的罪魁祸首,具有发病率高、控制率低的特点。高血压的真正危害性在于对心、脑、肾的损害,造成这些重要脏器的严重病变。

3.12.4.1 脑中风

脑中风是高血压最常见的一种并发症。中风最为严重的就是脑出血,而高血压是引起脑出血的最主要原因,人们称之为高血压性脑出血。高血压会使血管的张力增高,血管壁在长时间的高张力作用下,其弹力纤维就会断裂,引起血管壁的损伤。同时血液中的脂溶性物质就会渗透到血管壁的内膜中,这些都会使脑动脉失去弹性,造成脑动脉硬化,而脑动脉外膜和中层本身就比其他部位的动脉外膜和中层要薄。在脑动脉发生病变的基础上,当病人的血压突然升高,就有发生脑出血的可能。如果病人的血压突然降低,则会发生脑血栓。

3.12.4.2 高血压性心脏病

高血压性心脏病是高血压长期得不到控制的一个必然结果,高血压会使心脏泵血的负担加重,心脏变大,泵的效率降低,出现心律失常、心力衰竭从而危及生命。

3.12.4.3 冠心病

冠心病是冠状动脉粥样硬化性心脏病的简称,是指冠状动脉粥样硬化导致心肌缺血、缺氧而引起的心脏病。血压升高是冠心病发病的独立危险因素。研究表明,冠状动脉粥样硬化病人60%～70%有高血压,高血压患者的患病率较血压正常者高4倍。

3.12.4.4 肾脏损害

高血压危害最严重的部位是肾血管,会导致肾血管变窄或破裂,最终引起肾功能的衰竭。

3.12.5 血压的调节机制

3.12.5.1 神经调节

中枢和植物神经系统,是最主要的、经常起作用的血压调节系统。交感神经末梢纤维广泛地分布于全身的小血管上,它的活动作用于小血管的平滑肌上,使小动脉保持一定的张力。交感神经兴奋性增强时,使小动脉收缩,血压增高;交感神经兴奋性降低时,则小动脉相应地舒张,使血压下降。中枢神经的活动也可以通过植物神经的活动影响血压。

通常,上述的神经调节机制是通过反射途径而自动调节的,位于颈动脉窦及主动脉弓上的压力感受器是重要的血压调节器官。当血压过高时,牵拉感受器,通过交感神经的传入纤维将信息传至血管运动中枢,使交感神经的活动性降低,交感神经的缩血管纤维受到抑制,从而使血压降低。反之,当血压过低时,也通过这种反射途径,使交感神经兴奋性增强,血压得以恢复。

3.12.5.2 体液调节

肾上腺能物质主要是指肾上腺素和去甲肾上腺素(儿茶酚胺类物质),具有收缩血管作用,可使血压升高。它们主要来自肾上腺髓质的分泌,血液中少量去甲肾上腺素来自肾上腺能神经元。肾上腺髓质分泌肾上腺素、去甲肾上腺素受交感神经的调节,当交感神经活动性增强时,肾上腺髓质的分泌增加,使更多的肾上腺素和去甲肾上腺素进入血液,作用于小血管壁的受体上,使小血管收缩,提高血压。

(1)肾素—血管紧张素—醛固酮系统

肾素、血管紧张素等具有收缩血管作用,可使血压升高。肾素是一种蛋白水解酶,当循环血量减少,血压降低时,肾血流量减少,刺激肾脏入小球动脉壁细胞分泌肾素进入血液。肾素能使血浆中的血管紧张素原水解生成血管紧张素Ⅰ,血管紧张素Ⅰ的缩血管作用很微弱,但当进入肺循环后,它在一种转换酶的作用下转变为血管紧张素Ⅱ,这是一种很强的血管活性物质,可以升高血压。①血管紧张素Ⅱ可使全身的小动脉平滑肌收缩,周围循环阻力增大,血压上升。②血管紧张素Ⅱ可使肾上腺皮质释放更多的醛固酮,后者可促使肾小管对Na^+的重吸收,起到保Na^+和存水的作用,使循环血量和回心血量增加,血压升高。③由于小静脉收缩,回心血量增加,对血压的升高也起到一定的作用。

(2)心钠素

心钠素又称心房利钠利尿素,是近年来发现的一种多肽,它具有强大的利钠和利尿的功能,具有较强的扩血管作用,使血压下降。心钠素虽然在许多器官中都存在,但最主要的分泌器官是心房,人和大鼠的心房都含有丰富的心钠素,其含量可达160～200 ng/g组织。

心钠素降压机制目前还没有一致的结论,但其主要的作用有:①心钠素抑制去甲肾上腺素、血管紧张素Ⅱ的缩血管作用,其可能的机制是心钠素抑制Ca^{2+}内流及其在肌浆网内的释放。②心钠素有强大的利钠、利尿作用,使循环血量降低,心排血量降低。③心钠素使组织和血浆中的 cGMP 含量增加,而后者是多种化学物质和激素舒张血管的中间介质。

(3)其他舒血管物质

组织细胞活动时释放出某些血管活性物质,其中某些具有舒张血管功能。

①舒缓激肽(bradykinin)和血管舒张素(kallidin)存在于某些腺体中,被激活后对血管具有强大的舒张作用。

②组胺在组织损伤时被释放出来,具有局部舒张血管的作用。

③前列腺素 PGI_2 存在于血管内皮细胞,当血管受损时被释放出来,具有很强的舒张血管的作用。

以上三种舒张血管物质,多在局部起到舒张血管作用,一般不会影响全身的血压。

3.12.6 具有调节血压作用的食物

(1)富含维生素的蔬菜和水果

实验证明,大量维生素可促使胆固醇氧化为胆酸而排泄,从而降低血胆固醇,防止高血压病的发展;维生素 C 影响心脏代谢,从而改善心脏的功能和血液循环。富含维生素的食物主要是新鲜水果和蔬菜,如橘子、大枣、柠檬、西红柿、芹菜叶、油菜、小白菜、莴笋叶等。

(2)富含镁盐的食物

镁盐可降低血液中胆固醇含量,并能帮助血管舒张,加强肠壁蠕动,促使胆汁排空,促进人体废物的排除,降低血压。含镁盐较高的食物有小米、高粱、白薯干、芹菜、豆类及豆类制品。

(3)含钾丰富的食物

钾有利尿功能,钾盐能促进胆固醇排除,增加血管弹性,有利于改善心肌收缩能力。高血压二期、三期伴有心脏机能不全及动脉硬化时,饮食中应采用含钾高的食物,该类食物有龙须菜、豌豆苗、土豆、芋头、莴笋、芹菜、丝瓜和茄子等。

(4)含有黄酮类化合物的食物

黄酮类化合物具有降低血压、增强冠状动脉血流量、减慢心率和抵抗自发性心律不齐的作用。芦丁、橙皮苷等可降低血管脆性及异常的通透性,可用作防治高血压及动脉硬化的辅助疗剂。有些黄酮类成分有降低血胆固醇的作用,有些对缓解冠心病有效,有些有明显的降血压作用。

黄酮类化合物含量较多的食物有:蔷薇果、花茎甘蓝、荞麦叶、罗马甜瓜、柠檬、红橘、樱桃、葡萄、葡萄柚、青椒、有色葱皮的洋葱、木瓜、李、杏、茶、咖啡、可可、红葡萄酒、欧洲黑莓和番茄等。

(5)含特有功能因子的蔬菜、水果

从洋葱中所提取的精油中含有可降低胆固醇的环蒜氨酸和含硫化合物的混合物,还含有前列腺素和能激活血溶纤维蛋白活性的成分,这些成分能降低外周血管和冠状动脉的阻力,降低血压,促进钠盐排泄,并对人体内儿茶酚胺等升压物质有对抗作用。

芹菜所含芹菜素经动物实验证明有降压作用,芹菜的生物碱提取物对动物有镇静作用。

菊花提取物能明显扩张冠状动脉、增加血流量、改善冠心病人的症状,同时对高血压患者也有降压作用。

大豆及其制品含有优质蛋白质和不饱和脂肪酸,能够降低血中胆固醇的水平,有利于保持血管弹性,防止动脉硬化,有利于血压的下降。

山楂的花、叶、果都含有降压成分,煎水代茶饮,有明显的降压效果。

苹果中不仅含有大量维生素C,并含有丰富的锌,可促使体内钠盐的排出,使血压下降。

葛根总黄酮和葛根素能使血浆肾素活性和血管紧张素显著降低,血压下降。葛根素对微循环障碍有明显的改善作用,主要表现为增加微血管运动的振幅和提高局部微血流量;葛根总黄酮具有明显扩张脑血管的作用,改善脑微循环和外周循环。

(索化夷)

思考题:

1. 人体的免疫机制是什么?哪些功效成分和食物具有增强机体免疫功能的作用?

2. 何谓抗氧化剂?哪些功效成分和食物具有抗氧化作用?

3. 学习和记忆的机制是什么?哪些功效成分和食物具有改善记忆的作用?

4. 哪些功效成分和食物具有促进人体生长发育的作用?

5. 如何从膳食方面预防和消除疲劳?

6. 肥胖的原因是什么?哪些功效成分和食物具有减肥作用?

7. 何谓高脂血症?哪些食物和功效成分有辅助降血脂作用?

8. 如何用饮食控制糖尿病?哪些食物和功效成分有辅助降血糖作用?

9. 哪些食物和功效成分具有改善睡眠作用?

10. 造成营养性贫血的原因是什么?哪些食物和功效成分具有改善营养性贫血的作用?

11. 骨质疏松症的原因是什么?哪些食物和功效成分具有增强骨密度作用?

参考文献

[1] 金宗濂. 功能食品教程. 北京:中国轻工业出版社,2005年5月

[2] 郑建仙. 功能性食品学(第二版). 北京:中国轻工业出版社,2006

[3] 叶任高,陆再英. 内科学. 北京:人民卫生出版社,2001

[4] 仲来福,刘移民. 卫生学. 北京:人民卫生出版社,2001

[5] 吴桂锡. 预防心脏病学. 济南:山东科学技术出版社,2000

[6] 郭红卫. 医学营养学. 上海:复旦大学出版社,2002

[7] 李登光,倪伟,高伟. 天门冬氨酸钾镁消除运动疲劳的作用机制. 首都体育学院学报,2005,17(6):52~54

[8] 曲绵域,于长隆.实用运动医学. 北京:北京大学医学出版社,2003

[9] 张蕾,邓树勋. 运动疲劳与神经递质的生理学研究进展(综述). 体育学刊,2002,9(2):118~120

[10] 顾维雄. 保健食品. 上海:上海人民出版社,2001

[11] 郑建仙. 功能性食品(第三卷). 北京:中国轻工业出版社,1999

[12] 卫生部. 保健食品功能学评价程序.2003

[13] 冯凭. 糖尿病.低血糖. 天津:天津科技翻译出版公司,1995

[14] 高彦彬,赵慧玲. 糖尿病防治346问. 北京:中国中医药出版社,1998

[15] 何志谦. 人类营养学(第二版).北京:人民卫生出版社,2000

[16]薛建平.食物营养与健康.合肥:中国科技大学出版社,2002

[17]申英爱,李福男,金在久等.苦瓜水提醇沉物对实验性糖尿病小鼠血糖水平的实验研究.中国野生植物资源,2002,21(4):51～52

[18]范玉玲,崔福德.苦瓜有效部位降糖活性的比较研究.沈阳药科大学学报,2001,18(1):50～53

[19]卢长庆,屈玉洁.糖尿病的中医饮食疗法.中国医药情报,2002,8(4):31～36

[20]张拥军,姚惠源.南瓜多糖的分离、纯化及其降血糖作用.中国粮油学报,2002,17(4):59～62

[21]谢宗长,钱振坤.人参抗实验性糖尿病大鼠脂质过氧化损伤的研究.中国中西医结合杂志,1993,13(5):289～290

[22]张萍,祝希娴.甘草及其制剂药理与临床应用研究新进展.中草药,1997,28(9):568～571

[23]许勤虎.菊芋(洋姜)的产业化开发应用研究.山西食品工业,2001,(4):33～34

[24]王强,曹爱丽.洋葱油提取价值及其技术研究.食品科学,2001,22(8):56～58

[25]凌关庭.抗氧化食品与健康.北京:化学工业出版社,2004

[26]金宗濂.保健食品的功能评价与开发.北京:中国轻工业出版社,2001

[27]钟耀广.功能性食品.北京:化学工业出版社,2004

第四章 其他保健作用

4.1 提高缺氧耐受力作用

氧是人体生理代谢的基本元素,是正常生命活动不可缺少的物质。成人在静息状态下,每分钟耗氧量约 250 mL;活动时耗氧量增加。但人体内氧储量极少,依赖于空气中的氧经过呼吸进入血液,再经血液循环传输到全身组织,不断地完成氧的摄取和运输,以保证细胞氧化的需要。海拔 3 000 m 以上的高原地区,由于空气中的氧分压低,氧气含量只有平地的 1/2~2/3,通过呼吸进入人体的氧也相应减少,不能完全满足机体的需要。当组织得不到足的氧或不能充分利用氧时,组织的代谢、机能,甚至形态结构都可能发生异常变化,这一病理过程称为缺氧(hypoxia)。缺氧对人体各系统机能都有影响,机体缺氧程度不同,所产生的反应也不同。进入高海拔地区缺氧较严重时,一些代谢旺盛的系统和对氧敏感的器官则反应更强烈,甚至可能出现损害。缺氧的典型症状有头晕、头痛、恶心、呕吐、心慌、气促、烦躁、食欲减退、睡眠障碍、乏力等。高原地区的人常见嘴唇青紫和手指甲凹陷均是缺氧的表现。

缺氧是许多疾病所共有的一个基本病理过程,休克、呼吸功能不全、心功能不全、贫血等都可以引起缺氧,高原适应不全症主要是缺氧,高空飞行、潜水作业、密闭舱或坑道内作业,如果处理不当或发生意外都可发生缺氧。所以研究缺氧发生和发展的规律以及提高缺氧耐力保健食品的开发,对缺氧的防治具有重要的意义。

4.1.1 缺氧时机体机能和代谢变化

缺氧时机体的机能代谢变化包括机体对缺氧的代偿性反应和由缺氧引起的代谢与机能障碍。轻度缺氧主要引起机体代偿性反应;严重缺氧而机体代偿不全时出现的变化以代谢与机能障碍为主。机体在急性缺氧时与慢性缺氧时的代偿性反应也有区别,急性缺氧是由于机体来不及代偿而较易发生代谢的机能障碍。

4.1.1.1　代偿性反应

动脉血氧分压一般要降至 8kPa(60mmHg)以下,才会使组织缺氧,才会引起机体的代偿反应,包括增强呼吸与血液循环、增加血液运送氧和组织利用氧的功能等。

（1）呼吸系统

氧分压(PaO_2)降低(低于 8kPa)可刺激颈动脉体和主动脉体化学感受器,反射性地引起呼吸加深加快,从而使肺泡通气量增加,肺泡气氧分压升高,PaO_2 也随之升高。吸入 10% 氧时,通气量可增加 50%;吸入 5% 氧可使通气量增加 3 倍。胸廓呼吸运动的增强使胸内负压增大,还可促进静脉回流,增加心输出量和肺血流量,有利于氧的摄取和运输。但过度通气使 PaO_2 降低,减低了 CO_2 对延髓的中枢化学感受器的刺激,可限制肺通气的增强。

（2）循环系统

低张性缺氧引起的代偿性心血管反应,主要表现为心输出量增加、血流分布改变、肺血管收缩与毛细血管增生。

（3）血液系统

缺氧可使骨髓造血增强及氧合血红蛋白解离曲线右移,从而增加氧的运输和释放。

（4）组织细胞的适应

在供氧不足的情况下,组织细胞可通过增强利用氧的能力和增强无氧酵解过程,以获取维持生命活动所必需的能量。

4.1.1.2　缺氧时机体的机能代谢障碍

高原低氧气候环境可以直接影响人体健康,诱发某些疾病或加重病情。严重缺氧如缺氧者 PaO_2 低于 4 kPa(30 mmHg)时,组织细胞可发生严重的缺氧性损伤,器官可发生功能障碍甚而功能衰竭。

（1）缺氧性细胞损伤

缺氧性细胞损伤(hypoxia cell damage)主要为细胞膜、线粒体溶酶体的变化。

（2）中枢神经系统的机能障碍

脑重仅为体重的 2% 左右,而脑血流量约占心输出量的 15%,脑耗氧量约为总耗氧量的 23%,所以脑对缺氧十分敏感。脑灰质比白质的耗氧量多 5 倍,对缺氧的耐受性更差。急性缺氧可引起头痛,情绪激动,思维能力、记忆力、判断力降低或丧失以及运动不协调等。慢性缺氧者则有易疲劳、思睡、注意力不集中及精神抑郁等症状。严重缺氧可导致烦躁不安、惊厥、昏迷甚而死亡。

（3）外呼吸功能障碍

急性低张性缺氧,如快速登上 4 000 m 以上的高原时,可在 1～4 天内发生肺水肿,表现为呼吸困难、咳嗽、咳出血性泡沫痰、肺部有湿性啰音、皮肤黏膜发绀等。

（4）循环功能障碍

严重的全身性缺氧时,心脏可受到损伤,如高原性心脏病、肺原性心脏病、贫血性心脏病等,甚至发生心力衰竭。

除以上所述神经系统、呼吸与循环系统机能障碍外,肝、肾、消化道、内分泌等各系统的功能均可因严重缺氧而受损害。

人体消耗的氧气总量中,大脑占 25%,心脏占 12%,肾脏占 10%。可见氧气有多重要。

肝脏的氧气量很少有文献记载。但是血液清澈、组织不缺氧,对肝脏的保护作用是非常明显的,原因有四:①肝脏是能源仓库,缺氧会导致全身能量代谢的紊乱,这会破坏肝脏正常工作程序;②组织缺氧时,会产生更多的有害物质,这些都会通过肝脏过滤及清除,增加了肝脏的负荷;③缺氧会导致胰岛素和胰高血糖素分泌的紊乱(即糖尿病或糖尿病前兆),这会导致肝脏的糖原分解和糖原合成数量的同时增加,换句话说增加了无用功;⑤缺氧会增加乳酸的数量,乳酸的回收由肝脏完成,这也增加了肝脏的负担。

4.1.2　影响机体缺氧耐受性的因素

年龄、机体的机能状态、营养、锻炼、气候等许多因素都可影响机体对缺氧的耐受性,这些因素可以归纳为两点,即代谢耗氧率与机能的代偿能力。

4.1.2.1　代谢耗氧率

基础代谢高者,如发热、机体过热或甲状腺机能亢进的病人,由于耗氧多,故对缺氧的耐受性较低。寒冷、体力活动、情绪激动等可增加机体耗氧量,也使对缺氧的耐受性降低。体温降低、神经系统的抑制则因能降低机能耗氧率,而使对缺氧的耐受性升高。

4.1.2.2　机体的代偿能力

机体通过呼吸、循环和血液系统的代偿性反应能增加组织的供氧,通过组织细胞的代偿性反应能提高利用氧的能力。这些代偿性反应存在着显著的个体差异,因而每个人对缺氧的耐受性也很不相同。有心、肺疾病及血液病者对缺氧耐受性低,老年人因为肺和心脏的功能降低、骨髓的造血干细胞减少、外周血液红细胞数减少,以及细胞某些呼吸酶活性降低等原因,导致他们对缺氧的适应能力下降。

代偿能力是可以通过锻炼而提高的。轻度的缺氧刺激可调动机体的代偿能力。如登高山者如采取缓慢的梯队性的上升要比快速上升者能更好地适应缺氧;慢性贫血的病人血红蛋白即使较低仍能维持正常的活动,而急性失血者如果血红蛋白减少到与慢性贫血同等的程度,就可能引起严重的代谢机能障碍。

4.1.3　具有耐缺氧作用的食物

4.1.3.1　营养素与缺氧耐力的相互关系

生命的本质是能量的代谢,而能量的正常代谢离不开氧。如高原地区空气中的氧相对缺乏,人进入高原首先是为了从低氧空气中取得更多的氧,必须提高机体的呼吸量,必然呼出过量的 CO_2,影响机体维持正常的酸碱平衡。

脂肪:肝细胞糖代谢与脂肪代谢研究证明:急、慢性缺氧的条件下,大鼠肝糖元贮备大量消耗,而脂肪代谢出现明显障碍,肝细胞呈现极为明显的脂肪沉积,表明高脂肪膳食对缺氧的适应是不利的。这可能是因为脂肪覆盖红细胞表面影响血红蛋白和氧的结合与携带。

蛋白质:在高原缺氧适应过程中,机体需摄入足量优质蛋白质以提高红细胞和血红蛋白的数量,增加单位体积血液的氧饱和度,一些氨基酸如谷氨酸、酪氨酸、赖氨酸对机体适应缺氧环境有积极作用。但因蛋白质氧化耗氧最多,因此供应缺氧环境的食品中蛋白质占10%

为宜。

碳水化合物：碳水化合物分子中含氧最多，氧化产生热量时消耗机体的氧最少，能最灵敏地适应高原代谢变化。高碳水化合物能提高机体抗急性缺氧的能力，可增加肺通气量和弥散度，提高动脉氧分压和血氧饱和度，加速氧的传递能力，改善脑功能，减轻缺氧反应程度。因此在高原地区的膳食结构中应该提高碳水化合物比例。

维生素：某些维生素可提高实验动物的缺氧耐力。在相对缺氧的条件下应较多摄入维生素 A，C，B_1，B_6，PP，以正常量的 5 倍为佳。

无机盐及水：进入高原后，人体促红细胞生成素分泌增加，造血机能亢进，骨髓生成较多红细胞，有利于氧的运输和缺氧的适应，应补充铁以提高机体对缺氧的适应能力，还要适当降低食盐摄入量，有助于预防急性高山反应。在高原缺氧初期，体内排水较多，尿量增加，这是正常的适应性反应，应适当补充水分。

4.1.3.2　具有提高人体耐缺氧作用的食物

（1）富含铁的食物

血红蛋白含有的二价铁能与氧气结合并将氧气带到身体各部分，同时将组织内的二氧化碳带回到肺中完成全部的呼吸过程。因此多食用一些富含铁的食物，可以满足机体合成血红蛋白对铁的需要。

富含铁的食物有：肝、肾、蛋、杏、红枣、紫红萝卜、菠菜、芹菜、胡萝卜、西红柿、山楂、桃、葡萄、葡萄干、桂圆等。

（2）大型真菌及药用植物的提取物

研究表明，红景天含有红景天甙、黄酮、氨基酸、酪醇、微量元素、香豆素等 40 余种化学成分，其中红景天甙是红景天的主要功效成分。红景天可显著提高人体对缺氧的耐受力，改善缺氧机体骨骼肌能量代谢，促进机体有氧代谢，使血液、心肌、脑中乳酸含量下降，改善心、脑、肺等重要器官组织的有氧代谢，促进机体对缺氧环境的适应和延缓疲劳的发生与发展。

银耳含蛋白质、脂肪、粗纤维、多糖类以及多种维生素和氨基酸，能增强动物耐缺氧的能力。

灵芝含蛋白质、多种氨基酸、多糖类、多肽类、多种酶以及多种微量元素，其提取物可以提高动物耐受低压和常压缺氧的能力。

实验表明，马齿苋乙醇提取物、枸杞、山茱萸的水煎液、桑白皮提取物、丹参提取物、红花提取物都可以提高小鼠在常压条件下的耐缺氧能力。

4.2　对辐射危害有辅助保护作用

4.2.1　辐射的来源

自然界中的一切物体，只要温度在绝对温度零度以上，都以电磁波的形式时刻不停地向外传送热量，这种传送能量的方式称为辐射。物体通过辐射所放出的能量，称为辐射能，简称辐射。辐射是以电磁波的形式向外放散的,是以波动的形式传播能量。电磁波是由不同波长的波组成的合成波,γ射线、X射线、紫外线、可见光、红外线、超短波和长波无线电波都属于电磁波的范围。

辐射分为天然辐射和人造辐射两类。

天然辐射来源于太阳、宇宙射线和在地壳中存在的放射性核素。从太空来的宇宙射线包括能量化的光量子、电子、γ射线和X射线。在地壳中发现的主要放射性核素有铀、钍、钋及其他放射性物质,它们释放出α、β或γ射线,包括宇宙射线、陆地γ射线和氡气以及K^{40}等。一般来讲,人们平时所接受的天然辐射剂量基本上保持不变。

α粒子是带正电的高能粒子(He原子),它在穿过介质后迅速失去能量,能被一张薄纸阻挡。然而一旦被吸入或注入机体将是十分危险的。

β粒子是一种带电荷的、高速运行的、从核素放射性衰变中释放出的粒子。β粒子能被体外衣服消减、阻挡或被一张几毫米厚的铝箔完全阻挡。

同可见光、X射线一样,γ射线是一种光量子。在放射性衰变过程中γ射线伴随着α、β射线一同释放出。它既不带电荷,又无质量,但具有很强的穿透力。γ射线能轻易穿透人的身体,对人体造成危害。

X射线是带电粒子与物质交互作用产生的高能光量子。X射线比γ射线能量低,因此穿透力小于γ射线。由于运用广泛,X射线是人造辐射的最大来源。

在人类所受到的辐射照射中,有相当一部分来自于人工辐射源的照射,如医疗辐射。核试验、核电厂也向环境中释放放射性废物,其中一些向环境中泄漏出一定剂量的辐射。放射性材料也广泛用于人们日常的消费,如夜光手表、釉料陶瓷、人造假牙等。1986年4月前苏联的切尔诺贝利核电厂事故,造成了28人因急性放射病死亡,约15万平方公里的前苏联国土受到放射性污染,后期观察发现,在该事故影响范围内,约有1800人患甲状腺肿瘤。

4.2.2　辐射对人体的损害

随着放射性同位素与辐射技术的应用越来越广,职业接触和日常接触人数不断增加,环境中放射物质的污染急剧增加,人们在日常生活中受到的放射性物质的辐射威胁越来越多。常见放射线有α、β、γ和X射线等,这些射线对机体有直接的损伤作用,会破坏机体组织的蛋白质、核蛋白及酶等,造成神经内分泌系统调节障碍,引起机体物质代谢紊乱。射线作用于高级神经中枢可产生调节功能的异常,导致蛋白质分解代谢增强、改变酶的辅基并破坏酶蛋白的结构,其中巯基酶对射线尤为敏感,小剂量就可抑制酶活性而影响机体机能。射线还可降低机体对碳水化合物的吸收率、增加肝脏中排出的糖数量,并使脂肪的代谢变化趋向于利用减少、合成增加。这些危害的临床表现有头痛头昏、恶心呕吐、白血球下降和贫血等症状。

放射病又可按发病快慢、轻重程度分为慢性和急性两种:多次较小剂量的照射,当剂量超过一定限度时可引起机体许多障碍,称"慢性放射病"。一次较大剂量的全身照射可使机体迅速发生一些综合征,称"急性放射病"。因不同剂量所引起的主要损害不同,可将其分为三种主要类型。

(1)骨髓型放射病

200～600rad即可引起此病,一般以造血系统变化最为显著。

(2)胃肠型放射病

300～1 000rad以上的照射,很快发生消化系统尤其是小肠的损害,表现为频繁性血水样便,杂有坏死脱落的黏膜碎片。

(3)脑型放射病

500～2 000rad以上的照射,主要表现为神经系统的损害,可在数小时或1～2天内因呼吸中枢和心血管中枢衰竭而死亡。

以上的辐射效应又称肯定性效应,机体损害的严重程度随剂量增加而增加。另外一种效应称随机性效应,包括致癌效应和遗传效应,这种损害是没有阈值的,发生概率随剂量增加而增加,但严重程度与剂量无关。如X射线工作者恶性肿瘤的发病率明显高于一般人群,发病率明显增加的是:白血病、皮肤癌、恶性淋巴瘤、女性乳腺癌、甲状腺癌和骨癌等。

辐射可使衰老过程加速,如全身一些脏器萎缩、毛发变白、晶体浑浊、微小血管内膜纤维增生等。细胞染色体畸形可能是早期衰老的原因,还有人认为微血管纤维化也是促进早衰的重要因素。

电离辐射能引起体内细胞遗传物质DNA的损伤,这种影响甚至可能传到下一代,可引起胚胎在胚胎期死亡、胎儿畸形及其他生长和结构改变、严重的智力障碍、恶性肿瘤和白血病。

辐射对心血管系统也有影响。长期接触高频电磁场的人,低血压的发生率较高。

4.2.3 具有抗辐射作用的食物

(1)具有抗辐射作用的中草药或药食兼用食物

包括枸杞子、川芎、红景天、酸枣仁、人参、当归、芦荟、黄芪、银杏叶、刺五加、三七和鱼腥草等。其抗辐射作用机理主要是对造血系统、免疫系统的保护,拮抗自由基作用等。

枸杞可减轻对骨髓的抑制作用,促进骨髓细胞增殖,刺激造血系统,抑制白细胞的减少,同时能明显促进辐射损伤后免疫功能的恢复。

人参多糖通过促进骨髓造血干细胞、祖细胞的分化和增殖,可减轻造血系统损伤,增强造血功能,提高抗辐射损伤的能力,人参所含人参三醇皂甙对X射线所致的免疫损伤有保护作用,有助于损伤机体免疫功能的恢复。

银杏黄酮的抗辐射作用在于可消除生物体受辐射后产生的自由基及辐射造成的生物大分子的氧化。

(2)具有抗辐射作用的大型真菌

具有抗辐射作用的食用菌主要有灵芝、冬虫夏草、黄蘑菌、银耳、猪苓、木耳、猴头菇和茯苓等。其中银耳孢子多糖可加速辐射损伤造血细胞的修复,可明显提高^{60}Co γ-射线照射后生物的存活率,还可以兴奋骨髓的造血功能,明显提高照射生物的骨髓有核细胞数。黄蘑多糖的辐射防护机理可能是促进自由基消除,抑制或阻断自由基引发的脂质过氧化反应,增强超氧化物歧化酶(SOD)、过氧化氢酶(CAT)和谷胱甘肽-过氧化物酶(GSH-Px)的活性,以提高机体抗氧化能力。猪苓多糖可以明显促进^{60}Co γ-射线照射后细胞免疫功能的恢复,而且还可以提高受照生物血浆皮质酮含量和体液免疫力。

(3)具有抗辐射作用的海洋藻类

包括螺旋藻、小球藻、海带和紫菜等,研究较多的是螺旋藻。

螺旋藻多糖可促进^{60}Co γ-射线照射小鼠造血功能的恢复,对白细胞也具有防护和加速恢复作用,并可提高受致死剂量照射小鼠的存活率。此外,螺旋藻含有丰富的蛋白质及多种维生素和微量元素,可增加机体的免疫功能,缓解和减轻射线对免疫系统的抑制作用。螺旋藻还可通过增强机体抗氧化酶活性,降低辐射损伤产生的自由基。

海带中含有 3 种褐藻多糖:褐藻胶、褐藻糖胶及褐藻淀粉。其中褐藻胶中的 L-古罗糖醛酸有很好的抗辐射功效,它可以在肠壁上阻止吸收辐射元素并迅速地排出体外。

(4)具有抗辐射作用的微生态食品

微生态食品具有维持宿主的微生态平衡、调理微生态失调、提高健康水平的功能,其中双歧杆菌是其中最具生理活性的一类乳酸菌,其具有抗辐射作用。双歧杆菌的分泌产物可能对造血器官有保护作用。

(5)其他具有抗辐射作用的食物

茶叶粗提取物对外周血红蛋白及白细胞都有较好的保护作用,但对血小板的作用不明显。茶叶还能抑制人体对放射性元素的吸收,加速其排出。水果中的果胶能与进入机体的放射性元素结合,使放射性元素从体内排出。

(索化夷)

4.3　改善胃肠道功能的作用

4.3.1　胃肠道的消化和吸收功能

胃肠道主要功能是消化食物、吸收营养物质和水以保证机体物质代谢的需求。食物中的各种营养物质,除水、无机盐和维生素可以直接被人体利用外,蛋白质、脂肪和糖类一般不能直接被人体利用,需要经过消化道运动(机械性消化)和消化液的作用(化学性消化),将其分解为简单的小分子物质,才能被消化道黏膜吸收,为人体利用。通常我们把食物在消化道内的这种分解过程称为消化。消化后的物质通过消化道黏膜,进入血液和淋巴的过程称为吸收。消化和吸收这两个过程的正常进行,对于人体的新陈代谢、生长发育和从事各项活动的营养供给,都有非常重要的意义。

胃液中含有胃蛋白酶、盐酸和黏液三种主要成分。酸性胃液是胃内的消化液,它由胃黏膜上的胃腺所分泌,成人每天可分泌 1.5~2.5 L。胃酸(盐酸)能促使蛋白质变性,有利于蛋白质的消化,胃蛋白酶原遇盐酸转变为胃蛋白酶,同时胃液提供胃蛋白酶发挥作用所需要的适宜的 pH 值。胃酸进入小肠后,能促进胰液、胆汁和肠液的分泌,有利于食物在小肠内的消化,此外胃液还有一定的杀菌作用。

胃蛋白酶能使食物中的蛋白质分解成分子较小的蛋白肽、蛋白胨及少量多肽和氨基酸,但这些物质绝大部分还达不到可以吸收的程度。胃液中的黏液呈弱碱性,有保护胃黏膜的作用。

胃黏膜有屏障作用,包括细胞屏障,黏液 HCO_3 盐屏障。这些屏障能防止有害因子损伤胃黏膜而导致的出血、糜烂、坏死等发生,黏膜上皮能迅速重建和再生,有修复作用。如果屏障功能受损可导致溃疡。

小肠内的消化液有胰液、胆汁和小肠液三种。胰液是由胰腺分泌的无色透明的碱性液体

(pH 值 7.8～8.4),成人每日分泌 1～2 L。胰液中含有淀粉酶、脂肪酶、蛋白酶、麦芽糖酶和胰肽酶等多种消化酶。食物经过胰液消化后,其中的蛋白质和脂肪绝大部分被分解成可以被吸收的小分子物质,如氨基酸、甘油和脂肪酸。胆汁是肝细胞分泌的,成人每日分泌 0.5～1.0 L。胆汁中虽然没有消化酶,但其中的胆盐对脂肪的消化吸收具有重要作用。小肠黏膜的肠腺分泌小肠液,呈碱性,pH 值为 7.6,成人每天分泌 1～3 L,其中含有多种消化酶,如淀粉酶、麦芽糖酶、蔗糖酶、乳糖酶和脂肪酶等。这些酶和胰液中的消化酶及胆盐互相配合,把食物中的多糖和双糖分解成单糖,把脂肪分解成甘油和脂肪酸,把蛋白肽、蛋白胨和多肽分解成氨基酸。总之,食物在小肠内可彻底被分解成能被肠壁吸收的小分子物质。

胃肠道功能是否正常,直接影响到食物中营养成分的消化与吸收,对维持人体各器官的正常功能至关重要。不注意食物的卫生,不良的饮食习惯,常吃对胃肠道有刺激性的药物、食物及烟酒等,都将影响甚至损害胃肠道功能而对人体健康不利。选择合理的饮食,对改善胃肠功能,治愈疾病,常可收到事半功倍的效果。

4.3.2 具有改善胃肠道功能的食物

4.3.2.1 调节肠道菌群的食物

(1)乳酸菌和双歧杆菌发酵食物或制剂

乳酸菌和双歧杆菌是人体肠道中的固有菌群,代谢产物中的乳酸及醋酸可以降低肠道 pH 值,可抑制肠道腐败菌的腐败作用,阻止毒素胺的形成。双歧杆菌还可合成多种维生素;促进酪蛋白消化;有利于铁、钙的吸收;可恢复和维持体内微生态平衡;调理菌群失调;激活吞噬细胞的活性,是维护肠道正常菌群的主要益生菌。含有这类益生菌的食物主要有酸奶和其他含有该种微生物的保健食品。

(2)双歧杆菌促进因子

功能性低聚糖是双歧杆菌的增殖因子,具有选择性增殖双歧杆菌的作用,可提高该菌在肠道细菌中的比例。功能性低聚糖主要品种有异麦芽酮糖、低聚果糖、低聚半乳糖、低聚异麦芽糖等。低聚果糖广泛存在于洋葱、蜂蜜、芦笋及麦类植物中,但含量极低,目前国内已可利用曲霉产生的果糖转移酶作用于蔗糖,规模化生产低聚果糖。

钙能影响肠道细菌数量的分布。当钙减少或不足时,肠道中固有菌也会相应减少,肠道防御功能减弱,而条件致病菌也会因失去制约而大量繁殖,导致肠道菌群失调,引起肠道病变。这时,如投入适量钙剂即可使固有菌数量增加,条件致病菌受抑制,从而使肠道菌群趋于平衡,恢复肠道功能。含钙丰富的食物有:豆制品、牛奶、芝麻、红枣、核桃、杏仁、油菜、芹菜叶、小白菜、雪里红、萝卜干以及柑橘、柚子、榨菜等。如摄取的食物受限,可适当考虑补充钙剂。

4.3.2.2 促进消化和通便的食物

(1)膳食纤维

膳食纤维对促进良好的消化和排泄固体废物有着举足轻重的作用。适量地补充纤维素,可使肠道中的食物增大变软,促进肠道蠕动,从而加快排便速度,防止便秘和降低肠癌的风险。含膳食纤维的食物有糙米和胚芽精米,以及玉米、小米、大麦、小麦皮(米糠)和麦粉(黑面包的材料)等杂粮。此外,根菜类和海藻类中食物纤维较多,如牛蒡、胡萝卜、四季豆、红豆、豌豆、薯类和裙带菜等。

（2）其他促进消化的食物

西红柿中含有的番茄素，有助消化、利尿及协助胃液消化脂肪的作用；橘皮所含挥发油对消化道有刺激作用，可增加胃液的分泌，促进胃肠蠕动。

鸡内金可增加胃液和胃酸的分泌量，促进胃蠕动。胃激素遇高热易受破坏，故以生食为佳。

未成熟的番木瓜含番木瓜蛋白酶类，可分解脂肪，促进食物的消化和吸收。

山楂含大量的维生素 C、胡萝卜素和有机酸，可促进胃液及消化酶的分泌，有开胃消食作用。焦山楂可吸附肠道内腐败物质及毒素，有收敛止疼之效。

4.3.2.3 对胃黏膜有辅助保护作用的食物

（1）南瓜

所含果胶可保护胃肠道黏膜免受粗糙食品刺激，促进溃疡面愈合，适宜于胃病患者。南瓜所含成分能促进胆汁分泌，加强胃肠蠕动，帮助食物消化。

（2）粥

大米或小米熬成的粥，具有减少胃液对消化道的刺激作用和调理肠胃功能，久服可治胃炎和胃溃疡。

（3）牛奶

牛奶含有丰富的营养素，如各种必需的氨基酸、蛋白质，并且含钙较多，同时牛奶对胃液的分泌是弱刺激物，具有弱碱性反应，能与盐酸相结合。所以它既可补充病人的水分和营养，又能中和胃酸，防止胃酸对溃疡面的刺激，对胃及十二指肠有良好的保护功能。

4.4 对化学性肝损伤有辅助保护作用

4.4.1 肝解毒与肝损伤

肝脏是人体最大、最重要的消化腺体，也是胎儿的主要造血器官和人体的主要代谢器官和防御器官。它与人体外来的和代谢产生的许多有害因素相遭遇，实现其强大的防御解毒功能。在防御有害因素对机体损害的同时，肝脏本身也难免受到损伤。这些有害因素中包括生物性感染，例如甲、乙、丙、丁、戊型肝炎病毒，各种细菌、寄生虫、原虫等的感染；营养不当（缺乏或过剩）或其他原因引起的代谢异常也会导致肝损伤，如脂肪代谢异常会出现脂肪肝，胆色素代谢异常会引起黄疸等；来自工作生活环境、食物、药品与烟酒的有害化学物质会导致中毒性肝炎，还会进一步发展为肝硬变与肝癌等。这些化学物质主要是工作中接触的有机、无机毒物，以及来自食物、饮水与大气中的化学毒物等。这些化学物质对肝脏的损害就是化学性肝损伤。

一般情况下，肝脏对外来化学毒物有很强的生物转化即解毒功能，也可能产生或增强毒性，但这种情况较少，绝大多数是遵循以下四种方式降低（解）毒性：

（1）氧化解毒

如乙醇（酒精）在肝中经乙醇脱氢酶氧化成醛和酸，其他醇类、醛类也按这个模式转化成酸。酸类极性强、水溶性大，而且易与其他物质结合成盐类，毒性消失，排出体外。

（2）还原解毒

如工业毒物硝基苯，苯环上的硝基还原为氨基后成为苯胺。氨基（—NH_2）毒性远比硝基（—NO_2）小；催眠作用的三氯乙醛在肝内还原为三氯乙醇而失去催眠作用，也意味着解毒；临床上惯用的氯霉素、曾大量应用的有机氯农药也都是在肝中脱氧还原实现解毒的。

（3）水解解毒

许多有害化学物质在肝中经水解酶的作用发生分解，结构改变，失去或破坏有毒化学基团，消除或减轻了毒性。体内过氧化物如自由基、过氧化脂质，水解后均可失去有害作用。

（4）结合解毒

是肝脏中毒物解毒最主要的方式。化学物结合一些极性基团，形成水溶性较大的物质，减轻或消除毒性后排出体外。如有机物与羧基（—COOH）、硫酸根或亚硫酸根（SO_4^{2-}，SO_3^{2-}）、磺酸基（—SO_3H）、葡萄糖醛酸〔HOC—$(CH_2O)_4$—COOH〕、甘氨酸和谷胱甘肽等相结合，都是生物转化类肝脏解毒的重要形式。

4.4.2 化学性肝损伤的表现

化学性肝损伤在临床上可表现为几种主要肝病：

4.4.2.1 中毒性肝炎

由来自生产与环境中的毒物（最常见的有磷、砷、四氯化碳）及其他有机毒物所引起，特点为人群普遍易感，病变及临床表现类似，多可查到明确的毒物来源，有肝炎的明确病理改变如黄疸、肝肿大、压痛及胃肠道症状，更敏感的反应是肝功能亢进后衰减。如不能及时避免接触病原性毒物和采取必要的治疗措施，常可成为慢性肝炎，并有可能进一步发展为肝硬化甚至肝肿瘤的危险。

毒蕈霉素、椰毒假单孢菌毒素、河豚毒素等中毒引起的肝损伤是一种特殊的中毒性肝炎，它们可导致肝细胞迅速坏死，应及时排毒及使用特效药抢救，病死率很高，病后也可能转为慢性肝病。

4.4.2.2 药物性肝炎

由某些药物如常用的磺胺、异烟肼、氯丙嗪、对氨基水杨酸等所引起。长期服用口服避孕药也可引起肝功能异常和肝炎，主要致病因素是避孕药中的孕激素和雌激素。药物性肝炎在临床表现上与其他肝炎类似；经常出现肝功异常、发热、皮疹、黄疸、嗜酸性粒细胞增高等症状，严重者可能会有出血，及时发现、及时停服致病药物常可收到较好的疗效，仅有极少病例可发展为肝功衰竭及瘀胆性肝硬变。

4.4.2.3 酒精中毒性肝损伤

据统计全世界有1 500万～2 000万人酗酒。酗酒不仅使个人健康受损，而且也是社会和家庭问题。美国、俄罗斯、欧洲各国的酒依赖（alcohol dependence）者高达全民的 6%～10%，其他国家也有 3%～5%,近年中国的酒瘾者数目虽较欧美各国为低,但上升很快。

酒精所致严重肝损伤主要发生在慢性酒精中毒者,一般嗜酒 10 年以上出现中毒性肝炎、脂肪肝、肝硬变等难于恢复的病变,伴有多发性神经炎、智力下降、手足震颤等症状。据西方国家统计,嗜酒者中 10%～20% 患有上述酒精中毒性肝病,其肝硬变发生率为非嗜酒者的 6.8 倍。在国外,肝硬变病人中由慢性酒精中毒引起的占 25%～75% 不等。慢性酒精中毒最主要病变是肝细胞脂肪浸润、坏死、胆汁瘀积性黄疸、纤维增生和肝硬变,严重影响肝功能,甚至可出现肝功衰竭等一系列表现。

(1)酒精性脂肪肝(以下称酒精肝)是酒精性肝病中最先出现、最为常见的病变,其病变程度与饮酒(尤其是烈性白酒)总量成正比。

正常人肝脏里含有占肝重的 2%～4% 的脂肪类物质,正常情况下,脂肪在人体内合成、分解、储存与运输呈动态平衡,肝脏在其间起着重要作用。进入体内的酒 90% 在肝脏代谢,它能影响脂肪代谢的各个环节,使体内脂肪代谢失常,平衡失调,过量的脂肪蓄积于肝脏,若蓄积的脂肪(主要是甘油三酯)含量超过肝湿重的 5% 以上,就形成酒精性脂肪肝。

近 20 多年来,欧美国家的酒精肝相关死亡率呈下降趋势。据不完全统计,现在我国的脂肪肝患者多数是酒精性脂肪肝。

酒精对肝脏的损伤机理是酒精进入肝细胞,在乙醇脱氢酶和微粒体乙醇氧化酶系的作用下转变为乙醛,再转变为乙酸,后一反应使辅酶Ⅰ(NAD)转变为还原性辅酶Ⅰ(NADH),因而 NADH 与 NAD 比值升高,抑制线粒体三羧酸循环,使肝内脂肪酸代谢发生障碍,氧化减弱,使中性脂肪堆积于肝细胞中。另外 NADH 的增多又促进脂肪酸的合成,从而使脂肪在肝细胞中堆积而发生脂肪变性,最终导致脂肪肝形成。

大量饮酒使体内氧化磷酸化和脂肪酸 β 氧化受损,使血液和肝细胞内游离脂肪酸增加。游离脂肪酸有很强的细胞毒性,加上乙醛的协同作用可引起生物膜受损伤,并能加强肿瘤坏死因子(TNF)等细胞因子的毒性,导致肝细胞脂肪变性,促进脂肪肝形成。

酒精还有特异性地增加胆碱需要量的作用。胆碱是合成磷脂的原料之一,而磷脂又是合成脂蛋白的重要原料,故磷脂的不足影响了脂蛋白的合成,从而影响了脂肪从肝中运出而形成脂肪肝。

长期饮酒可诱导肝微粒体中细胞色素 P_{450} 的活性增加,加重乙醇及其代谢物对肝脏的毒性作用,使肝脏内皮细胞窗孔变多变大,结果导致富含甘油三酯的乳糜微粒及其大的残骸被肝细胞引入,肝细胞摄取脂肪增多,促进了脂肪肝形成。

中国医科大学附属一院的研究发现,肝硬化、肝癌患者中除有病毒感染外,2/3 以上都有饮酒的历史。统计表明,由酒精引起的脂肪肝中 20%～30% 有发展为肝硬化的可能,甚至导致肝癌。严重酗酒还可能诱发广泛肝细胞坏死甚至肝功能衰竭。

(2)酒精性肝炎是由酒精性脂肪肝发展而来的。饮酒后摄入体内的乙醇 90% 以上在肝内分解代谢为乙醛,乙醛可能与肝细胞膜结合形成新抗原,刺激免疫系统,造成一种自身免疫反应。乙醇代谢,使 2 分子的 NAD(氧化型辅酶Ⅰ)转变为 NADH(还原型辅酶Ⅰ)。由于 NAD 减少,出现高代谢状态和耗氧量增加,引起肝细胞代谢紊乱,除造成脂肪肝外,也使肝细胞变性和坏死,并发炎症反应,胶原纤维和结节增生,最终可致肝硬化。

(3)酒精性肝硬化的发病机理主要是酒精中间代谢产物乙醛对肝脏的直接损害。严重的酒精性脂肪肝可进一步发展成酒精性肝炎和肝硬化。乙醇氧化为乙醛,后者在线粒体中很快被乙醛脱氢酶(ALDH)氧化为乙酸。长期饮酒可显著降低 ALDH 的活性。线粒体氧化乙醛的能力的降低,以及乙醇氧化为乙醛速率的相对稳定或增强,可导致乙醛产生和代谢的不平衡,从而造成长期饮酒病人血和肝脏组织中乙醛浓度明显增高。乙醛与蛋白质形成的复合物具有抗原性,可导致抗体的产生、酶失活和影响 DNA 的修复;乙醛还能显著影响肝脏对氧的利用、减少 GSH 的含量、促进自由基介导的组织损害及脂质过氧化作用。

研究认为,酒精性肝病的主要危险因素与饮酒量、饮酒年限、性别、遗传、营养等有关。国外学者认为,引起酒精性肝病的最低饮酒量及年限为每天 160 g,连续 5 年;引起酒精性肝硬化的饮酒量和年限是每天 160 g,连续 20 年。但小于上述摄入量,也可发生酒精性肝病。男性每天饮酒 40 g,女性每天饮酒 20 g,发生肝硬化的几率增加。此外,其危害性与饮酒方式也有关,如一次大量饮用的危险性比小量分次饮用大,早年饮酒发生肝病危险性高。

营养不良,蛋白质缺乏时,酒精毒性可能起协同作用。在营养充足的情况下,饮酒在一定范围内不会引起肝损害。

4.4.3 营养素与肝损伤的关系

4.4.3.1 蛋白质

毒物在体内的代谢转化需各种不同酶的参与,而酶是一种蛋白质。因此当膳食中的蛋白质缺乏时,酶蛋白合成量下降,活性降低,不利于有害物质的转化。蛋白质中的含硫氨基酸如甲硫氨酸、胱氨酸和半胱氨酸等可给机体的一些酶提供－SH,它们可结合某些金属毒物,从而影响其吸收而有利于排出,或拮抗其对含－SH 酶的毒性作用,这些氨基酸可为合成重要的解毒剂(如谷胱苷肽、金属硫蛋白等)提供原料,有利于增强机体的解毒功能。

4.4.3.2 脂肪

膳食中的脂肪能增加脂溶性毒物在肠道的吸收与体内蓄积,对机体不利,高脂饮食还易引发脂肪肝和肝纤维化,其中脂肪酸种类和含量对肝损伤也有影响。富含饱和脂肪酸的饮食,可减缓或阻止脂肪肝和肝纤维化的发生,而富含不饱和脂肪酸的饮食则可诱发和加剧脂肪肝和肝纤维化。

4.4.3.3 碳水化合物

碳水化合物经消化吸收后可转变成糖原,丰富的肝糖元能促进肝细胞的修复和再生,并能增强对感染和毒素的抵抗能力。但碳水化合物不宜过多摄入,因为摄入的碳水化合物在满足了合成糖原和其他需要之后,多余的将在肝脏内合成脂肪并贮存于肝脏内,贮存量过多时则可能造成脂肪肝。此外,活性多糖具有良好的保护肝脏功效。研究证实灵芝多糖、枸杞多糖、壳聚糖、猪苓多糖、云芝多糖、香菇多糖等都有一定的保肝护肝作用。

4.4.3.4 维生素

维生素在预防肝损伤,尤其在预防脂肪肝上起着极为重要的作用。

B 族维生素与肝脏有较密切的关系,是推动体内代谢,将糖、脂肪、蛋白质等转化成热量时不可缺少的物质。如果缺少维生素 B,则细胞功能降低,引起代谢障碍。由酒精引起的肝功能损害的人多为维生素 B 缺乏。酒精摄入过多,将引起肠黏膜损害,不利于维生素 B 的吸收,即使小肠吸收了,由于肝脏功能的降低,吸收的维生素 B 也不能发挥作用,这会给肝细胞带来影响,导致维生素更加缺乏,形成恶性循环。酒精性肝炎和脂肪肝等可以通过补给大量维生素 B,修复肝功能紊乱。

维生素 C 和维生素 E 可增加肝细胞抵抗力,促进肝细胞再生,改善肝脏代谢功能,增加肝脏解毒能力,防止脂肪肝和肝硬化。肝细胞膜的脂质过氧化是众多毒素介导的肝细胞损伤的主要作用机制,如酒精性肝细胞损伤,因此,有效地清除自由基,保护肝细胞膜的功能就成为抗肝细胞损伤的热点。维生素 E 是临床上使用较早的抗氧化剂,它可在细胞膜上积聚、结合并清除自由基,减轻肝细胞膜及线粒体膜的脂质过氧化。维生素 C 是一种强力自由基清除剂,有很强的抗脂质过氧化作用,补充维生素 C 是保护肝细胞功能的重要措施之一。

4.4.3.5 矿物质

硒可以改善肝病患者的免疫和抗氧化功能。补硒能抑制肝纤维化和肝损伤,铜和维生素 E 对 CCl_4 致大鼠肝损伤有一定的协同保护作用。另外,Fe、Zn、Mg、Mn 等对不同毒物均有独特的解毒作用。

4.4.4 对化学性肝损伤有保护作用的食物

4.4.4.1 含维生素丰富的食物

维生素 C 能促进肝糖元合成,防止有毒物质对肝脏的损害,保护肝脏中的酶系统,增强肝细胞的抵抗力,并促进肝细胞再生。新鲜蔬菜、水果富含维生素 C。B 族维生素包括维生素 B_1、B_2、B_6、B_{12} 和烟酸,它们在肝脏里形成各种辅酶,参与各种物质代谢。各种谷类、豆类制品、蛋类、鱼、瘦肉富含维生素 B 族。

维生素 E 有抗氧化、抗肝坏死作用,肝功能障碍时应予补充,富含维生素 E 的食物有绿叶蔬菜、未精制谷类、花生酱、烤番薯、胡桃、鸡肉、玉米、动物肝脏、鲑鱼、南瓜、萝卜叶、杏仁和芝麻等。

4.4.4.2 富含活性多糖的食物

活性多糖具有良好的保护肝脏功效。研究证实灵芝多糖、枸杞多糖、壳聚糖、猪苓多糖、云芝多糖、香菇多糖等都有一定的保肝护肝作用。

4.4.4.3 富含植物活性成分的食品

丹参为唇形科多年生草本植物丹参的根,丹参中含有丹参酚、丹参素、丹参酮等多种活性成分。皮下注射丹参水煎醇沉液可使肝损伤家兔谷丙转氨酶明显下降,炎症反应如细胞浊肿、脂肪变性和坏死都较对照组减轻。丹参能有效推迟和减轻缺血后再灌注引起的不可逆肝损伤。丹参能减轻酒精所致的肝细胞脂肪变性和坏死及抑制 TG 含量。给予部分肝切除的大鼠丹参注射液,对肝细胞内 DNA 合成有明显促进作用,且对细胞分裂增殖有再生作用。采用四氯化碳及二甲基亚硝胺诱导的大鼠肝纤维化模型,以秋水仙碱作对照,发现丹参在两种模型中均显示有良好的抗肝纤维化作用,能显著提高 SOD 活性,降低丙二醛(MDA)含量,对胶原代谢也有直接作用。丹参能明显增加肝血流,改善微循环,防止肝脏的免疫损伤,促进肝细胞再生。同时丹参还具有抗氧化作用,通过提高血中超氧化物歧化酶的活性,清除细胞内氧自由基,从而保护肝细胞。

甘草酸(Dycynhizin)是从甘草根中提取出来的,是含 1 分子三萜皂苷和 2 分子葡萄糖醛酸的化合物。甘草酸在小肠内由细菌葡萄糖苷酸酶分解成甘草次酸,吸收入血。甘草次酸抑制肝脏对固醇类的灭活,从而发挥类固醇样作用。外源性磷脂酶可引起肝细胞损伤,而甘草酸可抑制磷脂酶活性。甘草中的甘草类黄酮可以减轻肝细胞坏死,降低血清转氨酶活力,增加肝细胞内糖原含量,促进肝细胞再生。

葛根为豆科植物野葛的干燥根,主要成分为异黄酮类物质,如大豆苷、葛根素、三萜类、香豆素类等。试验显示葛根总黄酮具有明显提高小鼠对啤酒的耐受量,减少睡眠时间,降低小鼠体内乙醇含量的作用。服用葛根后,可提高肝细胞中 GST 活性水平,保护肝细胞免受自由基、亲电子化合物的损害。

绞股蓝为葫芦科绞股蓝属多年生草本植物。绞股蓝中含有多种皂甙成分。绞股蓝总皂甙灌胃治疗四氯化碳肝损伤小鼠 3 周,能降低肝组织 NO 含量和增加谷胱苷肽含量,血清 ALT 活性降低。对四氯化碳诱发的大鼠肝纤维化模型,绞股蓝总皂甙对肝功能、肝组织纤维化程度有明显改善作用;肝组织内的 MDA 水平明显降低,SOD 水平明显升高。

西红柿含类似药物奎宁的物质,对肝脏有良好的保护作用;含有的番茄红素是抗氧化剂,可保护细胞免遭自由基的破坏,还含有 B 族维生素,对肝脏同样具有保护作用。

马齿苋可抑制肝脂质过氧化,降低肝中丙二醛含量及增强小鼠 SOD,GSH-Px 活力,对乙醇诱导的肝损伤具有一定预防保护作用。

蒲公英为菊科植物蒲公英、碱地蒲公英或同属数种植物的干燥全草,含有蒲公英甾醇、蒲公英素等多种成分。蒲公英具有抗菌、抗溃疡、利胆保肝、抗肿瘤等多种药理作用。用 200% 蒲公英煎剂 1mL 灌胃,连续 7 天,对大鼠四氯化碳所致肝损伤有明显降低血清谷丙转氨酶和减轻脂肪肝变性的作用。

虫草含虫草菌素、D-甘露醇等,有调节乙型肝炎病人免疫功能、抗毒素、抗肝纤维化、调整白蛋白和球蛋白比例及一定的降转氨酶等作用。

4.5　促进泌乳的作用

4.5.1　泌乳生理

4.5.1.1　乳房的结构

乳房是由腺体、支持组织和脂肪组成,腺体组织分泌乳汁,它是像橘子样分叶排列的,每一叶有一导管,开口在乳头的顶端,导管在到达乳头前增宽而形成的乳窦是储存乳汁的地方。乳头内有许多感觉神经,因而十分敏感。乳头周围的一圈深色皮肤称为乳晕,乳晕下面是乳窦。

4.5.1.2　乳汁的产生

吸吮对持续合成催乳素及维持乳汁的产生是必需的。吸吮作用抑制下丘脑分泌多巴胺（通常抑制催乳素的产生），吸吮还导致垂体后叶释放催产素，引起排列于乳腺囊壁和导管的平滑肌细胞收缩，从而导致乳导管的收缩，使乳汁下移至乳头附近的窦道，甚至引起乳房喷射（溢乳）。情绪可影响催乳素产生，如当母亲听到婴儿哭声时可发生溢乳。哺乳一旦建立，每日 1 次吸吮似乎足以维持持续泌乳的信号；相反，吸吮停止后数日内乳汁合成即停止。持续的吸吮可抑制黄体生成激素和促性腺释放激素的释放，使排卵和月经的恢复被延迟，这提供了十分有效的生育控制。

4.5.1.3　母乳的变化

哺乳分泌量在产后最初数日迅速增长，第 5 天约 500 mL/d，1 月约 650 mL/d，3 月约 700 mL/d。随后泌乳量相对稳定，但在断乳期间下降。母乳量通常足以满足至少 6 月龄婴儿的能量和蛋白质需要。建议纯母乳喂养婴儿至 6 个月左右，不要给予婴儿其他液体或食物。

母乳的成分随着婴儿的成长而变化，产后 2~7 天分泌的乳汁称为"初乳"，比成熟乳稠且黄，虽然量少，但蛋白质含量高，含有更多的抗体和白细胞，能保护新生儿免受感染。以后乳汁分泌量增加，产后 7~21 天的乳汁称过渡乳，21 天后为成熟乳，成熟乳脂肪成分明显增多。

4.5.1.4　母乳喂养的意义

母乳是天然的和最理想的哺育后代的食品。随着科技的发展，人们的生活方式发生了很大的变化，大量的婴儿配方乳涌向市场，但世界各国还是提倡母乳喂养，其优点主要表现在：

（1）母乳中含有丰富的、比例适当的、容易被新生儿消化吸收的营养物质，是其他代乳品所不及的。牛奶中蛋白质的含量虽然比母乳高 2 倍，但母乳中含的主要是容易消化吸收的乳白蛋白，而牛奶中含的却是能在婴儿胃里凝成块的不易消化的酪蛋白。牛奶中的乳糖属于甲型乳糖，含量比母乳少 1/3，有促进大肠杆菌生长的作用，容易引起婴儿腹泻。牛奶中脂肪球较大，容易引起消化不良。牛奶中维生素的含量多于母乳，但在煮沸后，维生素 C 等被破坏。母乳还含有促进脑组织发育的脂肪酸。由于母乳所含的钙和磷仅是牛奶的 1/4 和 1/6，可减轻新生儿心脏的负担。

（2）母乳含有大量抗体和免疫球蛋白，可使新生儿早早获得天然免疫功能，增强新生儿抵御疾病的能力。研究人员曾观察到母乳喂养的新生儿胃肠道、呼吸道和耳部的感染抵抗力比喂牛奶的要强些。

（3）母乳含有丰富的能促进新生儿大脑发育、神经系统发育所需的氨基酸，能促进新生儿神经系统的发育。

（4）母乳的温度宜于婴儿食用而且清洁、新鲜，婴儿绝不会因为吃母乳而患肠道感染。

（5）母乳喂养过程中母亲的声音、心跳、气味和肌肤的接触都能刺激新生儿大脑发育，有利其早期智力的开发，也有利于促进新生儿心理和社会适应性的发育。吸吮母乳的肌肉运动有助于婴儿面部正常发育，且可预防由奶瓶喂养引起的龋齿。

4.5.2 具有促进泌乳作用的食物

(1)富维生素 B_1 的食物

维生素 B_1 能增强胃肠蠕动,促进消化液分泌,增进食欲,同时促进乳汁分泌。富含维生素 B_1 的食物包括瘦猪肉、肝脏、小米、糙米、玉米、荞麦、豌豆、黄豆、花生、金针菜、木耳和蛋黄等。

(2)富蛋白质的食物

膳食中的蛋白质摄入情况对乳汁分泌量的影响要大于对乳汁中蛋白质质量的影响。当膳食中蛋白质数量不足时,母体会调用自身的蛋白质来保持乳汁成分的稳定,补充足够的蛋白质有利于母体身体恢复和增加乳汁的质和量。富含蛋白质的动物性食物有蛋类、肉类、鱼类及乳类。植物性食物有豆类、谷类及硬果类等。

(3)常用催乳食物验方

常用催乳食物验方包括猪蹄花生汤、猪蹄通草汤、红薯叶炖猪肉、金针红糖鸡蛋汤、鲢鱼汤、鲤鱼粥等。还可用穿山甲片、王不留行各 15 g,煮汤去渣,再用其汤煮赤小豆 30 g 至烂熟,每天1～2剂,或黑芝麻 250 g 炒熟研末,每次用黄酒冲服 30 g,如用猪蹄汤送服更佳。黄芪母鸡汤因黄芪有补气作用,对产后孕妇收敛止汗、促进泌乳效果较好。

4.6 缓解视疲劳作用

4.6.1 眼睛的组织结构

眼为人体的视觉器官,用来接受外来的光信号,然后借助视神经的传导,将光的冲动传送到脑中枢而引起视觉。眼由眼球、视路及眼附属器三部分组成。

(1)眼球

眼球略呈圆形,位于眼眶内,眼球的前面是暴露的。正常成人眼球前后直径为 22～27 mm。外界的可见物体在眼内(视网膜上)结成清晰的物像而产生视觉。眼球分为眼球壁和眼球内容物。

眼球壁由外层、中层、内层三层膜组成。外层为纤维膜,由透明的角膜和不透明的巩膜所组成,其组织坚韧,可维持眼球的正常形态并保护眼内组织。中层分为虹膜、睫状体和脉络膜三个部分,此层富含色素细胞与血管,主要功能是供给眼内组织的营养。内层为视网膜,是感受光线和传导神经冲动的重要组织。

眼球内容物包括房水、晶状体及玻璃体等透明组织,它们同角膜构成眼的屈光系统,具有通过和屈折光线的作用。

(2)视路

视路为视觉传导的神经通路,当视网膜上的视细胞受到刺激后发出的冲动,经过视神经、视交叉、视束、视放线至大脑枕叶视中枢而形成视觉。

（3）眼附属器

眼附属器位于眼球的周围，包括眼眶、眼外肌、眼睑、结膜和泪器。除眼外肌主管眼球运动外，其他组织均以不同方式保护眼球。

眼眶是容纳眼球的空腔。眶缘周围厚度增加，组织坚牢，对眼球起保护作用。

眼外肌主管眼球运动。

眼睑分上下两部，覆盖于眼球的前面，主要功能是保护眼球前部、防止外力的损害。通过眨眼运动又可清洁和润滑结膜，防止角膜干燥。

结膜是一层透明的黏膜，连接眼睑后面和眼球的前面，二者之间成平滑的接触面，以减少相互摩擦。结膜腺体分泌黏液，保护眼球表面的润滑状态。

泪器由泪腺和泪道组成。泪腺的功能是分泌泪液，以保持眼球表面正常湿润，并排出结膜囊内异物，有一定的抑菌能力。泪道的功能是排泄泪液。

4.6.2　视疲劳的原因

眼球的内外眼肌同人体的其他肌肉一样，持续地收缩就会紧张、疲劳、酸胀、麻木，造成血液流动滞缓、淤血和神经紧张。神经紧张反射到中枢神经引起中枢神经的抑制，造成视疲劳。视疲劳又称眼疲劳，是目前眼科常见的一种疾病。视疲劳的发生往往和身体的健康状况和工作负荷有关，如屈光不正和眼肌不平衡引起的症状，在一般情况下可能由于机体的代偿功能而不表现出来。一旦健康状况不好或工作负担超过了胜任能力，潜在的缺陷就会显现出来，发生视疲劳的症状。视疲劳主要症状是近距离工作不能持久、容易疲劳、视物模糊、看书复视串行、眼睑沉重难睁开，严重者出现头痛头晕、眼球或眼眶酸胀或疼痛、记忆力减退、颈肩酸痛、有阅读恐惧症，有的人还有胃肠道功能紊乱，如食欲不振、消化不良、便秘等。视疲劳不是独立的疾病，而是由于各种原因引起的一组疲劳综合征。其发生原因也是多种多样的，常见的有：

（1）眼睛本身的原因

如近视、远视、散光等屈光不正未戴适度的矫正眼镜或近视眼戴过度矫正眼镜造成调节性视疲劳；由于眼肌集合功能不全、隐斜或眼外肌麻痹引起眼肌性视疲劳；青光眼早期可出现视疲劳全身症状；结膜炎、角膜炎、虹膜睫状体炎等可引起视疲劳。

（2）全身因素

如营养不良、高血压、内分泌紊乱、焦虑、神经衰弱、身体过劳，或有全身性疾病，或更年期的妇女、贫血、病后恢复期、分娩或哺乳期等，可使眼的耐受力降低，往往用药物和矫正眼镜难以消除症状。

（3）环境因素

如光线过强会引起瞳孔强烈收缩，如果持续地强烈收缩会引起中枢神经紧张，导致视疲劳。如果光线太弱则视网膜的照度不够，物体的对比度下降，视物费力、视神经紧张或者移近物体，会增加晶状体的调节，增加睫状肌的疲劳而引起视疲劳。光源分布不均匀或闪烁不定，注视的目标过小、过细或不稳定等，也会造成视疲劳。温度高、噪声大、生活节奏紧张、在行进的车船上阅读等可引起视疲劳。如长时间、近距离注视闪烁或单调、刺眼的物体（如屏幕、书等）易发生视疲劳，还常有手、颈、肩、腰、头或眼眶的酸痛感。

对于视疲劳的防治方法包含三方面:一是矫正各方面的缺陷;二是消除引起视疲劳的各种因素;三是增强体质,避免超负荷工作。

4.6.3　具有缓解视疲劳作用的食物

(1)富含维生素 A 的食物

维生素 A 与正常视觉有密切关系。维生素 A 的缺乏会导致视紫红质的再生变慢而不完全,暗适应时间延长。长期缺乏还会出现干眼病,进一步发展则可导致角膜软化及角膜溃疡,还可出现角膜皱折等;维生素 A 缺乏严重时可造成夜盲症。维生素 A 最好的食物来源是各种动物肝脏、鱼肝油、鱼卵、禽蛋等;胡萝卜、菠菜、苋菜、苜蓿、红心甜薯、南瓜、青辣椒等蔬菜中所含的维生素 A 原也能在体内转化为维生素 A。

(2)富含维生素 C 的食品

维生素 C 可减弱光线与氧气对眼睛晶状体的损害,从而延缓白内障的发生。富含维生素 C 的食物有柿子椒、西红柿、柠檬、猕猴桃、山楂等新鲜蔬菜和水果。

(3)富含钙、铬、锌等微量元素的食物

钙与眼睛构成有关,缺钙不仅会影响骨骼发育,而且会使正在发育的眼球壁——巩膜的弹性降低,晶状体内压上升,致使眼球的前后径拉长而导致近视。含钙较多的食物有奶类、贝壳类(虾)、骨粉、豆及豆制品、蛋黄、深绿色蔬菜等。

铬可以激活胰岛素,铬的缺乏会导致胰岛素功能发生障碍,血浆渗透压增高,改变眼球的渗透压,诱发近视。含铬较多的食物有糙米、麦麸以及动物的肝脏、葡萄汁和果仁等。

锌参与维生素 A 的代谢和运输,对维持视网膜色素上皮组织的正常组织状态,维持正常视力有重要的作用。含锌较多的食物有牡蛎、肉类、肝、蛋类、花生、小麦、豆类、杂粮等。

(4)富含叶黄素的食物

新鲜蔬菜和水果含有丰富的叶黄素,叶黄素是眼睛中黄斑的主要成分,可预防视网膜黄斑的老化。同时,眼睛中的叶黄素对紫外线有过滤作用,可防止由日光、电脑等发射的紫外线对眼睛和视力的伤害。

(5)其他

珍珠含 95% 以上的碳酸钙及少量氧化镁、氧化铝等无机盐,并含多种氨基酸,珍珠粉与龙脑、琥珀等配成的"珍珠散"点入眼睛可抑制白内障形成。

海带除含有碘外,还含有 1/3 的甘露醇。甘露醇有利尿作用,可减轻眼内压力,对治疗急性青光眼有良好的功效。其他海藻类如裙带菜也含有甘露醇,也可用来作为治疗急性青光眼的辅助食品。

(索化夷)

4.7　促进排铅作用

铅是一种多亲和性重金属毒物,进入机体后可对机体许多系统产生不利影响,并且在亚临床水平已使机体产生多种生理变化,最主要是影响胎盘和神经系统。而且铅污染不存在下限,任何程度的铅污染都会对人体健康产生不利影响。即使脱离铅污染环境进行驱铅治疗,使血铅水平下降,也不能使已经受损的神经细胞发育恢复到原先正常水平。

4.7.1 铅在体内的代谢过程

4.7.1.1 铅的吸收

(1)肠道吸收

肠道是非职业性铅暴露时铅吸收的主要途径。铅通过主动转运和被动扩散两种方式由小肠吸收入血。但由消化道进入的铅,大部分不被吸收而随粪便排出,仅5%～10%被吸收后进入门静脉到达肝脏,部分随胆汁流出,减低铅毒。

(2)呼吸道吸收

铅在呼吸道吸收远较消化道吸收完全,因为铅经肺泡弥散和吞噬细胞吞噬而直接进入血液循环,空气中的铅经呼吸道吸入肺内,再通过肺泡毛细血管单位吸收入血。

(3)经皮肤吸收

铅经皮肤吸收的量极少。

4.7.1.2 铅在体内的分布

铅在体内分布为三室模式:血液、软组织和骨骼。血液和软组织为交换池,交换池中的铅经过25～35天后转移到储存池骨组织中,储存池中的铅与交换池中的铅维系着动态平衡。

(1)血液中的铅

参与血液循环的铅99%以上存在于红细胞,仅有1%以下存在于血浆中,红细胞内外的铅也维系着一种动态平衡。

(2)骨组织中的铅

骨组织容纳了占体内总铅量90%以上的铅。骨铅的积蓄始于胎儿时期,以后随着年龄的增长而逐渐增多,骨铅的积蓄可持续约50年。当由于感染、创伤或服用酸性药使体液偏酸时,骨内不溶解的正磷酸铅转化成可溶性的磷酸氢铅移动到血液,使血铅浓度剧升可引起中毒或使原发病症状加重。当食物缺钙或血钙降低,或体内排钙增加时,铅随钙入血,致使血铅浓度上升。

(3)其他组织中的铅

有少量铅分布在肝、肾、脾、脑和肌肉等器官中。脑组织是铅的重要靶器官。软组织中相对含有较多高活性的可移动铅。这是儿童铅中毒时机体反应强烈的一个原因。

(4)铅在体内的半衰期

血液中铅的半衰期为25～35天,软组织中铅的半衰期为30～40天,骨骼内的铅半衰期约为10年。因此,血铅水平只能反映近1个月时间内的铅暴露状况,而只有骨铅水平才能反映较长时间的慢性铅暴露状况。

4.7.1.3 铅的排泄

铅通过三条途径排出体外。约2/3经肾脏随小便排出;约1/3通过胆汁分泌排入肠腔,然后随大便排出;另有极少量的铅通过头发及指甲脱落排出体外。

4.7.2 儿童铅代谢的特点

4.7.2.1 吸收多

无论是经呼吸道还是消化道,儿童均较成人吸收较多的铅。消化道是儿童吸收铅的主要途径。第一,铅的吸收率儿童高达 42%～53%。第二,儿童有较多的手、口动作。第三,儿童单位体重摄入食物较成人明显为多,通过食物途径摄入的铅量也相对较多。第四,儿童胃排空较成人快,铅的吸收率会大幅度增加。第五,呼吸道吸入较大颗粒,多吞入消化道。

儿童之所以从呼吸道吸入较成人多的铅,有以下几方面原因:铅多积聚在离地面 1 m 左右的大气中,而距地面 75～100cm 处正好是儿童的呼吸带;儿童对氧的需求量大,故单位体重的通气量远较成人为大;铅在儿童的呼吸道中的吸收率较成人高,是成人的 1.6～2.7 倍。

4.7.2.2 排泄少

儿童铅的排泄率仅 66% 左右,而仍有约 1/3 的铅留在体内。成人每天的最大排铅量为 500 μg,而 1 岁左右的幼儿的每天排铅量仅相当于成人的 1/17。

4.7.2.3 储存池的铅流动性大

儿童储存池中的铅流动性较大,较容易向血液和软组织中移动,因而内源性铅暴露的几率和程度均较高。

4.7.3 铅对人体健康的危害

4.7.3.1 对神经系统的影响

神经系统最易受铅的损害。在中枢神经系统中,大脑皮层、海马回和小脑是铅毒性作用的主要靶组织;在周围神经系统,运动神经轴突则是铅的主要靶组织。

铅对神经行为的影响及对神经功能的损害是不可逆的。高水平铅暴露下,脑组织可产生细胞水肿、出血、失去细胞内容物等病理变化。神经纤维会有脱髓鞘病变,皮层和海马回结构萎缩、钙化等。血脑屏障也非常容易受到铅毒性作用的损害,导致通透性增加,使血液中的水分和毒物过多进入脑组织,引起脑水肿。

铅可以使视觉运动功能、记忆和反应时间受损;使语言和空间抽象能力、感觉和行为功能改变,可出现疲劳、失眠、烦躁、头痛及多动等症状。

铅对儿童神经行为影响的常见临床表现为儿童多动行为,其机制是:铅可使大脑兴奋抑制功能紊乱,造成儿童多动。铅中毒可引起儿童智力发育落后,血铅水平每上升 10 $\mu g/dL$,智商将降低 6～8 分。

4.7.3.2 对造血系统的影响

血红素和珠蛋白结合形成血红蛋白。当血铅水平在 200 $\mu g/L$ 左右时,可对红血球内 σ-氨基-r-酮戊酸脱氢酶(ALAD)的活性和铁络合酶的活性产生抑制,这两个酶是血红素合成的关键酶。血铅水平升高后,这两个酶的活性受到抑制,血红素合成受阻,血红蛋白不能形成,造成贫血。铅可与铁、锌、钙等元素拮抗,铅还促进血红细胞溶血、破坏,缩短血液循环中红细胞的平均寿命。研究发现,血铅水平和红细胞寿命间有良好的负相关。铅毒性所致的溶血能被抗氧化物阻断,提示铅的这种作用可能和红细胞膜的过氧化作用有关。铅也影响珠蛋白的合成,特别是珠蛋白链的合成,使 α 珠蛋白和 β 珠蛋白链的合成不同步。这些影响最终可诱发贫血,并随铅中毒的加重而加重。

一些研究发现,随着血铅水平的上升,血红蛋白逐渐下降。当血铅水平上升到 250～300 $\mu g/L$ 时,血红蛋白下降到出现贫血的水平;血铅水平为 400～450 $\mu g/L$ 时,可能开始出现明显的贫血症状。

4.7.3.3 对心血管系统的影响

经统计调查发现,人群中的心血管疾病与机体铅负荷增加有关。主要表现在:(1)心血管病死亡率与动脉中铅过量密切相关,心血管病患者血铅和 24 小时尿铅水平明显高于非心血管病患者。(2)铅中毒时,能导致细胞内钙离子的过量聚集,使血管平滑肌的紧张性和张力增加,引起高血压与心律失常。(3)铅暴露能引起心脏病变和心脏功能变化。在因铅中毒死亡的儿童中亦发现有心肌变性。

4.7.3.4 对消化系统影响

铅可直接抑制肠壁碱性磷酸酶和 ATP 酶的活性,抑制其自主运动,并使其张力增高而使平滑肌痉挛,引起腹痛、腹泻、便秘、消化不良等胃肠功能紊乱。也有人认为铅致太阳神经丛病变可引起肠壁平滑肌痉挛,或使小动脉壁平滑肌收缩,引起肠道缺血。铅绞痛发作时,由于小动脉痉挛,常伴有面色苍白、暂时性血压升高、眼底动脉痉挛与肾小球滤过率减低。

4.7.3.5 对泌尿系统的影响

长期接触铅可对肾脏功能产生慢性损伤,导致儿童及成人慢性肾炎。由于肾脏代偿功能强,因此对铅的肾脏毒性作用常估计不足。铅可使肾脏清除作用降低,进而加重铅在肾脏及其他组织中的潴留。铅可影响肾小管上皮细胞线粒体的功能,抑制 ATP 酶等的活性,引起肾小管功能障碍甚至损伤。

铅对肾脏的毒性作用分为慢性铅肾病和急性铅肾病两类。慢性铅肾病主要表现为进行性间质纤维化,开始发生在肾小管周围,后逐渐向外扩展,肾小管萎缩与细胞增生同时并存。急性铅肾病是由于近曲肾小管功能异常,出现糖尿、氨基酸尿和高尿磷。同时还易出现维生素 D_3 合成障碍和肾素代谢异常(易引发肾性高血压)。

4.7.3.6 对生殖系统影响

铅具有生殖毒性、胚胎毒性和致畸作用。即使铅低水平暴露仍可影响宫内胎儿的生长发育过程,造成畸形、早产和低出生体重等危害。铅与钙在体内的代谢途径极其相似,在妊娠期为了满足胎儿发育和骨骼钙化的需要,铅由母体向胎儿转运的机会增加。孕妇体内的铅可以通过胎盘作用于胚胎。孕妇头 3 个月如处于较大剂量铅暴露中可以引起死胎、流产、胎儿畸形。

铅对男性生殖功能的破坏表现在直接损害生殖细胞,导致精子异常;引起睾丸和附睾的组织病理学改变,妨碍生精功能;作用于丘脑—重体—性腺轴,使反馈功能发生障碍,引起内分泌失调;铅作为一种诱变剂,可致男性生殖细胞染色体畸变并引起遗传效应。

铅对女性生殖功能的影响涉及到性腺发育、性行为、月经、受精、着床、胚胎发育、分娩、哺乳和婴幼儿出生后发育等一系列过程。随着铅作业环境的改善和卫生水平的提高,不育、死产和新生儿死亡已属少见,但铅作业女工月经周期紊乱和流产的现象仍然存在。

4.7.3.7　对免疫系统的影响

铅能结合抗体,还可作用于淋巴细胞,使补体滴度下降,使机体对内毒素的易感性增加,抵抗力降低,常引起呼吸道、肠道反复感染。

铅对细胞免疫的影响:研究发现,铅抑制小鼠迟发型超敏反应,使机体对某些慢性感染的易感性增高;铅能明显降低 IL-2 活力,使其对辅助性 T 细胞、抑制性 T 细胞、细胞毒性 T 细胞和 NK 细胞的免疫调控力大大下降。这是铅免疫毒性的重要机制之一。

铅对体液免疫的影响:长期接触低剂量铅可使血清免疫球蛋白的含量明显降低。动物实验表明:铅可使小鼠脾淋巴细胞的数量明显减少,抗体合成减少;使免疫细胞记忆功能明显减弱,甚至消失;能使淋巴细胞表面受体减少。将小鼠暴露在高铅环境中一个月,小鼠对脑膜炎球菌的敏感性增加两倍,对细菌内毒素的敏感性增加 1 000 倍。

铅对红细胞免疫的影响:血液中的铅 90% 以上存在红细胞中,导致红细胞血液流变学发生变化。研究表明,铅中毒患者红细胞膜上的 C3b 受体遭到破坏,红细胞受体 RBC－C3b 花环率和红细胞免疫复合物 RBC－IC 花环率比正常人显著降低,治疗后显著升高,但仍低于正常人,说明铅中毒患者红细胞免疫功能降低是原发性的。

4.7.3.8　对内分泌系统影响

铅可抑制维生素 D 活化酶的活性,抑制肾上腺皮质激素与生长激素的分泌。铅可导致儿童体格发育障碍,血铅水平每上升 100 μg/L,其身高少 1~3 cm。体内铅负荷增高对某些激素的产生及代谢产生影响。

(1)甲状腺激素:铅可能损伤甲状腺,使其分泌功能受损,也可能是铅抑制了摄碘硫基酶的活性,使甲状腺摄碘能力下降。

(2)肾上腺皮质激素:醋酸铅对豚鼠的整体染毒实验显示,铅可引起肾上腺皮质脂质减少和细胞变性。

(3)腺垂体激素:腺垂体分泌生长激素(GH)、促甲状腺素、促卵泡素、黄体生成素等激素,是体内最重要的内分泌腺。接触低水平铅可使这些激素水平发生异常。

4.7.3.9　对骨骼系统的影响

体内铅大部分沉积于骨骼中,通过影响维生素 D_3 的合成,抑制钙的吸收,作用于成骨细胞和破骨细胞,引起骨代谢紊乱,发生骨质疏松。流行病学研究表明,发生骨丢失时铅从骨中释放入血,对各系统造成长期持久的毒害作用。铅作用于骨骼系统的机制:

(1)铅通过改变循环激素水平,特别是二羟维生素 D_3 水平,间接影响骨细胞功能;

(2)铅通过干扰骨细胞对激素的调节能力直接影响骨细胞功能,例如低水平铅抑制二羟维生素 D_3 刺激骨钙素的合成;

(3)铅损伤细胞合成或分泌骨基质其他成分(如胶原)的能力;

(4)铅直接影响或替代钙信使系统活性部位中的钙,导致生理调节功能损伤。

4.7.3.10　对儿童生长发育的影响

儿童对铅的毒性作用最敏感,铅对儿童有两大危害:

(1)影响神经系统发育。由于铅是具有神经毒性的重金属元素,而儿童的神经系统正处于快速的发育完善过程,正是其智力发育的关键时期,这时神经系统对外界毒性物质的抵抗能力最弱。国内外的研究都已经发现,在环境铅污染越严重的地区,儿童智力低下的发病率越高。儿童的血铅水平每上升 $10~\mu g/dL$,其智商(IQ)要下降 $6\sim8$ 分。研究还发现,儿童血铅过高和小儿多动症、学习困难有关。(2)影响身体发育。国内外的研究报道证明,高血铅儿童身材矮小的可能性增大。儿童铅中毒还会造成锌、铁、钙营养状况低下;影响甲状腺释放激素的反应,使甲状腺分泌紊乱,从而影响儿童的生理代谢活动;造成儿童弱视等。

4.7.4　具有促进排铅作用的食物

(1)牛奶等高蛋白食品

蛋白质、氨基酸可与铅产生很强的结合力,它们与血液、肝、肾、脑等靶器官中的铅结合,促进铅排出体外。金属硫蛋白(MT)可以与铅(重金属)离子配位形成低毒或无毒络合物,起到消除铅毒性的作用。ZnMT 可以释放出巯基与铅络合形成低毒物,经肾脏排出体外,对肾脏具有很好的保护作用。

还原型谷胱甘肽(GSH)通过消除自由基和其他活性代谢产物,从而减轻细胞损害,增强机体免疫能力,缓解铅毒性。在临床上也常被用作重金属及多种有害物质的解毒剂。

牛奶蛋白质能与铅结合为不溶性的化合物阻止铅的吸收;钙又可促使已在骨骼上沉积的铅减少而随尿排出。其他富含蛋白质的食物如蛋类、牛肉、豆制品等也有类似作用。

(2)富含钙、铁、锌的食物

钙、锌、铁与铅同属二价金属元素,在小肠吸收过程中共用同一运载结合蛋白,提高膳食中钙、铁和锌的含量,可以通过与铅在肠道的吸收产生竞争性抑制和拮抗等相互作用,降低铅的吸收和毒性。高钙的食物主要有虾皮、奶类、豆类及其制品、蟹、芝麻等;含铁丰富的食物主要有猪血、猪肝、猪腰、黑木耳、红枣、蛋等。

(3)富含维生素 C 的食物

据报道,大量的维生素 C 具有良好的促进排铅的作用,主要是因为维生素 C 与铅结合成抗坏血酸铅盐,从肠道排出体外。铅接触人群常有维生素缺乏症,并伴有牙龈出血、皮肤呈黄紫色淤斑等症状,这是因为铅可促进维生素 C 的氧化,使维生素 C 失去生理作用,而且这一过程是不可逆的。在膳食调配时应选择富含维生素的食物,尤其是维生素 C。补充维生素 C 不仅能补充因铅中毒造成的维生素 C 耗损,缓解铅中毒症状,还可以在肠道内与铅形成不易解离的抗坏血酸盐,随粪便排出体外,降低铅的吸收。

富含维生素 C 的食物主要是绿色蔬菜和水果。

(4)富含果胶的食物

食物中的果胶在肠内与铅等重金属相遇,对铅有强大的亲和力,可形成不溶解的、不能被吸收的复合物沉淀,随粪便排出体外。而果胶对人体代谢所必需的元素作用极小,曾被推荐给铅作业工人作为保健食品。果胶中的低甲氧基果胶能增加粪铅排出,降低铅在体内的蓄积,并与钙或锌形成巨大的网络结构,在协同钙与锌在体内的吸收与利用上起取代和拮抗铅的作用,降低铅在体内的吸收。果胶对铅的选择性、络合力均大于其他物质,可起到阻止肠道对铅的吸收、加速体液及蓄积在组织中的铅排泄的作用。

含果胶较多的水果有柑橘、菠萝、草莓、香蕉、苹果等。

(5)富硒的食物

硒是谷胱甘肽过氧化物酶的重要组成成分,硒在体内特异地催化还原型谷胱甘肽与过氧化物的氧化还原反应,从而保护细胞膜免受损害,维持细胞的正常功能。在人体中,硒作为带负电荷的非金属离子,能够与带正电荷的铅离子结合形成金属—硒—蛋白质复合物,干扰铅的吸收与蓄积,并在含硫氨基酸、维生素 C、维生素 B_6 等物质的帮助下,将有害的铅离子直接排出,或伴随胆汁分泌排除,可有效地消解铅的毒性,起到解毒和排毒作用。

富硒的食物有动物肝肾、海产品、肉类、白薯、茶叶等。

此外,魔芋精粉的主要成分为葡甘聚糖(魔芋多糖),是一种难以被人体消化吸收的半纤维素(大分子物质),与铅有较强的特异性结合能力。研究表明,魔芋精粉的摄入不影响人体对钙、铁、锌、铜等必需元素的吸收利用。茶叶含鞣酸等物质,能与体内的铅结合成可溶性物质随尿液排出体外。茯苓、茅根、有机锗、海带、杭白菊等以及富含维生素 B 的食物,能在体内拮抗铅的作用或减少铅的吸收。

如果体内含铅量已到中毒的程度,就不是靠食物排铅所能解决的,一定要在医生的指导下服用排铅药物,如二硫丙醇等。

(索化夷)

4.8　清咽润喉作用

4.8.1　咽喉的结构与功能

4.8.1.1　咽

咽是呼吸道与消化道的共同通道,上起自颅,下达第 6 颈椎水平线,在环状软骨下缘,高度与食道上口相连,前面与后鼻孔、口腔和喉相接。咽长 12cm,分为鼻咽、口咽和喉咽三段。上咽部称鼻咽,顶壁有咽扁桃体,左右侧壁有咽鼓管开口及咽鼓管扁桃体。软腭下缘与咽后壁间隙称腭帆间隙。如闭锁不全或过于宽大则影响发育与饮水;如过于狭窄则影响吸气,是打鼾的原因。中咽部又称口咽,后壁有咽后淋巴结,舌两侧有舌扁桃体,均可因感染而发炎或脓肿。下咽部称喉咽。

咽的生理机能主要有:

(1)吞咽功能。

(2)呼吸功能。

（3）保护和防御功能。扁桃体内有 B 细胞和 T 细胞,并含有 IgG、IgA、IgM、IgD、IgE 等免疫球蛋白,具有体液免疫和细胞免疫的双重免疫功能。

（4）共鸣作用。发音时咽腔可改变形状而产生共鸣,使声音清晰、悦耳,其中软腭的作用尤为重要。

4.8.1.2 喉

喉上通喉咽,下接气管,为呼吸与发音的重要器官,位于颈部,上接咽,下连气管,由甲状腺软骨、环状软骨、杓状软骨等为支架和会厌等组成。喉内结构有声带、室带、喉室和声门。声门由两侧声带和杓状软骨构成,为一三角形空隙。声门大小由声带开合控制。声门发生急性喉炎、喉麻痹、喉外伤、喉异物时,可发生喉原性呼吸困难。声带如不能闭合,则声门开放而发生嘶哑,食物呛咳以至异物吸入气管可发生吸入性肺炎。

喉的生理功能主要是呼吸功能,喉是呼吸的通道,在正常情况下当有食物或异物刺激时则声门紧闭,如喉或气管黏膜受刺激时则发生咳嗽反射,使刺激物由声门冲出。另外,喉还有发声功能,喉是发音器官,气管内压力改变、声带颤动以及唇舌腭等的配合即可发声,声量由呼气量多少来决定。当声带过度紧张和滥用发音,可导致声带疲劳和损伤,这是歌唱家、教师等职业易发的职业病。喉还具有保护功能,喉对下呼吸道起保护作用,吞咽时喉体上提,会厌向后下倾斜,盖住喉上口,声带关闭,食物沿两侧梨状窝下行进入食道,而不致误入下呼吸道。另外,喉的咳嗽反射功能能将误入下呼吸道的异物,通过防御性反射性剧咳排出。

4.8.2 咽炎的发病机理

咽部是呼吸道和消化道的第一道防线,是人体重要器官之一,是吞咽食物、呼吸和发音的器官,据统计患有不同程度咽喉炎的病人占健康人群的 40%。

急性咽炎（acute pharyngitis）是咽黏膜并波及黏膜下及淋巴组织的急性炎症,常因受凉、过度疲劳、烟酒过度等导致全身及局部抵抗力下降,病原微生物乘虚而入而引发。营养不良,患慢性心、肾、关节疾病,生活及工作环境不佳,经常接触高温、粉尘、有害刺激气体等皆易患本病。病原微生物主要为溶血性链球菌、肺炎双球菌、流行性感冒杆菌及病毒。

慢性咽炎（chronic pharyngitis）系咽黏膜的慢性炎症。常为呼吸道慢性炎症的一部分。导致该病的主要病因有:局部因素:(1)急性咽炎反复发作或延误治疗转为慢性。(2)患有各种鼻病,因鼻阻塞而长期张口呼吸及鼻腔分泌物下流,致长期刺激咽部,或因慢性扁桃体炎、龋病等影响所致。物理化学因素刺激:如粉尘、颈部放疗、长期接触化学气体、烟酒过度等都可引起本病。全身因素:各种慢性病,如贫血、便秘、下呼吸道慢性炎症、心血管疾病、新陈代谢障碍、肝脏及肾脏病等都可继发本病。不论是病毒还是细菌引起的咽喉炎,都会引起咽喉疼痛和吞咽困难,情况严重的时候还会导致呼吸困难。

咽喉炎的最常见症状是咽痒、咽干、吞咽时感到疼痛、咽异物感等不适,严重时会出现呼吸困难、咽喉膜内层发炎、咽喉里出现多余的薄膜或流脓、发烧、颈部出现淋巴腺结点肿大等现象。当病毒或细菌感染喉咙时,会导致喉咙肿大、疼痛和吞咽困难。

4.8.3 具有清咽润喉作用的食物

要求此类食物应具有清咽润喉功效和一定的抑制咽部细菌的作用,对咽炎患者的咽痛、咽痒、灼热、咽异物感、咽干涩等症状有一定的改善作用。

（1）菠萝

新鲜菠萝独有的菠萝蛋白酶,能促进蛋白质分解为氨基酸以供身体吸收,又能将坏死组织清除,从而达到清咽润喉、解除疼痛的目的。但有些人食用菠萝会发生过敏反应,故应用稀盐水浸泡后再吃,以防止或减少过敏反应的发生。

（2）罗汉果和青果

罗汉果味甘、性凉,有清热凉血、止咳化痰、润肺滋肠的作用。罗汉果切薄片,用开水冲泡代茶饮具有清咽润喉之功效。

青果又叫橄榄,含有蛋白质、脂肪、糖类、维生素 C、钙、磷、铁等成分,嚼含、绞汁、煎汤喝可解除咽喉肿痛。

（3）金银花和菊花

金银花又称"二花"、"银花"。金银花中含木犀草素、异绿原酸、肌醇、挥发油,味甘、性寒,对金黄色葡萄球菌、溶血性链球菌、伤寒杆菌、肺炎双球菌等均有抑菌作用,泡茶喝对发热、咽喉肿痛有清热解毒作用。

菊花味甘、苦,微寒,菊花中含有挥发油、菊甙、胆碱、水苏碱及微量维生素 A、B_1 及刺槐素。对金黄色葡萄球菌、乙型链球菌、痢疾杆菌、大肠杆菌等均有抑菌作用,用沸水浸泡代茶饮可治咽炎、咽喉肿痛。

（4）白萝卜

白萝卜含葡萄糖、蔗糖、果糖、胆碱、淀粉酶、精氨酸、腺嘌呤、维生素 B、维生素 C 及钙、磷、锰、硼等成分,对咽喉疼痛有缓解作用。

（5）鱼腥草

鱼腥草是一种具有鱼腥味的野菜,它含有挥发油、蕺菜碱、树皮甙、树皮素等,对金黄色葡萄球菌、溶血性链球菌、变形杆菌、白喉杆菌等均有良好的抑菌作用,对咽喉炎有治疗作用。

（6）其他

黄瓜霜对咽喉肿痛、扁桃体炎、咽喉炎有清热解毒作用。此外,柿霜、芒果、梨、阳桃等水果都有助于治疗咽喉炎及咽部疼痛。

（索化夷）

思考题

1. 营养素与缺氧耐受力的相互关系?

2. 抗辐射作用的食物有哪些种类?

3. 调节胃肠功能作用的菌群有哪些?

4. 常见的化学性肝损伤有哪几种?

5. 母乳的成分随婴儿的生长会发生哪些变化?

6. 皮肤的基本结构有哪些?

7. 皮肤有哪些基本功能?

8. 有哪些原因可以引起视疲劳?

9. 儿童的铅代谢特点有哪些?

10. 促进排铅的食物种类有哪些?

11. 咽喉有哪些基本结构?

12. 高血压有哪些分类？

13. 血压有哪些调节机制？

参考文献

[1]郑建仙.功能性食品学(第二版).北京:中国轻工业出版社,2003

[2]于守洋主编.中国营养保健食品指南.哈尔滨:黑龙江科学技术出版社,1996

[3]顾维雄.保健食品.上海:上海人民出版社,2001

[4]陈仁惇等编.营养保健食品.北京:中国轻工业出版社,2001

[5]郑建仙等.功能性食品(第1~3卷).北京:中国轻工业出版社,1995~1999

[6]金宗濂等.功能食品评价原理及方法.北京:北京大学出版,1995

[7]黄雨三等编.保健食品检验与评价技术规范实施手册.北京:清华同方电子出版社,2003

[8]尤新.功能性发酵食品.北京:中国轻工业出版社,2001

[9]周俭等.保健食品设计原理及其应用.北京:中国轻工业出版社,1998

[10]李八方等.功能食品与保健食品.青岛:青岛海洋大学出版社,1997

[11]钟耀广主编.功能性食品.北京:化学工业出版社,2004

[12]周俭等.保健食品设计原理及其应用.北京:中国轻工业出版社,2002

[13]中国营养学会.中国居民膳食营养素参考摄入量.北京:中国轻工业出版社,2001

[14]王传功,王申广等.枸杞山茱萸水煎液增强小鼠耐缺氧抗疲劳能力的实验研究.中国行为医学科学,2006,15(8):679~680

[15]朴永泉,张红英等.马齿苋乙醇提取物对小鼠常压耐缺氧能力的影响.中国临床康复,2006,10(39):138~140

[16]李颖,王红育.抗辐射军用功能性食品食物资源的开发.食品研究与开发,2005,26(4):139~141

[17]侯集瑞,张慧珍等.西洋参超微粉对小鼠耐缺氧和抗疲劳作用的研究.吉林农业大学学报,2006,28(4):419~421

[18]罗予,蔡访勤.双歧杆菌调节机体肠道菌群和免疫刺激作用研究.医学研究杂志,2006,35(8):48

[19]王海波,马微.益生菌的研究现状及发展趋势.现代食品科技,2006,22(3):286~289

[20]申瑞玲,王章存.燕麦 β-葡聚糖对小鼠肠道菌群的影响.食品科学,2005,26(2):208~212

[21]陈亚非,蔡杰.低聚果糖与小麦纤维.食品工业科技,2005,26(6):167~169

[22]张敏.对化学性肝损伤有辅助性保护作用的保健食品研究进展.四川食品与发酵,2005,41(1):40~43

[23]李大铁等.医学美学.北京:人民军医出版社,2004

[24]贾冬英,姚开.饮食营养与食疗.成都:四川大学出版社.2004

[25]张信江.美容皮肤科学.贵州:贵州科技出版社.2003

[26]赖晓英,贺稚非等.改善皮肤水分保健食品研究进展.广州食品工业科技,2004,20(4):164~166

第四章 其他保健作用

[27]冯艳丽．食物营养与皮肤油分．中国食物与营养,2005,(6):56～58

[28]崔向珍．美容保健食品——透明质酸．食品与药品,2005,7(2):61～62

[29]张红．促进排铅保健食品研究进展．粮食与油脂,2005,(6):43～46

[30]李加兴,陈奇等．铅对儿童健康的危害及猕猴桃促进排铅机理．食品与机械,2006,22(2):38～40

[31]张永慧,王立斌等．保健食品清咽润喉作用研究．中国食品卫生杂志,2001,13(6):14～17

[32]刘艳．黄褐斑治疗现状．中国皮肤性病学杂志,2004,18(9):566～568

[33]杨晓晶．具有清咽润喉作用的保健食品．中国食品,1999,(16):12

[34]张立石,韩学杰等．降血压食品功能因子对自发性高血压大鼠降压功效的研究.中国科技信息,2005,(12):165～166

[35]于康．高血压的营养防治．上海:第二军医大学出版社,2004

第五章　保健食品的功效成分

人们对食品的要求除了具有营养特性和感觉特性外，还要求具有生理特性。食品中具有生理调节特性的功能因子又称活性成分、功效成分或有效成分，是保健食品特定保健功能的物质基础和起关键作用的成分。目前，已明确的功效成分有十余类，百余种。

5.1　多糖

5.1.1　膳食纤维

膳食纤维(dietary fibre)指能抗人体小肠消化吸收的、在人体大肠能部分或全部发酵的、可食用的植物性成分——碳水化合物及其相类似物质的总和，包括多糖、寡糖、木质素以及相关的植物物质。近年来又将另外一些不可消化的物质归入膳食纤维，如植物细胞壁的蜡、角质和不被消化的细胞壁蛋白质，还有其他一些非细胞壁的化合物如抗性淀粉、美拉德反应产物及动物来源的抗消化物质如氨基多糖。这类物质在人类的食物中含量虽少，但可能具有生理学活性，很难从传统的膳食纤维所具有的生理活性中将这类物质的作用区分开来。

5.1.1.1　膳食纤维组成及特性

按溶解特性将膳食纤维分为水溶性膳食纤维和不溶性膳食纤维两大类。前者主要包括植物细胞的贮存物质和分泌物，还包括微生物多糖和合成多糖，其主要成分是胶类物质如果胶、树胶、黄原胶、阿拉伯胶、角叉胶、瓜尔豆胶、卡拉胶、愈疮胶和琼脂等；后者主要指纤维素、半纤维素、木质素、原果胶和壳聚糖等，是植物细胞壁组分，存在于禾谷类和豆类种子的外表及植物的茎和叶中。

膳食纤维具有以下特性：

(1)高持水性和膨胀性　膳食纤维结构中有很多亲水性基团，与水缔合形成氢键，持水性强，持水力是自身体重的 1.5～25.0 倍，有很高的持水力。

　　膳食纤维的高持水力对调节肠道的生理功能有重要意义,可增加粪便体积、含水量,刺激肠道蠕动以增加排便速度,有助于毒素迅速排出体外,有利于防便秘、防直肠癌。

　　膳食纤维在肠胃中吸水膨胀并形成高黏度的溶胶或凝胶,延缓胃排空,使人胃部产生饱食感,减少食物的摄入量,有利防肥胖与减肥。

　　(2)吸附螯合作用　某些膳食纤维如果胶、树胶、β-葡聚糖和海藻多糖能形成高黏度溶液,其表面的活性基团可吸附螯合胆固醇和胆汁酸等有机物,抑制人体对它们的吸收。胆汁酸是胆固醇的代谢产物,为了补充被纤维吸附而排出体外的那部分胆汁酸,就需要有更多的胆固醇代谢,因而可使体内胆固醇含量显著下降,有助于降低血清及肝脏中的胆固醇,从而能防止冠状动脉硬化。在增加膳食纤维摄入的同时还能增加机体对脂肪的吸收,也能降低体内胆固醇含量。

　　由于膳食纤维可以吸附胆汁酸排出体外,使人体能减少胆汁酸吸收量,改变食物消化速度和消化道激素的分泌量,可预防胆结石。

　　膳食纤维还能吸附肠道内的有毒物质、化学药品,并促使其排出体外。

　　可溶性食物纤维有黏性,可增加食物黏度,使肠内容物与肠黏膜接触减少,从而延缓吸收葡萄糖的速度,能使糖尿病人进食后血糖含量升高变得平稳,有利于糖的供应与代谢,有利于预防糖尿病。

　　此外,膳食纤维还具有吸附人体自由基的作用。

　　(3)调整肠道微生物群功能　膳食纤维可被大肠内有益菌部分或全部发酵成乙酸、乳酸等短链脂肪酸,降低肠道 pH,改善有益菌的繁殖环境,促进肠内双歧杆菌、乳酸菌等有益菌的生长,抑制腐生菌繁殖,有利于维持肠道微生物平衡与健康。

　　发酵产生的有机酸能加快食物在胃肠的蠕动与消化,促进粪便排泄,防止肠内有毒物刺激肠壁及毒素的过长停留,有利于防止结肠癌。

　　纤维素的通便作用有益于肠道内压下降,可预防便秘及由长期便秘引起的痔疮及下肢静脉曲张。

　　肠内细菌代谢产物也随纤维排出体外,缩短毒物与肠黏膜接触时间,有一定的预防肠癌作用。

　　(4)阳离子结合和交换功能　膳食纤维所含的羧基、羟基和氨基均可与 Cu^{2+} 、Pb^{2+} 等重金属离子进行可逆交换,改变阳离子瞬间浓度,对这些阳离子起稀释作用,缓解重金属中毒。更重要的是,它能与肠道中的 K^+ 、Na^+ 进行交换,促使尿液和粪便中大量排出 Na^+ 、K^+ ,从而降低血液中的 Na^+ 与 K^+ 比,有一定的降低血压的作用。

　　膳食纤维与阳离子进行交换,还对消化道的 pH 值、渗透压及氧化还原电位产生影响。

5.1.1.2　膳食纤维的生理功能

　　膳食纤维主要通过其物理性状影响胃肠道功能及营养素的吸收速率和吸收部位。

　　(1)调节胃肠功能　膳食纤维影响大肠功能的作用包括较强的持水性使肠内容物的容积增加,增加粪便量及排便次数,缩短粪便通过大肠时间,稀释大肠内容物及为正常存在于大肠内的菌群提供可发酵底物,改善肠道内菌群繁殖环境,抑制厌氧菌活动,促进好氧菌群的生长,使大肠中胆酸的生成量减少,发酵时产生短链脂肪酸如乙酸、丙酸和丁酸,抑制有害物质的吸收并促进排泄,具有解毒、缓解疾病和预防结肠癌的作用。

　　(2)降血脂和预防心血管疾病　膳食纤维能减少肠壁对脂肪和胆固醇的吸收,并加快胆固醇和胆汁酸从粪便中排泄,有降血脂和降血清胆固醇的作用。其中水溶性膳食纤维作用明显,蔬菜、水果中的膳食纤维的作用明显优于谷物中的,谷物中又以燕麦麸皮水溶性纤维对降胆固醇有较好的效果。不溶于水的膳食纤维如纤维素、木质素、玉米麸和小麦麸很少能改变血浆胆固醇水平。在日常膳食中增加适量食物纤维,同时减少脂肪摄入量,会减少机体吸收胆固醇的量,降低体内胆固醇水平,达到预防动脉粥样硬化和冠心病的目的。

(3)降血糖及预防糖尿病　膳食纤维可减少糖尿病患者对胰岛素的依赖。经常食用膳食纤维的人,空腹血糖水平或口服葡萄糖耐量曲线均低于少食膳食纤维的人。糖尿病患者摄入果胶或豆胶时,能观察到餐后血糖上升的幅度有所改善。如采用杂粮、麦麸、豆类和蔬菜等含食物纤维多的膳食时,糖尿病患者的尿糖水平和需要的胰岛素剂量都可减少。

(4)控制肥胖及其他　膳食纤维强的持水能力和充盈作用可增加胃部饱腹感,减少食物摄入量和降低能量营养素的利用,有利于控制体重,防止肥胖。但过多摄入膳食纤维会干扰人体对营养物质的吸收。

膳食纤维是人体正常代谢不可缺少的成分,已被列入第 7 大营养素,摄入量不足或缺乏还与包括阑尾炎、胃食道逆流、痔疮、溃疡性结肠炎、静脉血管曲张、深静脉血栓、骨盆静脉石、肾结石和膀胱结石等疾病的发生有关。

5.1.1.3　膳食纤维的来源及在食品中的应用

膳食纤维来源广泛,但主要来源于植物性食物,以谷类、根茎类和豆类最为丰富,某些蔬菜、水果和坚果含量也不少。

膳食纤维作为食品添加剂添加到面包、饼干、面条、糕点、早餐食品、小吃食品和糖果等产品中,可制成强化膳食纤维的保健食品,添加量一般在 3%～30%。也可直接用富含膳食纤维的原料制得,如麸皮饮料、带果皮的高纤维饮料、高纤维豆乳饮料、可直接食用的小麦麸皮、香菇柄杆纤维食品、米糠纤维食品、以豆渣为原料的各种纤维食品等。除天然食物所含自然状态的膳食纤维外,近年来还有粉末状、单晶体等形式的从天然食物中提取的膳食纤维产品供食用。

国内外目前已开发的膳食纤维包括:以小麦、燕麦、大麦、黑麦、玉米纤维和米糠纤维为主的谷物纤维;以豌豆、大豆和蚕豆纤维为主的豆类种子与种皮纤维;水果、蔬菜纤维;甘蔗、甜菜和毛竹纤维及其他合成、半合成纤维。

5.1.1.4　膳食纤维的能量与日推荐量

膳食纤维在口腔、胃和小肠内虽然不被消化吸收,但可被大肠内的某些微生物降解其部分组成分。所以,膳食纤维的净能量不严格等于零。

膳食纤维对正常大肠功能有重要的生理作用。每天摄入非淀粉多糖低于 32 g 时,其摄入量与粪便重量间呈剂量反应关系。每日粪便重量低于 150 g 时伴有疾病的危险性增加。中国营养学会 2000 年提出成年人膳食纤维适宜摄入量为 30 g/d,针对特殊人群可适当增加。

5.1.2　活性多糖

活性多糖(active polysaccharides)是一类主要由葡萄糖、甘露糖、果糖、阿拉伯糖、木糖、半乳糖及鼠李糖等组成的聚合度大于 10 且具有一定生理功能的聚糖。活性多糖包括纯多糖和杂多糖。纯多糖一般为 10 个以上单糖通过糖苷键连接起来的纯多糖链;杂多糖除含多糖链外往往还含有肽链、脂类成分。目前,世界各国大多在开展多糖研究工作,而我国对多糖的研究多集中在银耳、猴头菇、金针菇、香菇等真菌多糖,人参、黄芪、魔芋、枸杞等植物多糖以及动物来源的甲壳质和肝素等。

5.1.2.1 真菌多糖

真菌多糖是存在于香菇、银耳、灵芝、蘑菇、黑木耳、肉苁蓉、茯苓和猴头菇等大型食用或药用真菌中的某些多糖组分。

大多数真菌活性多糖具有免疫调节功能,也是其发挥生理或药理作用的物质基础。如香菇、黑木耳、银耳、灵芝、茯苓、猴头菇、竹荪、肉苁蓉等真菌中的某些多糖成分,具有经活化巨噬细胞刺激抗体产生而达到提高人体免疫能力的生理功能,可刺激网状内皮系统的吞噬功能。作为免疫增强剂,大部分真菌多糖有强烈的抗肿瘤活性,表现为对肿瘤发生的预防和对已产生的肿瘤细胞的杀伤作用,有抗辐射和强烈抑制肿瘤的功能。灵芝多糖可明显恢复吗啡处置小鼠降低的各项免疫指标,达到甚至超过对照组水平。虫草多糖是由甘露糖、半乳糖及葡萄糖等组成的高分枝杂多糖,是冬虫夏草的主要活性成分之一。它能促进鼠的脾、肝吞噬活性,明显激活小鼠腹腔巨噬细胞的吞噬功能,在体外促进淋巴细胞转化,提高血清 IgG 含量,选择性增强脾脏的营养性血流量,提高免疫调节功能。虫草多糖能对抗药物可的松、环磷酸酰胺所致的脾脏萎缩及白细胞下降,对抗醋酸可的松所致的胸腺萎缩和对血浆皮质酮的抑制。虫草多糖有抑制肿瘤的效果,对 S_{180} 瘤有抑制作用,还具有降血糖和抗辐射作用。不少多糖已作为抗肿瘤药物用于临床,如香菇多糖和云芝多糖等。

真菌多糖有抗氧化作用,如银耳多糖可明显降低小鼠心肌组织的脂褐质含量,增加小鼠脑和肝脏组织中超氧化物歧化酶活性;云芝多糖可增强巨噬细胞谷胱甘肽过氧化物酶活性,同时还具有清除超氧阴离子、羟自由基、过氧化氢及其他活性氧的作用。

部分真菌多糖有降血脂作用,如银耳多糖可明显降低高脂大鼠的血清胆固醇水平,明显延长家兔特异性血栓及纤维蛋白血栓的形成时间,缩短血栓长度,减轻血栓干湿重,降低血小板黏附率和血液黏度,降低血浆纤维蛋白原含量并增强纤溶酶活力,有明显的抗血栓作用。木耳多糖也有降血脂、抗血栓作用。

真菌多糖有降血糖作用,如银耳多糖对四氧嘧啶致糖尿病小鼠有明显的抑制和预防作用,促进葡萄糖耐量恢复正常。有降血糖作用的多糖还有鸡腿菇多糖、灵芝多糖、黑木耳多糖和猴头菇多糖等。

真菌多糖可提高骨髓造血功能,如银耳多糖能兴奋骨髓的造血功能,可抵抗致死剂量的 ^{60}Co 射线或注射环磷酰胺所致的骨髓抑制。实验表明接受多糖的放射组,其骨髓有核细胞比对照组多 186%,而接受多糖的化疗组,其有核细胞比对照多 77.1%。

此外,真菌多糖还有保肝、抗凝血作用,其中银耳多糖对急性渗出水肿型炎症有一定抑制作用,银耳多糖及黑木耳多糖对应激型溃疡有明显抑制作用,还能促进醋酸型胃溃疡愈合。

5.1.2.2 植物活性多糖

植物活性多糖指存在于茶叶、苦瓜、魔芋、刺梨、大蒜、萝卜、苡仁、甘蔗、鱼腥草及甘薯叶等植物中的活性多糖;药用植物多糖包括人参、刺五加、黄芪及黄精等中的多糖。

茶叶多糖(TPS)是由葡萄糖、果糖、木糖、阿拉伯糖、半乳糖及鼠李糖等组成的聚合度大于 10 的活性多糖,具有与真菌活性多糖相似的功能作用,如刺激产生抗体、提高免疫功能、抗辐射、治疗心血管疾病及强烈抑制肿瘤的活性。此外,茶叶多糖还有降血脂、抗凝血、抗血栓、提高冠状动脉血流量、耐缺氧及降血压等功能。茶叶多糖在治疗糖尿病方面的作用尤为突出,能有效阻止血糖升高,据报道,给 18 个糖尿病患者餐后服用茶叶多糖饮剂(含 TPS 45 mg/200 mL)2 周,发现血清中血糖含量和血清糖基化血红蛋白值显著下降,且病人血清中胆固醇和甘油三酯也下降。早在 20 世纪 50 年代,日本 Kyoto 和 Uji 地区将马苏茶(Matsucha)作为民间草药治疗糖尿病,并将一种脱咖啡因的马苏茶作为糖尿病人口服药注册登记。

苦瓜多糖不仅是一种特异性免疫促进剂,而且具有降血糖、降血脂和降胆固醇等生理功能;余甘多糖可清除自由基,抑制脂质过氧化作用,余甘果汁能阻断 N-亚硝基化合物在动物及人体内的合成,阻断率达 90% 以上;大枣多糖具有清除自由基的作用,体外可增强小鼠腹腔巨噬细胞的细胞毒作用,诱导肿瘤坏死因子-α、白介素-1 和一氧化氮的产生,可增强小鼠免疫功能;甘薯多糖有显著的抗突变作用;猕猴桃多糖具有抗肿瘤作用;甘蔗多糖可降血糖;黑豆多糖对 H_2O_2、O_2^-·、HO· 有清除作用;石榴多糖、番石榴多糖可降血糖等。其他具有开发潜力的果蔬多糖还有荔枝多糖、槟榔多糖、枇杷多糖和龙眼多糖等。

5.1.2.3 动物多糖

肝素(heparin)是高度硫酸酯化的右旋多糖,与蛋白质结合大量存在于肝脏中,其他器官和血液中也有分布。肝素有强的抗凝血作用,临床上用肝素钠盐预防或治疗血栓的形成,肝素还有消除血液脂质的作用。

硫酸软骨素(chondroitin sulfate)是动物组织的基础物质,用以保持组织的水分和弹性,包括软骨素 A、B、C 等数种。软骨素 A 是软骨的主要成分,与肝素相似,可用于降血脂、改善动脉粥样硬化症状。此外,硫酸软骨素还有消除皱纹,使皮肤保持细腻及富弹性的作用。硫酸软骨素主要存在于鸡皮、鱼翅、鲑鱼头和鸡等软骨内。

透明质酸(hyaluronic acid)是动物组织的填充物质,在人体主要存在于眼球玻璃体、关节液和皮肤等组织中,作为润滑剂和撞击缓冲剂,并有助于阻滞入侵的微生物及毒性物质的扩散。

上述肝素、硫酸软骨素及透明质酸均为酸性黏多糖(acid mucopolysaccharide)或称糖胺多糖(glycosaminoglycan),常以蛋白质结合状态存在,统称蛋白多糖(proteoglycan)。

5.1.2.4 海洋生物多糖

海洋生物是一个庞大生物类群,有海洋植物、海洋动物及海洋微生物。海洋生物多糖种类繁多,其中许多表现出明显的生理活性。目前的研究工作多集中在大型海洋藻类多糖及棘皮动物和贝类动物多糖方面。

螺旋藻多糖是从蓝藻中的钝顶螺旋藻分离提取的多糖,对肿瘤细胞有一定的抑制和杀伤作用,而对正常细胞基本上无影响,还有很好的抗缺氧、抗氧化、抗疲劳、抗辐射及提高机体免疫功能的作用。

卡拉胶为某些产于海洋的红藻的主要糖聚物,是一种线型半乳聚糖。在临床试验中发现卡拉胶能缓解约一半溃疡病人的病症,但未能证明对胃蛋白酶有明显的抑制作用。

褐藻胶来源于海藻中的褐藻,其亲水性、高黏性及能与许多高价阳离子形成胶凝等特性,使其在纺织、食品、日用品等行业得到广泛应用。褐藻酸盐有降血脂、降血糖作用,已作为肥胖病人、糖尿病人食品的添加成分。有研究报道,褐藻胶在体外可诱导小鼠白细胞介素-1 和丙型干扰素产生;体内给药可增强 T 细胞、B 细胞、巨噬细胞和 NK 细胞的功能,促进对绵羊红细胞的初次抗体应答。褐藻胶还对体内沉积的铅有促进排出的功效,而对钙—磷代谢平衡影响较小。

5.2 功能性甜味剂

5.2.1 功能性单糖

(1)D-型单糖

D 型单糖中仅 D-果糖一种属于功能性食品基料,它的甜度大,等甜度下能量值低,可在低能量食品中应用;其代谢途径与胰岛素无关,可供糖尿病人食用;D-果糖不易被口腔微生物利用,对牙齿的不利影响比蔗糖小,不易造成龋齿。

(2)L-糖

L-糖包括 L-古洛糖、L-果糖、L-葡萄糖、L-半乳糖、L-阿洛糖、L-艾杜糖、L-塔罗糖、L-塔格糖、L-阿洛酮糖和 L-阿卓糖等。

L-糖与 D-糖口感一样,但不被消化吸收,不提供能量;不被口腔微生物发酵,不引起龋齿;对通常由细菌引起的腐败现象具有免疫力。L-糖适合于糖尿病人或其他糖代谢紊乱病人食用,可作为无能量甜味剂应用在食品、饮料和医药品中。

5.2.2 功能性低聚糖

低聚糖(oligosaccharide)是由 2~10 个单糖通过糖苷键连接形成直链或支链的低度聚合糖,有功能性低聚糖和普通低聚糖两大类,其中水苏糖、棉子糖、帕拉金糖(palatinose)、乳酮糖、低聚果糖、低聚木糖、低聚半乳糖、低聚异麦芽糖、低聚乳果糖和低聚龙胆糖等属于功能性低聚糖。

低聚糖具有如下生理功能:

(1)低聚糖可促进双歧杆菌生长繁殖。由于人体肠胃道内没有水解低聚糖的酶系统,因此它们很难或不能被人体消化吸收而直接进入大肠内,但可被双歧杆菌利用促进其生长繁殖。双歧杆菌是人和动物肠道内的有益菌,其数量会随年龄的增大而逐渐减少,因此,肠道内双歧杆菌数成为衡量人体健康与否的指标之一。通过摄入功能性低聚糖来促使肠道内双歧杆菌的自然增殖有重要的实际意义。

(2)低聚糖很难或不被人体消化吸收,所提供的能量值很低或根本没有,可最大限度地满足那些喜爱甜品又担心发胖者的要求,还可供糖尿病人、肥胖病人和低血糖病人食用。

(3)低聚糖可阻止有害微生物的生长和定植。细菌细胞壁表面蛋白与肠道黏膜上皮细胞表面糖脂或糖蛋白的糖残基结合,低聚糖进入结肠,可使肠道上皮细胞与双歧杆菌连接在一起。低聚糖经双歧杆菌发酵产生短链脂肪酸及抗生素类物质,能抑制外源致病菌和肠道内固有腐败细菌的生长繁殖而产生抑菌作用,具有抑制腹泻的作用。

(4)功能性低聚糖不被人体消化吸收,具有膳食纤维的部分生理功能,如降低血清胆固醇。血清胆固醇、甘油三酯含量是高血脂症的重要指标,高密度脂蛋白转运胆固醇。研究表明,低聚糖有降低总胆固醇和甘油三酯,增加高密度脂蛋白含量的作用。

(5)增强机体免疫力,抗癌和抗肿瘤。大量动物试验研究表明,低聚糖促进双歧杆菌在肠道内大量繁殖,而双歧杆菌诱导免疫反应,增强机体免疫功能。双歧杆菌可增强各种细胞因子和抗体的产生,提高自然杀伤(NK)细胞和巨噬细胞活性等。同时,双歧杆菌的存在能减少肠道内 β-葡聚糖苷酸酶、硝基还原酶、偶氮还原酶的含量,而这些酶能使前致癌物转变为致癌物。

(6)长期摄入低聚糖还可减少有毒代谢物的产生,减轻肝脏解毒负担,保护肝脏。低聚糖促进双歧杆菌在肠道内大量繁殖,从而减少有毒代谢产物(主要是胺和氨)的形成和肝脏分解毒素的负担,有助于维护人体健康。

(7)低聚糖不会引起龋齿,有利于保持口腔卫生。龋齿是由于口腔微生物,特别是突变链球菌侵蚀而引起的。功能性低聚糖不是这些口腔微生物的作用底物,因此不会引起牙齿龋变。

(8)促进矿物质的吸收利用。乳酸杆菌等有益菌能够产生乙酸、丙酸、丁酸、乳酸等脂肪酸,使肠道 pH 值降低,能使 Fe^{2+}、Mg^{2+}、Ca^{2+}、Zn^{2+} 等离子的溶解度增加,促进其吸收。

1. 低聚果糖

低聚果糖是一种多缩果糖,又称果糖低聚糖(fructooligosaccharide)或寡果糖,是在蔗糖分子的果糖残基上结合 1~3 个果糖的寡糖,其黏度、保湿性及在中性条件下的热稳定性等接近蔗糖,水贮留特性稍强于蔗糖。低聚果糖在低 pH 稳定,耐热。低聚果糖也存在于日常食用的蔬菜、水果如牛蒡、洋葱、大蒜、黑麦和香蕉中,芦笋、小麦、大麦、黑小麦、蜂蜜、番茄等也含有一定量的低聚果糖。由于低聚果糖的吸收性较差,食用后可能发生胃肠胀气和不适。

2. 低聚半乳糖

低聚半乳糖(galactooligosaccharide)是在乳糖分子的半乳糖一侧连接 1~4 个半乳糖,属于葡萄糖和半乳糖组成的杂低聚糖。低聚半乳糖对热、酸有较好的稳定性,有很好的双歧杆菌增殖活性。

3. 低聚乳果糖

低聚乳果糖(lactosucrose)是以乳糖和蔗糖为原料,在节杆菌(arthrobacter)产生的 β-呋喃果糖苷酶催化作用下,将蔗糖分解产生的果糖基转移至乳糖还原性末端的 C_1-OH 上,生成半乳糖基蔗糖即低聚乳果糖。低聚乳果糖的甜味特性接近蔗糖,甜度约为蔗糖的 70%,其双歧杆菌增殖活性高于低聚半乳糖、低聚异麦芽糖。

4. 低聚异麦芽糖

低聚异麦芽糖(isomaltooligosaccharide)又称分枝低聚糖(branching oliogosaccharide),是葡萄糖以 α-1,6 糖苷键结合而成的单糖数 2~5 个的一类低聚糖,有异麦芽三糖、四糖、五糖等,随聚合度增加,其甜度降低甚至消失。

低聚异麦芽糖有良好的保湿性,能抑制食品中淀粉回生、老化和析出,在自然界极少以游离状态存在,而主要作为支链淀粉、右旋糖和多糖等的组成分。

5. 大豆低聚糖

典型的大豆低聚糖(soybean oligosaccharide)是从大豆籽粒中提取的可溶性低聚糖的合

称,主要成分为水苏糖(stachyose)、棉籽糖(raffinose)和蔗糖,水苏糖和棉籽糖都是由半乳糖、葡萄糖和果糖组成的支链杂低聚糖,是在蔗糖的葡萄糖基一侧以 α-1,6 糖苷键连接 1 或 2 个半乳糖而成,甜味特性接近蔗糖,甜度约为蔗糖的 70%,能量值为蔗糖的 1/2。

大豆低聚糖广泛存在于各种植物中,以豆科植物含量居多。除大豆外,豇豆、扁豆、豌豆、绿豆和花生中均有大豆低聚糖存在。

6. 异麦芽酮糖

异麦芽酮糖(isomaltulose)又称帕拉金糖(palatinose),化学名 6-O-α-D-吡喃葡糖基-D-果糖,是在甜菜制备过程中发现的一种非蔗糖的双糖化合物,后又发现精朊杆菌能将蔗糖转化为帕拉金糖。

异麦芽酮糖具有与蔗糖类似的甜味特性,甜度是蔗糖的 42%。大多数细菌和酵母菌不能发酵利用异麦芽酮糖。

异麦芽酮糖具有特殊的生理活性及很低的致龋齿性。

7. 低聚木糖

低聚木糖(xylooligosaccharide)是由 2~7 个木糖以 β1→4 糖苷键结合而成的低聚糖。工业上一般以富含木聚糖的玉米芯、蔗渣、棉籽壳和麸皮等为原料,通过木聚糖酶水解分离精制而得。低聚木糖的甜度约为蔗糖的 40%,耐热、耐酸;在人体内难以消化,有极好的双歧杆菌增殖活性。

8. 多葡聚糖

多葡聚糖是葡萄糖、山梨糖醇和柠檬酸的热聚合产物,它的溶液比等量蔗糖液稍黏稠。在人体内约 25% 的多葡聚糖可被代谢,可利用能量值为 4.2 kJ/g。与糖醇和葡萄糖不同,多葡聚糖不被结肠微生物发酵,食用较多时可能发生腹泻,其致腹泻的平均阈值是 90 g/d。

5.2.3 多元糖醇

多元糖醇由相应的糖催化加氢制得,有木糖醇、山梨醇、甘露醇、麦芽糖醇、乳糖醇、异麦芽酮糖醇和氢化淀粉水解物等,属功能性甜味剂。

多元糖醇主要功能包括:

(1)多元糖醇的代谢途径与胰岛素无关,摄入后不会引起血糖与胰岛素水平大幅波动,可用于糖尿病人专用食品。

(2)多元糖醇不是口腔微生物适宜的作用底物,有些糖醇如木糖醇甚至可抑制突变链球菌的生长繁殖,长期摄入糖醇不会引起牙齿龋变。

(3)部分多元糖醇如乳糖醇代谢特性类似膳食纤维,具有膳食纤维的部分生理功能如预防便秘、改善肠内菌群体系和预防结肠癌的发生等。

(4)与对应糖类甜味剂比,多元糖醇具有低甜度、低黏度、低能值、较大吸湿性(但乳糖醇、甘露糖醇吸湿性小)和不参与美拉德褐变等特性,不利因素是过量摄取会引起胃肠不适或腹泻。

1. 木糖醇

木糖醇是人体葡萄糖代谢过程中的正常中间产物,工业上用木屑经水解制成木糖后氢化获得。各种水果、蔬菜如浆果、蘑菇、李等中有少量存在。木糖醇的甜度与蔗糖相当,热稳定性好,极易溶于水,溶解过程中要吸热,使溶液温度降低,有清凉爽口的味感。木糖醇有很好的吸湿性,在制作一些柔软的糕点时,能使食品保持更长时间柔软性。木糖醇在加工中较稳定,加热时不产生美拉德反应。

木糖醇在肠道通过简单扩散缓慢吸收。吸收后大部分在肝脏代谢,小部分在肾脏和其他组织代谢,未吸收的木糖醇在结肠完全发酵。美国实验生物学联合会(LSRO)认为木糖醇净能值为 10.0 kJ/g。

木糖醇在人体内可完全代谢并与胰岛素无关,不引起多糖症,不升高血糖值,可被糖尿病人接受。在禁食、糖尿病和紧张情况下,木糖醇可使脂肪代谢正常化,降低游离脂肪酸水平,起抑制酮体生成的作用。木糖醇可通过 PPP 途径生成 NADPH,提供合成脂肪酸、胆固醇等必需物质时所需要的氢,可纠正蛋白质、脂肪、固醇等物质的代谢异常。木糖醇不能被酵母菌、细菌、葡萄球菌所利用,可阻止原有龋齿的继续发展和新龋形成。作为一种功能性甜味剂,木糖醇主要用在防龋齿性糖果和糖尿病人专用食品中,也用在医药品(作赋型剂和甜味剂)和洁齿品上。木糖醇口服最高耐受量为 220g/d。

动物急性毒性试验及成长试验显示,木糖醇的小鼠经口 LD_{50} 25 700 mg/kg、静注 6 400 mg/kg;大鼠静注 6 200 mg/kg,证明没有毒性,对心、肝、肾病理组织学探查没有异常。临床上极个别病人在输木糖醇液时有发热症状并出现皮疹,少数出现恶心呕吐、乏力、腹胀腹泻等胃肠道反应,继续服用不再出现胃肠道症状,这是木糖醇的适应现象。

2. 山梨糖醇和甘露糖醇

(1)山梨糖醇

工业上由葡萄糖氢化制得山梨糖醇,也存在于多种水果如樱桃、李、杏、梨、苹果及山梨果实中,甜度约为蔗糖的 60%,易溶于水,能螯合各种离子,化学性质稳定,热稳定性较好,对微生物的抵抗力比相应的糖强,是公认安全的食品添加剂。

山梨糖醇食入后约 70% 在小肠通过被动扩散吸收,吸收后在肝脏被直接氧化成果糖,并可完全代谢成 CO_2,未吸收的部分到达结肠后全部被发酵。由于山梨糖醇的甜度、缓慢的肠吸收及独特的代谢(不引起龋变和血糖波动),在许多专门食品中用来代替糖。但当山梨糖醇的食用量在 25~50g/d 时,由于吸收慢影响肠道渗透压而可能引起腹泻,故食用量应适当。

(2)甘露糖醇

甘露糖醇是山梨糖醇的同分异构体,工业上通过甘露糖氢化生产,天然来源包括洋葱、菠萝、橄榄、芦笋、胡萝卜、海藻及一些树木。甘露糖醇的甜度约为蔗糖的 70%,可被用作食物增甜剂,也用作食品的一种抗黏结剂和增稠剂。

甘露糖醇摄入后部分被动扩散通过肠壁,被甘露糖醇脱氢酶氧化成果糖,进入正常的果糖代谢途径。但由于甘露糖醇的溶解度相对低于其他糖和糖醇,大部分不被消化的甘露糖醇在结肠发酵。

山梨糖醇和甘露糖醇在体内代谢不受胰岛素控制,不引起血糖升高,也不引起牙齿龋变,可添加在硬糖、咳嗽糖浆、口香糖、软糖、果糖、果冻及其他食品中。如果过量摄取这两种糖醇,可能会引起腹泻,山梨糖醇和甘露糖醇每天的摄入量分别不宜超过 50 g 和 20 g。

3. 麦芽糖醇

麦芽糖醇由麦芽糖氢化制得,工业上多由淀粉酶分解出含多种组合的"葡萄糖浆"再氢化制成。纯净的麦芽糖醇呈无色透明晶体,对热、酸稳定,易溶于水,甜度为葡萄糖的 85%~95%,在体内可部分消化吸收,在小肠内的分解量是同等麦芽糖的 1/10,有很大一部分到达结肠,被发酵成短链脂肪酸,随后作为能量物质被利用。麦芽糖醇是疗效食品理想的甜味剂,不使血糖和胆固醇升高,可作为肥胖病、心血管疾病、糖尿病及糖代谢紊乱症等患者理想的甜味剂。麦芽糖醇不能被口腔微生物利用,有较好的防龋效果。LSRO 估计其净能值为 11.7～13.4 kJ/g。

4. 乳糖醇

乳糖醇(lactitol)可由乳糖在镍催化下加氢制得,其甜度约为蔗糖的 40%,在胃肠道可被 β-半乳糖苷酶水解,但水解速度缓慢;它在上消化道吸收甚微或没有吸收,到结肠后被微生物发酵,但不被吸收。

LSRO 认为其能量值为 8.4 kJ/g 或稍低。

乳糖醇是一种良好的水溶性食物纤维,有明显的保湿性,使肠容物吸水,体积增加,稀释肠内代谢产物,降低胆酸及有毒物质浓度,减少结肠上皮细胞致突因素。此外乳糖醇进入肠道内能在肠壁上形成一层黏性液体,与黏膜层糖蛋白亲和形成一层屏障,降低营养和非营养物质的吸收。乳糖醇在肠道经微生物发酵分解产生短链脂肪酸和气体,可中和肠道内碱性物质如胺类,并促进肠道蠕动。因此,乳糖醇能改善消化道功能和内环境,有保健养生,防止高血压、糖尿病、冠心病、胆结石、便秘和肥胖等疾病的功能。

与其他糖醇一样,乳糖醇代替蔗糖可预防龋齿。

5. 异麦芽糖醇

异麦芽糖醇(isomalt)是异麦芽酮糖的氢化产物,可被 α-葡萄糖淀粉酶缓慢水解。20% 的异麦芽糖醇可经消化后吸收,但大部分仍在结肠内发酵分解。

异麦芽糖醇具有甜味纯正、低吸湿性、高稳定性、低能量、非致龋性和不引起血糖和胰岛素水平波动而可用于糖尿病人食用等优点,是一种有发展前景的功能性甜味剂。

6. 氢化淀粉水解物

氢化淀粉水解物是通过淀粉的部分水解后进行氢化而制备的还原性淀粉水解物,是由单元醇、二聚和低聚多元醇组成的混合物,含有不同水平的山梨糖醇、麦芽糖醇和在还原末端被氢化的低聚糖。

氢化淀粉水解物的甜度为蔗糖的 25%～50%,其吸收和代谢速率类似麦芽糖醇(比山梨糖醇慢),进入人体后代谢水解为葡萄糖、山梨糖醇和麦芽糖醇,而抵达结肠的水解物不太多,当其到达结肠时就完全被发酵成短链脂肪酸,最终被吸收并用作能量。氢化淀粉水解物摄入后不易被口腔微生物利用,可预防龋齿;它们使血糖水平增加不大。LSRO 认为其净能量值可能低于 13.4 kJ/g。

7. 赤藓糖醇

赤藓糖醇是自然界分布很广泛的一种天然物质,海藻、蘑菇、柠檬、葡萄和桃子中均含有,发酵食品黄酒、啤酒、酱油和发酵蔬菜中也含有,还存在于地衣、霉菌和多种草类中。赤藓糖醇的甜味纯正,甜度是蔗糖的 60%～70%。赤藓糖醇溶于水中时会吸收较多能量,有凉爽的口感。其特点包括:①低能量值(仅为蔗糖能量的 10%),在食品中起体积膨胀剂作用。食入后基本上在小肠完全吸收并以等量未改变的形式从尿液中排出;②高耐受量,无副作用;③非致龋性;④不引起血糖水平和胰岛素水平明显变化,可供糖尿病患者食用。

5.2.4 强力甜味剂

强力甜味剂有化学合成和天然提取物两大类,甜度极高,一般是蔗糖的 50 倍以上,有的高达 200～2 500 倍,具有甜度高,使用量少,能值低,不引起龋齿,可供糖尿病人、肥胖病人、心血管病人和老人食用的特点。

1. 甜味素

甜味素(aspartame)是天门冬氨酸、苯丙氨酸与甲醇结合的二肽甲酯,一种微溶于水的二肽类甜味剂,有清爽、类似糖的甜感,但没有人工甜味剂通常具有的后苦味或金属后味,甜度为蔗糖的160~220倍。甜味素与蔗糖、葡萄糖共用时可减少产品的能量水平而不减少甜味。其缺点是在高温或酸性条件下不稳定,易分解导致甜味丧失。故在焙烤、油炸类需高温处理的食品及酸性软饮料中,甜味素的使用受到一定限制,可在餐桌甜味剂、热饮料、即食咖啡、即食茶叶、口香糖、固体饮料、冰冻谷物、动物明胶食品、布丁和甜点心等中使用。

2. 安塞蜜

安塞蜜(acesulfame-K)是一种氧硫杂环丫嗪酮类化合物,白色结晶状粉末,易溶于水(20℃,270 g/L),对热、酸稳定,甜度约是蔗糖的200倍,甜度不受温度影响,甜味感受快、无不愉快的后味。安塞蜜可单独使用也可同其他甜味剂混合使用,特别适用于无能量糖果和要求有填充剂的食品。

3. 三氯蔗糖

三氯蔗糖是以蔗糖为原料经氯化作用制得的人工甜味剂,白色晶体粉末状,易溶于水,在酸性水液中性质稳定。具有甜度高(蔗糖的600~650倍)、甜味纯正(无任何异味或苦涩味)、绝对安全和零能值的特点,可供糖尿病人、肥胖病人、心血管病人和老年人等食用。三氯蔗糖有良好的溶解性、稳定性以及等甜度下价格比蔗糖便宜,是一种较理想的甜味剂。

4. 甜菊苷及甜菊双糖苷 A

(1)甜菊苷

甜菊苷是从菊科草本植物甜叶菊中提取出来的无色结晶,在空气中易吸湿,溶于水和乙醇,甜度为蔗糖的200~300倍,有轻微的薄荷醇苦味及涩味,甜味特性类似蔗糖。甜菊苷在酸性溶液或盐溶液中稳定性好,热稳定性强,不易分解,不发生褐变现象,为非发酵糖,没有能量。在很多食品和饮料中甜菊苷常作为甜味剂或风味增强剂使用,同时还是很多食品的良好组分和加工助料,也可用在牙膏和口腔制品上。

(2)甜菊双糖苷 A

甜菊双糖苷 A 可从甜菊叶中直接提取,也可通过酶水解甜菊苷,再通过一系列化学途径转变而成。甜菊双糖苷 A 的甜度约为蔗糖的 450 倍,甜味特性比甜菊苷更接近于蔗糖,在甜味、口感、后味及稳定性等方面均比甜菊苷优越。

5. 甘草甜素

从豆科多年生药用植物甘草中提取的甘草酸称为甘草甜。甘草和甘草甜作为多用途的中药用品和食品已有数百年历史,是一种古老的天然甜味剂,属药食两用产品。甘草甜素比蔗糖甜50~100倍,能抑制致龋齿细菌而具有抗龋齿的特性,并有抗溃疡、抗炎症和抗病毒感染的作用。美国 FDA 将甘草甜列入公认安全物质中最甜的天然甜味剂。

6. 环己基氨基磺酸钾

环己基氨基磺酸钾是一种非营养型、低能量、人工合成的甜味剂,有近似砂糖的甜味和良好的蔗糖风味,在酸、碱和热条件下稳定。

强力甜味剂还有二氢查耳酮、嗦吗甜、罗汉果苷和糖精等。随着我国经济的发展和人们生活水平的提高,营养、保健的食品更加受到欢迎,人们注重甜味剂的质量、营养及保健性。甜味剂市场前景十分广阔。

5.3 功能性油脂

油脂是许多食品的重要组成成分,也是食品工业的主要原料之一,是人体必需脂肪酸的来源和脂溶性维生素的载体,并赋予食品特殊的性状和口感。现代营养学研究表明,当人们食用过多含饱和脂肪酸的油脂时,往往会引起肥胖症、动脉硬化和冠心病等,而富含多不饱和脂肪酸的油脂则可预防这些疾病的发生。从饮食与健康的概念出发,将油脂分为普通油脂和功能性油脂两大类。功能性油脂主要包括不饱和脂肪酸、磷脂和胆碱等,它们都具有重要的生理功能。

5.3.1 多不饱和脂肪酸

5.3.1.1 ω-6 脂肪酸

(1)ω-6 脂肪酸的种类

亚油酸为全顺-9,12-十八碳二烯酸,是分布最广的一种多不饱和脂肪酸,在红花油、大豆油、菜籽油、花生油、芝麻油等食用油脂中含量都很丰富。这几类油脂也是我国居民的主要食用油,因此我国居民膳食中一般不缺乏亚油酸。

共轭亚油酸(conjugated linoleic acid;CLA)即共轭十八碳二烯酸,是亚油酸的立体和位置异构体混合物的总称。其共轭双键常位于 C9 和 C11 位或 C10 和 C12 位,每个双键可以以顺式或反式构型存在。CLA 主要存在于反刍动物牛和羊等的肉和奶中,是由于反刍动物肠道中厌氧的溶纤维丁酸弧菌亚油酸异构酶将亚油酸转化而成,并主要以 c−9,t−11 异构体形式存在,以牛肉、小羊羔、乳制品中含量高,为 300～700 mg/100 g。CLA 也少量存在于其他动物组织、血液和体液中。植物食品中也含有 CLA,但其异构体的分布情况不同于动物食品,特别是具有生物活性的 c−9,t−11 异构体在植物食品中含量很少。一般植物油中 CLA 含量仅为 10～70 mg/100 g,其中 c−9,t−11 异构体的含量少于 50%。海洋食品中 CLA 含量也很少。对部分食品进行热异构化、部分加氢等工业处理也能产生共轭亚油酸的混合物。而在常规食品处理和储存中的氧化反应对 CLA 影响很小。

γ-亚麻酸为全顺-6,9,12-十八碳三烯酸,是 α-亚麻酸的同分异构体,可进一步转化为 D.H-γ-亚麻酸,是前列腺素 PG-I 的前体,也是花生四烯酸及前列腺素 PG-II 的来源。自然界含 γ-亚麻酸丰富的油脂并不多,主要有月见草油、玻璃苣油和黑醋栗油,大麦、燕麦及螺旋藻中也含有一定量的 γ-亚麻酸。

花生四烯酸为 5,8,11,14-二十碳四烯酸,可由亚油酸代谢产生,是前列腺素 PG-II 的前体。花生四烯酸主要存在于花生油中,并广泛分布于动物的中性脂肪中如牛乳脂、猪脂肪、牛脂肪,沙丁鱼以及某些苔藓和蕨类植物中也含有花生四烯酸。

花生四烯酸有明显的降血脂、降血胆固醇和降血压作用。花生四烯酸对由二氯化钡、乌头碱引起的心率不齐有不同程度的对抗作用,对艾氏腹水癌和淋巴肉瘤具抑制作用。动物缺乏花生四烯酸时，会出现许多症状，尤其影响中枢神经系统、视网膜和血小板功能。

（2）ω-6 脂肪酸的功能

亚油酸在体内可转化为 γ-亚麻酸、D. H-γ-亚麻酸和花生四烯酸，也可作为能量物质使用或贮存。

动物实验表明，亚油酸及其衍生物对大脑和视网膜具有重要的生理功能，对维持机体细胞膜功能也起着重要作用。当大鼠缺乏亚油酸时，可表现为皮肤起鳞、生长停滞、尾部坏死、肾功能衰退、生殖功能丧失和出现眼部疾患等。

共轭亚油酸的抗癌作用是共轭亚油酸最引人注目的功能。动物实验发现，共轭亚油酸对几种癌细胞的化学诱导有抑制作用，能减少致癌物引起的皮肤癌、胃癌、乳腺癌、结肠癌和胸腺癌，且可抑制癌变发生后的发展。共轭亚油酸的存在形式对其作用效果没有影响，游离共轭亚油酸和三酰甘油中共轭亚油酸的抗癌效果一样。

共轭亚油酸可降低血液和肝脏胆固醇。研究显示，共轭亚油酸可降低实验动物血浆低密度脂蛋白、总胆固醇的含量，以及低密度脂蛋白胆固醇/高密度脂蛋白胆固醇（LDL-C/HDL-C）比例，抑制动脉粥样硬化的发生，具有抗血栓作用。共轭亚油酸还可抑制与胆固醇的吸收有关的酰基辅酶 A 胆固醇酰基转移酶的活性。

共轭亚油酸通过抑制脂肪组织的合成和强化脂分解而抑制脂肪沉积、改善脂肪代谢，通过诱导能量利用，CLA 有控制体重作用。

共轭亚油酸可增加骨胶原中软骨细胞的合成，改善骨组织代谢，对骨质疏松症、风湿性关节炎有一定缓解作用。

共轭亚油酸有强化免疫的作用。动物实验证明，共轭亚油酸可参与免疫系统调节，促进脾脏和血清免疫球蛋白 IgG、IgM 和 IgA 增加。共轭亚油酸可降低免疫刺激后骨骼肌的异化，同时没有使免疫应答效应减弱。

共轭亚油酸的其他功能作用还包括对 II 型糖尿病的控制。

摄取富含 γ-亚麻酸的功能性食品可明显改善过敏性湿疹病人的皮肤状况，起解除瘙痒、降低对胆固醇药物需要量的作用。对糖尿病患者来说，补充 γ-亚麻酸可恢复被损伤的神经细胞功能，降低血清胆固醇和甘油三酯水平并抑制体内血小板的凝聚。

5.3.1.2　ω-3 脂肪酸

ω-3 脂肪酸包括 α-亚麻酸、二十碳五烯酸（EPA）和二十二碳六烯酸（DHA）等。α-亚麻酸为全顺 9,12,15-十八碳三烯酸，可在人体内经脱氢和碳链延长形成一系列结构复杂的 ω-3-脂肪酸如 EPA 和 DHA。常用植物油如花生油、芝麻油、玉米胚油、葵花籽油和橄榄油等极少或不含 α-亚麻酸；豆油和菜油含少量；α-亚麻酸的良好来源是亚麻油、南瓜籽油、酸橙籽油、核桃油、米和麦胚芽油。

ω-3 脂肪酸可减少肝脏极低密度脂蛋白的合成，阻止高糖所致的高甘油三酯合成，可调节血液胆固醇平衡，明显降低血浆甘油三酯及软化血管；可促进血管内皮细胞合成更多前列腺素，减少血栓素 A2，降低血液黏稠度，防止动脉粥样硬化和血栓形成；对高血压、冠心病等心血管疾病有一定疗效。ω-3 脂肪酸在人脑细胞特别是传递信息的突触中含量极高，在一定程度上可抑制脑的老化；它可促进婴幼儿大脑神经系统的发育。视网膜的磷脂中有丰富的 ω-3 脂肪酸，对视觉功能起重要作用。ω-3 脂肪酸在体内会和 ω-6 脂肪酸竞争环氧酶和脱氧酶，从而减少 ω-6 脂肪酸生成的炎性物质（前列腺素和白三烯素 B4 等），发挥抗炎作用。此外，ω-3

脂肪酸还可抑制肿瘤细胞生成和发展,减慢癌肿生长。含 ω-3 脂肪酸较多的海鱼有金枪鱼、鲭鱼、沙丁鱼和鳕鱼,野菜马齿苋中也含有只有鱼类(尤其海洋鱼类)才有的 ω-3 脂肪酸。

5.3.1.3　富含多不饱和脂肪酸的功能性油脂

红花油:由红花种子中提取,其中的亚油酸含量比其他任何油都多,达到 75%～78%。动物实验表明,红花油能明显降血清胆固醇和甘油三酯水平,对防治动脉粥样硬化症有较明显的效果。

月见草油:由月见草种子中提取,含 90% 以上的不饱和脂肪酸,其中 γ-亚麻酸的含量为所有食用植物油之冠,达到 5%～15%,还含有 73% 左右的亚油酸。

小麦胚芽油:含 80% 不饱和脂肪酸,所含维生素远比其他植物油高,还含二十三、二十五、二十六和二十八烷醇,特别是二十八烷醇,对改善人体酶利用、降胆固醇、减轻肌肉疲劳疼痛、增加爆发力和耐力等有一定功效。小麦胚芽油的甾醇主要为 β-谷甾醇,其次为菜油甾醇。由于其富含亚油酸、维生素 E、二十八烷醇和谷甾醇等具生理功能的活性成分,而成为公认的一种具有营养保健作用的功能性油脂。

米糠油:从米糠中提取而得,含 75%～80% 的不饱和脂肪酸(其中油酸 40%～50%,亚油酸 29%～42%,亚麻酸 1%),其中维生素 E 含量为植物油之冠,为 90～163 mg/100 g,并含一定数量的谷维素。

多不饱和脂肪酸分子大多含两个或以上的双键,化学性质活泼,当暴露在空气中时极易氧化分解引起酸败,受热时氧化反应会加快,氧化生成的挥发或不挥发降解产物对人体有害。因此,如过量食用仍会对人体产生一定的危害。一般膳食中多不饱和脂肪酸提供的能量应不超过总能量的 10%。

5.3.2　磷脂和胆碱

5.3.2.1　磷脂

磷脂(phospholipid)是含磷酸根的类脂化合物,普遍存在于动植物细胞原生质和细胞膜中,对生物膜的生物活性和机体的正常代谢有重要调节功能。按其分子结构组成可分为甘油醇磷脂和神经氨基醇磷脂两大类。常见的有卵磷脂、脑磷脂、肌醇磷脂、丝氨酸磷脂和神经鞘磷脂等。

卵磷脂又称磷脂酰胆碱(phosphatidyl cholines;PC),是一种特殊的脂肪,在化学结构上既具有亲油性又具有亲水性。卵磷脂广泛存在于动植物体内,在动物的精液、肾上腺及细胞中含量较多,其良好来源为鸡蛋、猪血、芝麻、大豆及其制品。并以禽蛋卵黄中含量最为丰富,达干物总量的 8%～10%。

脑磷脂又称磷脂酰乙醇胺(phosphatidyl ethanolamines;PE),常与卵磷脂共同存在于动物组织中,并以动物脑组织中含量最多,占脑干物质总量的 4%～6%,心、肝及其他组织中也有。脑磷脂与血液凝固有关。

丝氨酸磷脂又称磷脂酰丝氨酸(phosphatidyl serines;PS),由磷脂酸与丝氨酸形成,是动物脑组织和红血球中的重要类脂物质之一。

肌醇磷脂(phosphatidyl inositols;PI)由磷脂酸与肌醇构成,存在于多种动植物组织中,常与脑磷脂混合在一起。

鞘磷脂(sphing omyelin)由神经氨基醇、脂肪酸、磷酸及胆碱组成,是神经醇磷脂的典型代表,在高等动植物组织中含量最丰富。

5.3.2.2 胆碱

胆碱(choline)是无色味苦的水溶性白色浆液,空气中易吸湿,易与酸反应生成更稳定的结晶盐如氯化胆碱、二消石酸胆碱。胆碱耐热耐贮放,但在碱性条件下不稳定。在人体内,胆碱是卵磷脂和鞘磷脂的组成分,前者在肝的脂肪代谢中起重要作用,后者则存在于大脑和神经组织里。

胆碱在食物中分布很广,含脂肪的食物中其含量相对较高。其丰富来源为蛋类、大牲畜的肝脏、啤酒酵母;良好来源为大豆、甘蓝、全谷、玉米、面粉和马铃薯,而水果、蔬菜和牛奶含量很低。饮食中平均提供量为 $500 \sim 900$ mg/d,胆碱在小肠被吸收。

5.3.2.3 磷脂和胆碱的生理功能

(1)磷脂是生物膜的重要构成成分。生物膜主要由类脂和蛋白质组成,生物膜中的类脂主要由磷脂组成,还有部分胆固醇和糖脂等。生物膜是细胞表面的屏障,其双分子层的每一个磷脂分子都可以自由地横向移动,使双分子层具有流动性、柔韧性、高电阻性及对高极性分子的不通透性,是细胞内外环境进行物质交换的通道。生物膜的这些性质对细胞活化、生存及功能维持有重要作用,尤其是对脑神经系统、心血管、血液、肝脏等重要脏器的功能保持,肌肉、关节的活力和脂肪代谢都有重要作用。

(2)当体内胆固醇因某种原因过量时,往往造成在血管内壁的沉积而引起动脉硬化,最终诱发心血管疾病等。磷脂(特别是卵磷脂)具有良好的乳化性,可阻止胆固醇在血管壁的沉积并清除部分沉积物,同时改善脂肪的吸收利用,具有预防心血管疾病的作用。磷脂的乳化性还可降低血液黏度、改善血氧供应、促进血液循环、延长红细胞生成时间并增强造血功能,补充磷脂后血色素含量增加,贫血症状有所缓和。

(3)人脑各神经细胞之间靠乙酰胆碱来传递信息。食物中的磷脂被机体消化吸收后释放出胆碱,随血液循环至大脑,与乙酸结合生成乙酰胆碱而发挥功能。当大脑中乙酰胆碱含量增加时,可加快大脑神经细胞之间的信息传递、增强学习记忆力和大脑活力,即磷脂和胆碱可促进大脑组织和神经系统的健康、提高记忆力、增强智力,还能改善或配合治疗各种神经官能症和神经性疾病,有助于癫痫和痴呆等病症的康复。

(4)胆碱对脂肪有亲和力,可促进脂肪以磷脂形式由肝脏通过血液输送出去,或改善脂肪酸本身在肝脏的利用,并防止脂肪在肝脏中的异常积聚。如缺乏胆碱,可致脂肪聚积于肝脏出现脂肪肝而阻碍肝脏正常功能的发挥。临床上有应用胆碱治疗肝硬化、肝炎和其他肝脏疾病,但在治疗慢性酒精中毒者和低蛋白摄入者时常会出现肝脏的脂肪性渗透而效果不佳。

在机体生化反应中,甲基转移过程是经常发生的,如肌酸合成、肾上腺素合成、碱基形成以及甲酯化某些物质以便在尿中排出等都离不开甲基化过程。胆碱含 3 个甲基,是体内不稳定甲基基团的重要供者之一,可促进体内甲基代谢。

胆碱是卵磷脂和鞘磷脂的关键组成部分,还是乙酰胆碱的前体化合物,在机体内磷脂和胆碱的作用相互交叉、相互渗透,磷脂的某些生理功能是通过胆碱来实现的,而胆碱的部分生理功能又依赖于磷脂完成。

5.3.2.4 磷脂和胆碱的需要量

日常膳食中蛋氨酸、叶酸和维生素 B_{12} 等的含量,个体生长速度,能量摄入与消耗情况及膳食中蛋白质的总量等均会影响人体对胆碱的需要量。目前对人体胆碱需要情况了解得还很不彻底,尚未提出明确的日推荐量标准。哺乳动物的胆碱缺乏症状主要表现为生长不良、脂肪肝和出血性肾脏损伤。正常剂量胆碱无毒副作用,但在大剂量口服(20 g 氯化胆碱)治疗脂肪肝、酒精中毒和营养不良症时,可引起部分病人出现头昏、恶心和腹泻。

正常人摄入磷脂 $6\sim8$ g/d 较合适,若为特殊保健需要可适当增加至 $15\sim25$ g。据研究,摄入磷脂 $22\sim50$ g/d 持续 $2\sim4$ 个月,可明显降低血清胆固醇水平而无任何副作用,磷脂食用安全性高。

5.3.3 脂肪代用品

脂肪是高能食品,摄入过量对健康不利。因此减少能量摄入的脂肪代用品即低能量食品得到迅速发展。但作为食品的一个重要组分,脂肪是必需脂肪酸重要来源、脂溶性维生素的载体,可影响食物的物理特性如外观、味道、口感及流变特性等,因此在减少食品中脂肪的同时,需考虑脂肪对食品品质的影响。在生产中常采用脂肪代用品生产出与传统全脂产品口味尽量一致的低脂产品,用来取代正常情况下某种食品中所有的脂肪或部分脂肪,以降低膳食中脂肪所提供的能量。

5.3.3.1 低能量脂肪

由 $6\sim12$ 碳的脂肪酸组成的中链甘油三酯可提供能量 $29.3\sim33.4$ kJ/g,是一般认为安全的脂肪代用品。其代谢类似碳水化合物,可被胰脂酶迅速水解形成中链脂肪酸(MCFA),被肠腔迅速完全吸收,并迅速地作为能量利用,而不作为脂肪贮存。

中链甘油三酯在营养治疗中有特殊重要的意义,它不会引起血脂升高和动脉粥样硬化,并能为胰腺功能不全、胆汁缺乏等消化不良、吸收障碍的患者供能,且不会提高渗透压和体积负荷。对于急需热量的病人和运动员可快速供能而且可降低肌肉内肉碱的水平。因为高脂肪膳食不能及时供能并引起高脂血症,阻碍红细胞的氧气交换,减缓血液在毛细血管中的流速,使运动成绩下降。中链甘油三酯的利用包括:

(1)用于脂肪消化吸收障碍,包括大部分或全部胃及食道切除、胆道闭锁、阻塞性黄疸、胰腺炎、肾纤维变性及胰切除等;也用于脂肪吸收障碍如小肠的大量切除、巨结肠、肠炎以及新生儿吸收不良等疾病。

(2)用于脂肪的运载不良,包括乳糜微粒合成障碍(先天性 β-脂蛋白缺乏)及淋巴系统的异常包括淋巴管的不正常、乳糜腹水、胸水等。

(3)用于能量供给,如满足大手术后、生长停滞和严重营养不良的病人的能量需求。

(4)此外,中链甘油三酯可很快氧化产生具有一定麻醉性和抗惊厥的酮体,而用于治疗癫痫,但不应用于糖尿病人,也不应用于酮中毒或酸中毒者。因为在此情况下,肝外组织利用酮体的能力已饱和,食用中链甘油三酯会加剧代谢性酸中毒,引起机体内稳态的破坏。因大部分中链甘油三酯在肝内被代谢,肝硬化时肝细胞减少,这类病人也不宜用。

5.3.3.2 脂肪模拟品

脂肪模拟品(oil and fat mimics)是以碳水化合物或蛋白质为基础成分,碳水化合物或蛋白质原料经物理或化学处理后,能以水状液体系的物理特性模拟出油脂润滑细腻的口感特性,取代脂肪的体积和口感。典型的脂肪模拟品包括蛋白质、淀粉、糊精、多聚右旋糖、纤维素、果胶及亲水胶体,这些物质可分解成微粒(类似脂肪微粒的大小)。脂肪模拟品的应用通常限于高度水合的产品如甜点和食品涂抹物,而不适用于油炸食品。

(1)以碳水化合物为基础的油脂模拟品:较早并广泛应用的主要是一些水解淀粉,绝大部分是变性淀粉,配制成20%浓度的溶液就会变成胶体而具有一些脂肪的感官特性,常用作低脂色拉辅料,也用于冰淇淋或冷冻甜点、肉制品及烘烤食品等。淀粉为基础的脂肪替代品热值只有脂肪的44%。以其他碳水物为基础的脂肪替代品主要是纤维素和以纤维素为基础配料的产品以及聚糊精,如胶质微晶纤维素和羧甲基纤维素,溶于水成胶质,口感如奶油,而实际上不含热值。

(2)以蛋白质为基础的油脂模拟品:蛋白质经特殊工艺加热,微粒工艺处理成0.1～0.3 μm大小的球状微粒后,结构如同奶油,热值为5.6 kJ/g,并可低热消毒或蒸馏处理。保存期和乳制品一样短。现广泛用于冰淇淋、蛋黄酱、酸奶油、冷冻甜点、干酪、涂抹酱、色拉辅料及酸奶中。

5.3.3.3 脂肪替代品

脂肪替代品(oil and fat substitute)是以脂肪酸为基础成分的酯化产品,在物理学方面类似于脂肪和油,其酯键能抵抗脂肪酶的催化水解并在理论上能以1:1的重量比取代食品中脂肪的一类物质。在高温下稳定,可用于油炸和烘烤食品,可提供0～12.5 kJ/g的能量。如蔗糖的七酯、八酯与长链脂肪酸的混合物,或将脂肪酸甘油三酯改变成含2个中链脂肪酸和1个长链脂肪酸,使热值下降,作为可可酯的代用品等。

5.3.4 脂肪类保健食品

(1)深海鱼油(DHA 和 EPA)

深海鱼油富含ω-3系多不饱和脂肪酸EPA和DHA,可降低极低密度脂蛋白和血清甘油三酯水平,对预防心脑血管疾病有益;所含DHA则是大脑和视网膜发育必需的。目前有深海鱼油胶囊产品,也可将其添加到植物油、牛奶和酸奶、面包和饼干、人造黄油、粉状饮料和方便面中,作为健康食品或营养保健食品。

(2)卵磷脂

由于其能调节血脂、甘油三酯和低密度脂蛋白,降低血液黏稠度,防止胆固醇的沉积,有较好的防治心脑血管疾病的功效。大豆卵磷脂是常见的调节脂质代谢的保健食品。卵磷脂广泛存在于动植物体内,对人体不产生任何急性、亚急性和慢性危害,临床应用可起保健和辅助治疗作用,具有无毒、无致畸致突变作用。WHO专家委员会报告规定对其不作限量要求,美国FDA将卵磷脂列为公认安全物质。

(3)棕榈油

棕榈油是热带地区油棕树的油棕果油,约含50%饱和脂肪酸,近40%单不饱和脂肪酸,常温下为固体,是比较理想的食品加工用油脂。

(4)脂肪替代品

脂肪替代品包括用碳水物和蛋白质改性的物质如改性葡萄糖多聚体;用木薯、玉米、土豆和大米的淀粉改性的替代品如 N-油、Stellar、Passeli 等;纤维素的衍生物如 Avicel;用微粒化的蛋白质做成的脂肪替代品如 Simplesse 及 Trailblazer;用聚甘油酯做成的如蔗糖聚酯及一些天然的脂类如 Jojoba 油等。

N-油是美国国立淀粉与化学公司推出的由木薯淀粉经酸催化水解而得的糊精产品,有固体粉末状和预凝胶化两种产品。25%的水溶液替代油脂配制的食品所含能量为 4.18 kJ/g。使用范围包括冰冻甜点心、稀黄油、酸乳酪、色拉调味料及欧洲早餐腊肠等。

Nutrio P 纤维是丹麦糖业加工厂从豌豆中生产提取而得的一种纤维产品,干物含 47%的膳食纤维,所含能量为 7.54 kJ/g。可结合多量的水产生类似油脂的质构,且不受 pH、温度和盐浓度影响。在 75℃~80℃以上水化可得到完全类似油脂的质构。在比较坚硬或固体产品中推荐使用 1 份豌豆纤维加 6 份水替代 7 份油脂,能量值仅为 1.26 kJ/g。可替代肝泥和午餐肉等肉制品中的脂肪含量,以及用在蛋黄酱、色拉调味料和糖果中。

聚糊精(polydextrose)是美国 Pfizer 公司生产的一种随意组合的葡萄糖浓缩聚合物,含一些残留的葡萄糖、山梨酸和柠檬酸,既用作填充剂,也可作为油脂替代品。葡聚糖是在人体中部分代谢的产品,干物能量为 4.18 kJ/g,摄入量大于 90 g/d 会引起腹泻。可用在焙烤食品、口香糖、糖果、色拉调味料、冰冻乳制品和布丁等食品上。

LITA 是美国 Opta 食品组分有限公司从玉米中分离出的高疏水性蛋白质原料经微粒化制得,具有高热稳定性,15%浓度的悬浮液加热至 95℃没有明显的絮凝或沉淀现象。可用来代替蛋黄酱、冰淇淋和涂抹食品中 75%~100%的油脂含量。

Simplesse 是美国 Nutri-Sweet 公司生产的一种以牛奶蛋白为基础的产品,以牛乳和/或鸡蛋蛋白为原料经微粒化制得,能量值为 5.43 kJ/g,有类似油脂的口感特性。主要缺点是对热敏感,易变性而丧失滑腻的口感,常用于低温食品。

蔗糖聚酯(olestra)是保洁公司(P & G)开发的一种蔗糖的己、庚和辛酸脂肪酸的混合物,脂肪酸分布范围为 8~12 碳的饱和或不饱和脂肪酸,其口感、黏稠性、热稳定性、功能性和外观都与通常的植物油相同。具有 6 个以上脂肪酸的蔗糖聚酯实际上不能被消化,而仅在消化道起一种有机溶剂的作用,会抑制脂溶性维生素的吸收,但可在胃肠道螯合并排出胆固醇。液体形式的蔗糖聚酯在到达肛门括约肌时不能很好被保留,有某种程度的肛门泄漏;而 37℃以上的蔗糖聚酯可使之在通过肠道的全过程保持固态。美国 FDA 于 1996 年批准其可用于制作点心和饼干。

5.4　自由基清除剂

自由基清除剂能够清除机体代谢过程中产生的过多自由基,因此是一类可增进人体健康的重要活性物质,也是一类重要的保健食品功效成分。机体自由基清除系统包括:

5.4.1 非酶类自由基清除剂

主要有维生素 C、维生素 E、β-胡萝卜素和还原型谷胱甘肽(GSH),还有硒、锌、铜、生物类黄酮、银杏萜内酯、辅酶 Q、植酸、丹参酮、五味子素、黄芩甙及铜锌络合物等,都是较好的天然抗氧化剂。

维生素 E 是重要的天然自由基清除剂或抗氧化剂之一,由于其含有疏水结构,能插入到生物膜如细胞膜、内质网、线粒体膜起作用,清除脂质过氧化链式反应中所产生的自由基,起抗氧化、防衰老的作用。

维生素 C 的水溶性使之能在血液和体液内循环流动,而处在抗氧化和清除自由基的最前线。维生素 C 可清除的自由基包括 $O_2^- \cdot$、$HO \cdot$、H_2O_2、O_3 和氢氧化物等,可预防肺癌、胃癌等癌症和白内障。

β-胡萝卜素能抑制细胞膜的脂质过氧化并清除体内过多的自由基。

硒、锌、铜和锰等清除自由基的作用则与其作为抗氧化酶系统的构成成分有关。

5.4.2 酶类自由基清除剂

有超氧化物歧化酶(super-oxide-dimutase,SOD)、过氧化氢酶(CAT)及含硒的谷胱甘肽过氧化物酶(GSH-Px)等。

超氧化物歧化酶有 Cu,Zn—SOD、Mn—SOD 和 Fe—SOD,能清除 $O_2^- \cdot$ 同时生成 H_2O_2,H_2O_2 可被过氧化氢酶清除生成 H_2O 和 O_2。SOD 可延缓由于自由基侵害而出现的衰老现象,如皮肤衰老和脂褐素沉淀,包括皮肤的抗皱与祛斑;可提高机体对多种疾病,包括肿瘤、炎症、肺气肿、白内障和自身免疫疾病等的抵抗力;可提高人体对自由基外界诱发因子,如烟雾、辐射、有毒化学品和有毒医药品等的抵抗力,增强机体对外界环境的适应力。此外,SOD 还可减轻肿瘤患者在化疗、放疗时的疼痛及严重的副作用,如骨髓损伤和白细胞减少等,并可消除机体疲劳,增强对超负荷大运动量的适应力。

SOD 存在于几乎所有靠有氧呼吸的生物体内,从细菌、真菌、高等植物、高等动物直至人体。在食物中以大蒜含 SOD 较丰富,其他如韭菜、大葱、洋葱、油菜、柠檬和番茄等也含有一定量。具生物活性的 SOD 不仅可从动物血液的红细胞中提取,而且也可从牛奶、细菌、真菌、高等植物(如小白菜)中提取。

5.5 条件性必需氨基酸

5.5.1 牛磺酸

牛磺酸(taurine)是生物体内的一种不参与蛋白质组成的含硫氨基酸,是人体必需的营养素,一个60 kg重的人体内牛磺酸含量约 60 g。

牛磺酸具多种生理功能,包括促进脂肪的消化吸收,降低血液中胆固醇和低密度脂蛋白胆固醇(LDL-C)的水平,对心血管系统有较强的保护作用;促进肌细胞对葡萄糖和氨基酸的摄取和利用,促进矿物元素的代谢和增强脂溶性维生素的吸收;促进脑组织和智力发育,提高神经传导和视觉功能;增强机体免疫功能;可保护心肌,抵抗心率衰竭;具有抗氧化作用,使组织免受自由基的损伤;可改善肝功能、抑制血压上升、增强心脏收缩力、提高精子运动能力和提高胰岛素活性等。牛磺酸的衍生物 γ-L-磺乙谷酰胺(litoralon)有类维生素 A 的活性及对多聚 ADP 核糖合成的刺激作用,能抑制丝裂霉素 C 诱发的骨髓造血细胞的微核形成并具有抗癌作用。

牛磺酸在人体内可由蛋氨酸、半胱氨酸通过脱羧氧化作用合成。当体内牛磺酸不足时还可通过肾脏重吸收和减少排泄,以维持体内含量的稳定。从食物中获得的过量牛磺酸则从尿中排出,一般不会缺乏。但婴幼儿由于体内牛磺酸合成所需的半胱亚磺酸脱羧酶活性较低,合成量不敷需要,人工喂养儿需要补充。目前大多数婴儿奶粉添加牛磺酸,添加量与母乳接近。食品中强化量一般为 20~40 mg/100 g。作为条件性必需营养素,牛磺酸被用于婴儿食品、运动饮料和某些特殊食品中。

含牛磺酸较高的食物有海产品、畜禽肉及其内脏。丰富来源包括蛤蜊、牡蛎、牛乳、牛肉、猪腿、鸡腿和鲤鱼。一般谷物、水果和蔬菜等,都不含牛磺酸。

5.5.2 精氨酸

精氨酸是鸟氨酸循环中的一个组成部分,是机体重要的信号分子———一氧化氮(稳定的自由基)的前体。作为条件性必需氨基酸,精氨酸具有以下作用:

精氨酸在肌肉代谢中非常重要,它是运输和贮存氮的载体,并帮助体内过量的氮排泄,在肝硬化和脂肪肝中,可中和肝脏所产生的过量氨,帮助肝脏去除毒素。精氨酸能促进肌肉增加,减少脂肪;能刺激胰岛素产生,恢复正常的葡萄糖耐量曲线,若缺乏精氨酸,会使葡萄糖耐量曲线以及肝脏的脂肪代谢不正常。在有些情况(如机体发育不成熟或在严重应激条件)下,如缺乏精氨酸,机体便不能维持正氮平衡与正常生理功能,会导致血氨过高,甚至昏迷。而婴儿若先天缺乏尿素循环的某些酶,精氨酸对其也是必需的,否则不能维持正常的生长与发育。此外,精氨酸可刺激垂体分泌生长激素,对促进儿童生长有作用。精氨酸还可促进胶原组织的合成,有促进伤口愈合的作用。

补充精氨酸能增加胸腺重量,防止胸腺退化,促进胸腺中淋巴细胞的生长。在免疫系统中,除淋巴细胞外,吞噬细胞的活力也与精氨酸有关。加入精氨酸后,可活化其酶系统,使之更能杀死肿瘤细胞或细菌等靶细胞。补充精氨酸还能减少患肿瘤动物的肿瘤体积,降低肿瘤的转移率,提高动物的存活时间与存活率。

富含精氨酸的食物有蚕豆、黄豆及豆制品、核桃、花生、牛肉、鸡肉、蛋类、干贝、墨鱼和虾等。

5.5.3 谷氨酰胺

在肌肉蛋白质中游离的谷氨酰胺占细胞内氨基酸总量的 61%,比其他氨基酸高,是人体中含量最多的一种非必需氨基酸。并具有以下作用:

（1）维持肠道屏障的结构及功能

谷氨酰胺是肠道黏膜细胞代谢必需的营养物质，对维持肠道黏膜上皮结构的完整性十分重要，尤其在外伤、感染等严重应激状态下，肠道黏膜上皮细胞内谷氨酰胺很快耗竭。当肠道缺乏食物、消化液等刺激或缺乏谷氨酰胺时，肠道黏膜萎缩，绒毛变稀变短甚至脱落，隐窝变浅，肠黏膜通透性增加，肠道免疫功能受损，从而导致肠道细菌易位或肠源性内毒素血症和脓毒血症。谷氨酰胺是防止肠衰竭的最重要的营养素，也是目前为止人体是否发生肠衰竭的唯一可靠指标。

（2）增强机体免疫功能

作为核酸生物合成的前体和主要能源，谷氨酰胺可促使淋巴细胞、巨噬细胞的有丝分裂和分化增殖，增加细胞因子 TNF、IL-1 等的产生和磷脂的 mRNA 合成。外源补充谷氨酰胺可明显增加危重病人的淋巴细胞总数、T 淋巴细胞和循环中 CD4/CD8 的比率，增强机体的免疫功能。创伤、感染、手术后血浆谷氨酰胺浓度会下降，导致巨噬细胞的吞噬能力及产生 IL-1 的能力减退，进而损害机体免疫功能。

（3）改善机体代谢状况

在创伤、感染等分解代谢状态下，许多组织中谷氨酰胺的代谢发生明显改变。肠道、肝、肾、淋巴细胞、巨噬细胞等对谷氨酰胺的需要量明显增加，而骨骼肌中游离谷氨酰胺却明显下降。骨骼肌中谷氨酰胺动员主要被用于糖异生作用及合成蛋白质以维持机体免疫反应、创口愈合及重要器官功能；骨骼肌中谷氨酰胺的消耗并不能被常规的营养支持所纠正，而维持骨骼肌细胞内谷氨酰胺浓度则有利于肌肉蛋白的维持和合成，因而谷氨酰胺对分解状态病人很重要。Ziegler 等发现谷氨酰胺可明显改善骨髓移植病人的氮平衡，降低感染发生率及住院时间。

（4）提高机体抗氧化能力

谷胱甘肽（GSH）是细胞内重要的抗氧化剂，主要功能为保护细胞膜，使核苷酸和多种蛋白质免受自由基攻击所致的损伤。提供谷氨酰胺可通过维持组织中 GSH 的储备，保护细胞、组织和器官免受自由基造成的损伤。对危重病人补充谷氨酰胺可通过保持和增加组织细胞内 GSH 的储备而提高机体抗氧化能力，稳定细胞膜和蛋白质结构，保护肝、肺、肠道等重要器官及免疫细胞的功能。

（5）其他功能

谷氨酰胺是合成氨基酸、蛋白质、核酸和许多其他生物分子的前体物质，在肝、肾、小肠和骨骼肌代谢中起重要调节作用（是小肠黏膜内皮细胞、肾小管细胞、淋巴细胞、肿瘤细胞与成纤维细胞能量供应的主要物质），是机体内各器官之间转运氨基酸和氮的主要载体，是氨基氮从外周组织转运至内脏的携带者，是肾脏排泄氨的重要物质。

5.5.4 氨基酸衍生物

目前研究报道较多的主要是含硫氨基酸（蛋氨酸、半胱氨酸和胱氨酸）的衍生物，其中最有代表性的是 N-乙酰-L-半胱氨酸和腺苷蛋氨酸。

5.5.4.1 N-乙酰-L-半胱氨酸

在生物体内能促进谷胱甘肽的合成，对维持细胞的还原状态有重要意义；可用作抑制剂，抑制由于癌变引起的组织、细胞的坏死,用于治疗外部损伤以及中枢神经系统、视觉组织损伤和由于类质氧化造成的帕金森疾病。在医药上的应用还包括:是一种呼吸道黏液溶解剂,对白色黏液和脓痰都有分解作用,可改善病人的呼吸状况;也可制成滴眼液,用于各种角膜炎的治疗,同时可用于治疗、防止或缓解由于氧化损伤或化疗造成的脱发。

N-乙酰-L-半胱氨酸可由 L-半胱氨酸盐酸盐为原料,采用酸酐酰化、乙酰氯酰化或乙腈酰化成 N-乙酰-胱氨酸,再加锌粉还原或通过电还原法制成 N-乙酰-半胱氨酸,最后以硫化氢置换,结晶而成。

5.5.4.2 腺苷蛋氨酸

腺苷蛋氨酸是存在于各种生物体内的天然物质,主要作为甲基供体参与各种酶促转甲基过程,并通过转巯基通路,作为合成牛磺酸、半胱氨酸和谷胱甘肽的前体。腺苷蛋氨酸所起甲基供体作用有利于细胞膜内起重要作用的磷脂的生物合成。外源性腺苷蛋氨酸可维持正常的磷脂比例和恢复酶活性,使细胞内代谢过程正常化。腺苷蛋氨酸还可加强大脑多巴胺和 5-羟色胺神经递质代谢和信息功能,在临床上被用于治疗忧郁症,尤其是伴有慢性肝脏疾病或身体状况不佳的病人以及老年人,比目前常用的丙咪嗪、氯丙咪嗪等药物效果好,无依赖性和副作用。

腺苷蛋氨酸在体内由蛋氨酸和三磷酸腺苷(ATP)经腺苷转移酶催化而成。生化制备则是在低温条件下从兔肝中提取腺苷转移酶,再将 ATP、蛋氨酸、谷胱甘肽等分别加入,于 37℃孵育 2~3 h,再用 Reineckate 试剂抽提,结晶而成。

5.6 微量元素

微量元素在机体内虽然含量很低,但对生命过程具有重要意义。

5.6.1 铁

成年人体中铁的含量为 4~5 g,根据在体内的功能状态可分成功能性铁和储存铁两部分。功能性铁主要存在于红细胞和一些酶中,约占体内总铁量的 70%,其余 30%为储存铁,主要储存在肝、脾和骨髓中。因此铁在体内有非常重要的生理作用。

5.6.1.1 铁的生理功能

铁与蛋白质结合构成血红蛋白和肌红蛋白,维持肌体的正常生长发育。铁与原卟啉结合成血红素,血红素与珠蛋白结合成血红蛋白、肌红蛋白和细胞中许多有重要功能的酶,如细胞色素 C、细胞色素氧化酶、细胞色素还原酶、过氧化物酶、过氧化氢酶、还原型烟酰胺腺嘌呤二核苷酸(NADH)脱氢酶等。人体对铁的需要量因年龄和生理状况不同而不同。一个正常的男子或绝经后的妇女,每天从食物中平均吸取铁约 1 mg,但生长发育期的婴儿、儿童、青少年和育龄妇女,对铁的需要量增大。

血红蛋白是血液中运输氧的主要形式。血红蛋白在肺部最大限度地结合氧,当血液流经组织时,血红蛋白又可以释放氧,以满足机体各组织器官代谢所需。肌红蛋白存在于肌肉组织中,它和氧的结合能力比血红蛋白更强。肌红蛋白可以捕获通过血液运送来的氧,吸收进入肌肉组织加以利用或储存。在肌肉收缩时可以释放氧以满足代谢的需要。

铁是体内许多重要酶系的组成成分。

缺铁或铁的利用不良时,导致氧的运输及贮存、二氧化碳的运输及释放、电子的传递、氧化还原等代谢过程紊乱,产生病理变化,最后产生各种疾病。缺铁性贫血的发生是在一个较长时间内逐渐形成的。生长快速的婴幼儿、儿童和月经过多、妊娠期或哺乳期的妇女,铁的需要量增多,如果饮食中缺铁则易致缺铁性贫血。因铁的吸收障碍也可发生缺铁性贫血,但比较少见。失血尤其是慢性失血是缺铁性贫血最多见、最重要的原因。

缺铁还可导致机体供氧不足而产生头晕、头痛、记忆力减退、思想不集中;由于胃肠道的血氧供应不足,造成胃肠功能动力不足,消化不良,食欲不振;铁与机体内的其他物质共同构成人体的免疫系统,缺铁的人群抗病能力降低,容易感染各种疾病和发炎;缺铁还影响少儿的智力和体格发育,特别在儿童的发育过程中起到很重要的作用,缺铁和贫血的孩子无论体力还是智力方面的发育远远不如身体健康的孩子。

体内铁过多对健康也有较大的危害。血红蛋白与氧的结合、分离同铁的关系十分密切,铁过多会促进氧自由基增加,而氧自由基对机体有显著的超氧化作用,铁贮存过多会促使不稳定的自由基破坏健康的机体组织。此外,血液中的铁蛋白与胆固醇相互作用能使心脏病恶化,铁蛋白高的人心脏病发病率是正常人的两倍。因此在日常生活中,不要滥用补铁食品和药品。

5.6.1.2 铁的来源

人体从食物中补充的铁只有极小的一部分,大部分来自红细胞破坏后,从血红蛋白中分解出来的铁的重新再利用。胎儿体内需要的铁全部来自母体。

十二指肠对铁吸收能力最强。人体对铁的排泄是相当稳定的,因此人体不是通过排泄而是依靠吸收来调节体内铁的平衡。如体内缺铁时,铁的吸收增多。缺氧、贫血、红细胞生成加速均促进铁的吸收增加;而体内铁过多时,铁的吸收能自动减少。

动物性食品如肝脏、瘦猪肉、牛羊肉,不仅含铁丰富而且吸收率很高。植物性食物如黄豆、小油菜、太古菜、芹菜、萝卜缨、荠菜、毛豆等铁的含量较高。食物中铁含量最高者为黑木耳、海带、发菜、紫菜、香菇、猪肝等,其次为豆类、肉类、血、蛋等。

5.6.2 锌

人体内含锌为 $2\sim3$ g,主要分布在细胞内,大部分集中在肌肉、骨骼、皮肤、头发、眼睛、肝脏、雄性腺及分泌物中,分布广泛。

5.6.2.1 生理功能

锌是组成酶的重要成分,目前从生物体内分离出的锌酶有 200 余种。锌可作为多种酶的功能成分或激活剂,决定或影响这些酶的活性,包括锌起催化作用的酶(碳酸酐酶和羧肽酶),锌起结构作用的酶(天冬氨酸转氨甲酰酶),锌起活性调节作用的酶(亮氨酸氨基肽酶),锌承担催化与非催化作用的酶（醇脱氢酶）等。因此锌与人体健康密切相关。锌的生理功能主要有：

（1）锌能够促进细胞的正常分裂、生长及再生，改善食欲及消化功能，因此，锌与机体的生长发育密切相关，特别是对生长发育旺盛的婴幼儿、儿童及青少年至关重要。缺锌可使他们生长发育停滞，性成熟障碍，性功能低下，肝脾肿大，甚至形成缺锌性侏儒症。

（2）锌对免疫系统功能有促进作用。锌还可以提高免疫活性细胞的增殖能力，人体内含锌量少时，细胞免疫功能低下，对疾病的易感性增加。免疫缺陷疾病补锌治疗后，可以增强机体的免疫功能和抗感染的能力，并缩短病程，缓解症状。

（3）锌有助于促进儿童智力发育。锌缺乏的儿童智力发育不良，而体内锌含量相对较高的儿童，则智力较好。

加速青少年生长发育。锌参与对身体发育有密切关系的激素的合成，故对正值发育期的青少年有特殊的营养价值。与锌有关的激素不仅有胰岛素、胰岛素生长因子 I（IGF-I），还有生长激素和性激素。补锌可以加速青少年的生长发育。

（4）味觉素是唾液内一种含 2 个锌离子的唾液蛋白，对口腔黏膜上皮细胞的结构、功能及代谢是一个重要的营养因素。缺锌时口腔黏膜上皮细胞增生及角化不全，易于脱落，掩盖和阻塞舌乳头味蕾小孔，使食物难以接触味蕾而影响味觉，从而影响食欲。

（5）人眼中的锌含量较高，眼中又以视网膜、脉络膜含锌量最高。锌参与肝脏及视网膜内维生素 A 还原酶的组成，这种酶是主宰视黄醛这种视觉物质的合成和变构的关键性酶，可影响视力和暗适应能力。体内缺锌时，即使维生素 A 摄入量充足，视力及暗适应也往往不正常，甚至出现夜盲症。

（6）锌通过抑制和消除过多自由基对生物膜的破坏而对细胞膜具有稳定作用，对镉、铅、汞等毒性物质对细胞膜的损害具有拮抗作用。

（7）与生育有关的微量元素主要有锌、铜、硒、锰、镁等，在这些元素中尤以锌的缺乏最为常见。当锌不足时，促性腺激素分泌减少，可使性腺发育不良或使性腺的内分泌功能发生障碍从而影响生育。

（8）研究发现，人类大脑中的海马体的锌含量为大脑总含锌量的 1/6。海马体是人类高级神经活动的核团，是学习语言、接受和存储信息的逻辑部件。如果海马体中锌含量不足，老年时期会出现记忆力减退、四肢活动障碍、思维功能异常，甚至会出现早发性老年痴呆症。

锌还具有其他功能，如锌通过含锌酶促进蛋白质合成，加速细胞分裂和生长，以促进创伤组织再生，从而促使伤口愈合。

5.6.2.2 来源

锌在十二指肠被吸收，但吸收率只有 20%～30%。膳食中的草酸、植酸和过多的膳食纤维都会干扰锌的吸收。发酵可破坏谷类食物中的植酸，提高锌的吸收率。

锌的供给量成人为每天 15mg，孕妇和乳母每天 20 mg。

动物性食物含锌丰富且吸收率高。海牡蛎含锌最丰富，以每 100 克食物中含锌量计，海牡蛎肉含锌超过 100 mg，畜禽肉及肝脏、蛋类含锌 2～5 mg，鱼及一般海产品含锌 1.5 mg，奶和奶制品含锌 0.3～1.5 mg，谷类和豆类含锌 1.5～2.0 mg，蔬菜和水果含锌少于 1mg。

5.6.3 碘

5.6.3.1 生理功能

人体内含碘 20～50 mg,甲状腺浓集碘的能力较强,健康成人甲状腺含碘量为 8～15 mg,是甲状腺激素的必需成分。唾液腺、乳腺、生殖腺、胃黏膜也可浓集碘。

碘在人体内的生理作用是通过合成的甲状腺激素实现的,甲状腺激素是机体最重要的激素之一,主要生理作用是:

(1)通过影响蛋白质、脂肪、糖代谢而促进生物氧化并协调氧化磷酸化过程,调节能量的转换和产热以保持体温。体内蛋白质、脂肪、糖的最后代谢在线粒体中进行,通过三羧酸循环释放能量。这些能量的一部分通过与氧化过程偶联的磷酸化过程储存在三磷酸腺苷中,提供肌肉活动、合成代谢、腺体分泌及神经活动等所需的能源。另一部分则直接成为不用以作功的热。甲状腺激素在上述生物氧化和磷酸化的过程中起着两种作用:①促进三羧酸循环中的生物氧化;②协调生物氧化和磷酸化的偶联,调节能量的转换。因此,在甲状腺机能减退或甲状腺素的分泌减少时,可出现一系列因生物氧化减退、氧化磷酸化解偶联以及 ATP 供应不足而引起的症状,如基础代谢降低、体温降低、肌肉无力等。在甲状腺机能亢进或甲状腺激素分泌增加时,则出现如基础代谢增高、体温增高、怕热多汗、消瘦无力等。

(2)甲状腺素有调节蛋白质分解和合成的作用。甲状腺素对蛋白质代谢的作用则首先因体内甲状腺素是否缺乏而不同,当体内缺乏甲状腺时,甲状腺素有促进蛋白质合成的作用;当体内不缺乏甲状腺素时,过多的甲状腺素反而引起蛋白质分解。其次还因蛋白质的摄入量而不同,当由膳食摄入的蛋白质不足时,甲状素可促进蛋白质合成;当由膳食摄入蛋白质充足时,则甲状腺素促进蛋白质分解。

在糖和脂肪代谢中,甲状腺素除能促进三羧酸循环中的生物氧化过程外,还有促进糖的吸收、加速肝糖元分解、促进周围组织对糖的利用、通过肾上腺促进脂肪的分解和氧化、调节血清中的胆固醇和磷脂的浓度等作用。因此,人体内糖和脂肪的代谢在甲状腺功能亢进时增强,减退时减弱。

甲状腺素有促进组织中水盐进入血液并从肾脏排出的作用,缺乏时引起组织内水盐潴留,在组织间隙出现含有大量黏蛋白的组织液,从而使皮肤发生水肿。

甲状腺素能:①促进尼克酸的吸收和利用;②促进胡萝卜素转为维生素 A 的过程;③促进核黄素合成核黄素腺嘌呤二核苷酸(FAD)。因此,甲状腺素对维生素代谢有促进作用。但在甲状腺素过多时,因其能引起代谢亢进而可使维生素 A、B_1、B_2、B_{12} 和 C 的需要量增加。

(3)甲状腺素能促进神经系统的发育、组织的发育和分化、蛋白质合成。这些作用在胚胎发育期和出生后的早期尤其重要。此时如缺乏甲状腺素,会引起不同程度的脑发育落后而导致如智力障碍、聋哑、骨骼和生殖系统发育障碍等。

因此,一旦缺碘,就会带来很大的危害。

5.6.3.2 来源

人体碘的 80 ％～90 ％来自食物,因此,食物中的碘是人体碘的主要来源。食物中的碘化物被还原成碘离子后才能被吸收,与氨基酸结合的碘可直接被吸收。胃肠道内的钙、氟、镁阻碍碘的吸收,在碘缺乏的条件下尤为显著。人体蛋白质与热量不足时,会妨碍胃肠对碘吸收。

呼吸道和皮肤也能吸收少量的碘。

人体储存碘的脏器主要是甲状腺。在碘停止供应后，甲状腺储存的碘只能维持机体 2～3 个月的需要。

在碘供应稳定和充足的条件下，人体排出的碘几乎等于摄入的碘。肾脏是碘排出的主要途径。

食物中碘的主要来源是海带等海产食品和加碘食盐。

5.6.4　硒

硒在地壳中含量低于 1mg/kg，是一种比较稀有的准金属元素。在 1817 年被发现后的 100 多年里，关于硒生物作用的研究集中在毒性方面，到 1957 年才发现硒是一种必需的微量元素，缺硒会引起一系列疾病，到 20 世纪 70 年代，含硒的谷胱甘肽过氧化物酶（GSH-Px）的发现，更揭开了硒在生命科学中的重要作用。由于超量硒毒性很大，对硒的认识大多是从动物机体上研究而得。

硒主要通过胃肠道进入生物体内，并被肠道吸收。一般认为，硒酸钠、亚硒酸钠之类可溶性硒的无机含氧酸盐及硒代氨基酸类最易吸收。口服亚硒酸钠和硒代蛋氨酸的肠吸收率分别为 91%～93% 和 95%～97%。硒主要具有以下生理功能：

（1）抗氧化作用

硒是某些酶的重要组成分（如 GSH-Px）。硒在体内特异性催化 GSH 与过氧化物的氧还反应，如 H_2O_2、O_2^-·、HO· 和脂酰游离基，从而保护生物膜免受过氧化物的损害，维持细胞的正常功能。非酶硒化物具有清除自由基的功能，如硒化物对脂质过氧化自由基（ROO·）有很强的清除能力，有机硒化物的清除效果优于无机硒化物。硒还可调节维生素 A、C、E、K 在体内的吸收和消耗，与这些维生素及锌、铜协同作用清除体内代谢废物自由基。

（2）抑制肿瘤作用

硒可增强吞噬细胞吞噬作用，增强 T 细胞、B 细胞增殖力，促进人体产生免疫球蛋白 IgM，提高机体细胞免疫功能；可使环腺苷酸（cAMP）水平提高，cAMP 可抑制肿瘤细胞 DNA 的合成，阻止肿瘤细胞的分裂；可抑制致癌物代谢，抑制前致癌物转化为终致癌物。维生素 C、E 都能增强硒的抗癌性，具有抑癌的协同作用。动物试验还发现硒可降低黄曲霉毒素 B_1 的急性损伤，减轻肝中心小叶坏死的程度与死亡率，并可阻止乙型肝炎患者发展成肝癌。

（3）硒与金属有很强的亲和力

硒在体内与金属如汞、甲基汞、镉、铅及铊等结合形成金属硒蛋白复合物而解毒，并使金属排出体外。

（4）硒有助于保护心血管，维护心肌的健康

以心肌损害为特征的克山病病因中，缺硒是一个重要因素；缺硒可损害胰岛细胞，减少胰岛素分泌而加重心肌损害。硒有明显的降血清总胆固醇、甘油三酯和脂质过氧化物（LPO），提高 HDL-C/TC 等作用，对实验性动脉粥样硬化的恢复有意义。

（5）类胰岛素作用

硒可通过激活葡萄糖转运蛋白的外在化而激活葡萄糖的转运过程，硒酸钠可能影响胰岛素与受体作用后糖代谢的某些环节，有类胰岛素活性。硒可能像胰岛素那样在脂肪、肌肉等周围组织中促进细胞对糖的吸收利用，在肝脏抑制肝糖元异生和分解，增加肝糖元合成，并发

现糖尿病患者硒水平明显低于正常人。但也有报道高剂量硒可升高血糖,甚至诱发糖尿病(据硒生物效应的活性氧自由基机理,高剂量硒可催化产生自由基)。

(6)其他生理功能

硒还参与体内蛋白质、酶和辅酶的合成,硒半胱氨酸是遗传密码正常编码的第 21 个氨基酸。与甲状腺素代谢有关的 I 型脱碘酶也是含硒酶,缺硒可引起甲状腺素代谢特异性改变,引起生长激素分泌减少。硒缺乏可加重碘缺乏效应,使机体处于甲状腺机能低下的应激状态。硒还具有调节并提高人体免疫功能的作用。

长期缺硒可得克山病、儿童营养不良、心血管病和肿瘤等。这些疾病患者及硒缺乏症者都应当增加硒的供给量。但过量硒可引起硒中毒,出现脱发、脱甲等症状。

天然食物硒含量普遍较低,果蔬含硒一般低于 0.01 mg/kg,谷物、海洋动物、肉类特别是内脏的硒含量普遍较高,高于 0.1 mg/kg。通过人工方法转化无机硒为有机硒,可提高硒的生理活性与吸收率。目前有实际应用的转化方法包括:微生物合成转化法,如富硒酵母或富硒食用菌;植物天然合成转化法,如富硒茶叶;植物种子发芽转化法,如富硒麦芽或富硒豆芽;生物转化法,如富硒蛋。生物转化法制得的有机硒可作为食品添加剂,制成富硒保健饼干、富硒早餐谷物食品、膨化类富硒早餐食品及富硒方便面汤等。

5.6.5 铬

人体内含铬量极微,一般认为成人体内三价铬总含量仅为 5~10 mg,但广泛分布于各组织器官和体液中,主要存在于胃、皮肤、脂肪、肾上腺、大脑和肌肉中。

人体对无机铬吸收率低于 1%,对有机铬吸收率较高,可达 10%~25%。铬主要由肠道吸收,通过肠黏膜入血,由运铁蛋白携带至各器官组织中,最后通过肾脏排出体外。人体对铬的日需要量为 50~100 ng/d,主要来源于食物,少量来自饮水和空气。作为人体一种必需微量元素,铬有多方面的生理功能:

(1)铬是葡萄糖耐量因子组成分

葡萄糖耐量因子(glucose tolerance factor;GTF)是一种水溶性的低分子含铬配位物,其生理活性与铬含量具平行关系。GTF 和胰岛素一起使氨基酸、脂肪酸和葡萄糖能较容易地通过血液送到各组织细胞中,同时它还能促进细胞内营养素的代谢。若 GTF 不足或缺乏,要进行这些过程就需要更多的胰岛素。但当胰岛素缺乏时,GTF 似不起作用。

(2)铬对糖类代谢的影响

Cr^{3+} 参与体内糖代谢,是维持机体正常的 GTF、生长和寿命不可缺少的微量元素。缺铬会使组织对胰岛素的敏感性降低。作为一种"协同激素",铬能协助或增强胰岛素的生理作用,影响体内所有依靠胰岛素调节的生理过程,包括糖、脂和蛋白质的代谢等,但它并不是胰岛素的取代物。缺铬会引起糖尿病与动脉硬化等疾病。白内障、高血脂等也可能与长期缺铬有关。

(3)铬对脂质代谢的影响

铬在体内血清胆固醇平衡中起作用,其机制可能是缺铬使胰岛素活性降低,并通过糖代谢诱发脂质代谢紊乱,而补铬则可增加胰岛素活性而调节脂质代谢,改善血脂状况。人体试验表明,补充富铬酵母可显著改善 GTF,有助于维持血清胆固醇和甘油三酯的正常。此外,铬可加强脂蛋白脂酶(LPL)和卵磷脂胆固醇酰基转移酶(LCAT)活性,而这两种酶参加高密度脂蛋白的合成。

(4)铬对核酸、蛋白质的影响

铬主要积累于细胞核核仁,与 DNA 结合而促进 RNA 的合成。细胞核中积累的铬可激活染色质及形成一种分子量为 70kD 的铬结合蛋白,这两种作用共同促进 RNA 的合成。铬参与蛋白质代谢,促进氨基酸进入细胞,促进蛋白质的合成。

(5)铬的其他功能

铬能激活某些酶,这些酶参与体内糖类、脂肪和蛋白质的代谢,不过,这些酶中有一部分也可被其他金属元素(铁、锌、镁等)活化。铬能激活胰蛋白酶,但其他金属也同样有此作用。因此,缺铬并不会使这些酶的活性受到明显的抑制。

铬在天然食物中广泛存在,但含量一般低于 1 mg/kg。丰富来源为啤酒酵母,其次是粗粮、干酪、肝、蛋类、马铃薯和牛肉等;谷类在精加工中可丢失大量的铬;其他如红糖、植物油、鱼、肉、虾、贝类也含一定的铬,但活性低不易吸收。

5.6.6 锗

德国科学家于 1868 年首先发现了锗,1887 年科学家合成了第一个有机锗化合物。但直到 20 世纪 60 年代,其生物学作用才被广泛研究。我国对有机锗的研究起源于 20 世纪 80 年代。Ge-132 的生理功能如下:

(1)免疫调节作用

锗能诱生干扰素和 2-5A 合成酶,对一般人和患有肿瘤、类风湿性关节炎的病人,锗可使 T、B 细胞功能增强,有活化巨噬细胞和 NK 细胞、增强免疫球蛋白 IgG 中的 Fe 受体、抑制迟发性过敏反应等作用。

(2)抗癌防癌作用

Ge-132 对某些癌症的治疗很有效,对肺小细胞癌的有效率可达 90% 以上,显效率也达 50%～60%。Ge-132 一般作为癌症辅助治疗药使用,但如用作癌症预防剂,则效果很明显。若将黄曲霉毒素 B1 与有机锗一起饲喂,动物的增生结节和增生病灶数明显减少,病变程度减轻。临床上已用锗来治疗肺、脑和胃肠道癌症以及儿童白血病、淋巴腺癌等。

(3)抗肝病作用

Ge-132 对各种致癌物诱发的肝损伤都有抑制作用,对人类乙型肝炎和非乙型肝炎都能改善肝功能指标,有用度分别达 60% 和 55%,安全度分别达 98% 和 89%。日本厚生省于 1994 年正式批准 Ge-132 作为慢性肝炎治疗剂投放市场。健康人饮用饮料含有机锗 10mg/d,对肝脏有保护作用。

(4)抗氧化作用

Ge-132 有增强免疫功能、降血液黏稠度和抗氧化作用,能防止脂质过氧化,有助于保护机体,延缓衰老。Ge-132 还能明显减少皮肤中不溶性胶原含量,维持皮肤弹性,减缓皱纹的出现。有报道,75 例中老年人服用 Ge-132 40～60 mg/d,两个月后,NK 细胞活性、红细胞、SOD、CAT、GSH 水平大大增加,血清 LPO 值明显下降,记忆商明显增加,红、绿光神经反应时间显著缩短,而对照治疗前后未见明显好转。

Ge-132 还有抑制血管紧张素转换酶(AGE)作用,也可调节钙代谢、防辐射、镇痛和促进生长等。Ge-132 体内代谢安全,对动物的急性毒性作用较小,给大、小白鼠剂量 5 g/kg 时,未见有动物出现异常或死亡。

　　锗在天然食物中存在较广泛，但含量一般都在 1 mg/kg 以下。蔬菜和豆芽平均含量 0.15～0.45 mg/kg。含量较高的食品有大豆、青椒、芹菜，鱼类有金枪鱼、海蚌、大马哈鱼、大海鱼等。通过生物转化法可制成富锗食品，如富锗酵母、豆芽、鸡蛋、牛乳、蜂蜜等，也可制成有机锗口服液等。

5.7　活性肽与活性蛋白质

　　肽与蛋白质均是由氨基酸通过肽键连接起来的，只是聚合度不同。活性肽与活性蛋白质则专指那些有特殊生理功能的肽与蛋白质，如能清除自由基、降血压和提高机体免疫力等。

5.7.1　活性肽

　　生物活性肽（活性肽）指一类分子量小于 6kD，具有多种生物学功能的多肽，是氨基酸以不同组成和排列方式构成的从二肽到复杂的线性、环形结构的不同肽类的总称。活性肽是一类有重要生理功能的活性物质，具有多种生理调节功能，易消化吸收，有促进免疫、激素调节、抗菌、抗病毒、降血压、降血脂等作用。在生物体内的各种组织如骨骼、肌肉、感觉器官、消化系统、内分泌系统、生殖器官、免疫系统和中枢神经系统中均有存在。主要包括谷胱甘肽、降血压肽、促进钙吸收肽和易消化吸收肽等。

5.7.1.1　谷胱甘肽

　　谷胱甘肽（GSH）是谷氨酸、半胱氨酸和甘氨酸通过肽键连接而成的三肽化合物，含 1 个活泼的巯基，易被氧化脱氢，2 分子 GSH 脱氢后变成 1 分子氧化型谷胱甘肽（GSSG）。其生物活性包括：

　　（1）作为自由基清除剂，对由机体代谢产生的过多自由基损伤生物膜、侵袭生命大分子、促进机体衰老、诱发肿瘤或动脉硬化的产生能起到强有力的抑制作用；可清除脂质过氧化物，延缓衰老；可防止红细胞溶血及促进高铁血红蛋白的还原。

　　（2）可防止皮肤老化及色素沉着，减少黑色素形成，改善皮肤抗氧化能力。

　　（3）对于放射线、放射性药物或由于抗肿瘤药物所引起的白细胞减少等症状有强有力的缓解作用，还能与进入机体的有毒化合物、重金属离子或致癌物质等相结合，并促其排出体外，起中和解毒的作用。临床上用来解除丙烯腈、氟化物、一氧化碳、重金属或有机溶剂的中毒现象。它还可抑制饮酒过度产生的醇性脂肪肝的发生。

　　（4）其他：能纠正乙酰胆碱、胆碱酯酶的不平衡，起抗过敏的作用。对缺氧血症、恶心及肝脏疾病所引起的不适具有缓解作用，还有改善性功能及治疗眼角膜病的作用。

　　谷胱甘肽为机体防御功能肽，可由微生物细胞或酶生物合成，也可用大肠杆菌重组生产；还可从小麦胚芽或高产酵母分离提取，也可通过培养富 GSH 的绿藻制备。

5.7.1.2 降血压肽

又称血管紧张素转换酶抑制肽（ACEI肽）。通过抑制血管紧张素转换酶（ACE）的活性来体现降血压功能。来源包括：

（1）来自乳酪蛋白的肽类：乳源性肽由牛乳干酪素经水解酶水解后，可得3种有降压作用的肽：C12肽、C7肽及C6肽，分别由12,7,6个氨基酸组成。

（2）来自鱼贝类的肽类：由鱼肉蛋白质经水解酶分解而得。已知有降压作用的有C8肽（沙丁鱼）、C11肽（沙丁鱼）、C8肽（金枪鱼）、C3肽（南极磷虾）4种。

（3）来自植物的肽类：有玉米多肽（玉米醇溶蛋白水解）、无花果乳液热水抽提的3种肽类。

这些肽类食用安全性极高，它们对血压正常的人无降血压作用，易消化吸收，具有促进细胞增殖、提高毛细血管痛透性等作用，可用作降压功能食品基料。

5.7.1.3 酪蛋白磷肽（CPP）

CPP是应用生物技术从牛奶蛋白中分离的天然生理活性肽。由 α-干酪素制成的 α-酪蛋白磷酸肽是由37个不同氨基酸组成的磷肽，其中有与磷酸基相结合的丝氨酸7个，分子量为46 000。由 β-干酪素制成的 β-酪蛋白磷酸肽，是由25个不同氨基酸组成的磷肽，其中有与磷酸基相结合的丝氨酸5个，分子量为3 100。CPP可结合肠道钙、铁，使之成为可溶性络合物以利于小肠吸收。将CPP与钙、铁配合使用，可望在促进儿童骨骼发育、牙齿生长、预防和改善骨质疏松症、促进骨折患者康复和预防治疗贫血方面有较好的效果。CPP的主要生理功能包括：

（1）CPP可促进钙的吸收。CPP促进钙吸收的研究，最早始于1950年。Mellandder在医治佝偻病患者时发现，在不需要维生素D的情况下，用酪蛋白的胰蛋白酶水解产物（CPPs）能提高佝偻病患儿的钙吸收达80%，并增进骨骼的钙化。

钙在小肠的吸收可分为主动运输和被动吸收两种机制。首先，在十二指肠及小肠上部以主动运输方式吸收钙，此过程需由维生素D通过其分子产物——钙结合蛋白（CaBP）来调节；然后在回肠及小肠下部主要以扩散输送方式被动吸收，其中在小肠下部的吸收面积远大于上部，因此小肠下部钙的吸收量占总吸收量的75%～80%。由食物中摄入的钙，在胃和小肠上部能处于良好的溶解状态，但到小肠中部，在pH7～8的弱碱性环境下，钙离子极易形成不溶性盐沉淀，阻碍了钙的扩散输送，导致吸收率下降。

CPP由于对二价金属的亲和性，能与钙在小肠这种弱碱性环境形成可溶性络合物，有效地防止磷酸钙沉淀的形成而增加可溶性钙的浓度，又不妨碍与肠黏膜的交换，从而促进肠内钙的吸收。同时，由于CPP分子带有高浓度的电荷，使它们能够抵抗肠内消化酶的进一步水解，这一性质成为其在肠道发挥作用的前提保证。

（2）促进铁、锌的吸收。CPPs通过增加无机铁在肠道中的溶解性而促进铁的吸收。同时，CPPs能增加锌的溶解性，对大鼠做的实验表明，在含有肌醇六磷酸的饲粮中添加CPPs，可提高锌的吸收利用率10%～50%。

（3）CPP的抗龋齿功能。研究发现，CPP中具有—Ser(P)—Ser(P)—Ser(P)—Glu—Glu片段的肽拥有抗龋齿功能，并称之为抗龋齿酪蛋白磷酸肽（Anticariogenic Casein Phospho-peptides，ACPP），CPP中含有约86%的ACPP。

ACPP 的作用机制是：具有上述磷酸丝氨酸结构的多肽通过络合作用稳定非结晶磷酸钙并使之结合在牙斑部位，而非结晶磷酸钙则充当游离子和磷酸根离子的缓冲剂，从而减轻牙细菌产生的酸对牙釉质的去矿物化。

ACPP 是目前唯一不同于氟化物的抗龋齿添加剂，可使诱发龋齿的危险性大大降低。

5.7.1.4 免疫活性肽

免疫活性肽有内源性和外源性两种。显示有免疫活性的内源性肽包括干扰素（interferon）、白细胞介素（interleukins）和 β-内啡肽（β-endorphin），它们是激活和调节机体免疫应答的中心。研究表明，免疫细胞上不仅有 β-内啡肽的受体，而且免疫细胞内还有免疫反应阳性的 β-内啡肽，β-内啡肽可以影响抗体的合成、淋巴细胞的增殖以及 NK 细胞的细胞毒素作用。

外源免疫活性肽主要来自于人乳和牛乳中的酪蛋白，主要有从 αs1-酪蛋白的酶解产物中获得的 αs1-酪激肽（αs1-casokinin-6）、β-酪激肽（β-casokinin-10）、具免疫活性的 β-酪蛋白片段。

免疫活性肽具有多方面的生理功能，它不仅能增强机体的免疫能力，起重要的免疫调节作用，而且还能刺激机体淋巴细胞的增殖和增强巨噬细胞的吞噬能力，提高机体对外界病原物质的抵抗能力。此外，外源阿片肽中的内啡肽、脑啡肽和强啡肽也具有免疫刺激的作用，能刺激淋巴细胞的增殖。

5.7.1.5 其他功能性肽

（1）脂肪代谢调节肽

从动植物蛋白酶解精制得到的一种 $C_{3~8}$ 的混合肽，能阻碍体内脂肪合成并促进脂肪代谢；可改进肝脏功能而不影响胰岛素分泌；可用于高血压的预防；还有减肥功能。

（2）大豆肽

大豆肽是大豆蛋白的水解产物，有分子量小、易溶于水、在酸性条件下不产生沉淀和受热不凝固等特性。经测定除蛋氨酸稍缺外其余氨基酸组成与人体必需的氨基酸配比相似，是一种活性多肽。

大豆多肽能通过增加肌糖元和肝糖元储备，维持运动时血糖水平，从而为机体提供更多的能量来达到抗疲劳的作用。

已经证实大豆多肽具有较高的抗氧化能力，且随着浓度的提高抗氧化能力有所提高。不同的蛋白酶由于作用位点不同，可以产生不同的氨基酸排列顺序及不同的 N-末端和 C-末端，导致大豆多肽的抗氧化性有一定的差异。

大豆多肽能明显提高一次性全身 γ 射线照射后小鼠 30 d 存活率和平均存活时间。这可能由于大豆多肽能促进骨髓细胞 DNA 的合成、加速骨髓细胞分裂增殖、刺激骨髓造血机能恢复、提高机体的抗感染能力有关。

由血管紧张素 I 经血管紧张素转化酶（ACE）催化而来的血管紧张素 II 可以使血管强烈收缩，血压上升。抑制 ACE 活性的物质都具有降压的活性。大豆多肽可与 ACE 活性中心的 C 区和 N 区结合，从而竞争性地抑制酶催化水解血管紧张素 I 成血管紧张素 II，具有降血压作用。具 ACE 抑制活性的多肽主要集中在相对分子质量较小的组分。

大豆肽有降低血清胆固醇的作用，表现在升高高密度脂蛋白胆固醇含量，降低低密度脂蛋白胆固醇水平。大豆多肽可以有效减少氧化胆固醇的消化吸收，能阻碍肠道内胆固醇的再吸收,促使其排出体外。还能刺激甲状腺激素分泌,促使胆固醇代谢产生胆汁酸而排出体外,从而阻碍对胆固醇的吸收,起到降低血液胆固醇的作用。大豆多肽对胆固醇量正常的人无降低作用,但可以防止食用高胆固醇食物后血清胆固醇的升高。

大豆多肽能阻止脂肪吸收和促进脂质代谢,具有一定的减肥作用。

大豆多肽对微生物有增殖效果,可促进其有益代谢产物的分泌。此外大豆多肽可以防治肿瘤,对肿瘤的生长有一定的抑制作用。大豆多肽具有和钙及其他微量元素有效结合的活性基团,可以形成有机钙多肽络合物,使钙的溶解性、吸收率和输送速度都明显地提高,有防止骨质疏松的作用。大豆肽还可以与铁、硒、锌等多种微量元素结合,形成有机金属络合肽,是微量元素吸收和输送的良好载体。

(3)高 F 值寡肽(肝性脑病防治肽)

蛋白质研究中,支链氨基酸简称 BCAA,芳香族氨基酸简称 AAA,将氨基酸混合物中支链氨基酸与芳香族氨基酸的摩尔比简称为 F 值。高 F 值寡肽即是由动物或植物蛋白酶解制得的具有高支链、低芳香族氨基酸组成的寡肽,以低苯丙氨酸寡肽为代表,具有独特的生理功能,可消除或减轻肝性脑病症状、改善肝功能和多种病人蛋白质营养失常状态及抗疲劳等。除可制作用于治疗肝疾的药品外,还可广泛用作保肝、护肝功能食品,高强度劳动者和运动员食品营养强化剂等。

(4)易消化吸收肽

牛乳、鸡蛋、大豆等蛋白质经蛋白酶水解而得到的多肽混合物(二肽、三肽等低肽),可由肠道直接吸收,消化吸收率大大增加,可促进乳酸菌和双歧杆菌生长,并具有低抗原性、低渗透压,不引起过敏、腹泻等不良反应。这类易消化吸收肽可作为肠道营养剂或以流质食物形式供给处于特殊身体状况的人,如消化功能不健全的婴幼儿或消化功能衰退的老人,手术后特别是消化道手术后的康复者或患病及有待于治疗康复的病人,因过度疲劳、腰肌劳损、“驻夏”而引起胃肠功能下降者,大运动负荷需摄入大量蛋白质而肠胃不堪重负者,还有对蛋白质抗原性过敏的过敏性体质者,以及免疫功能低下者和体弱多病者。

(5)抗氧化肽

某些食物来源的肽具有抗氧化作用,其中存在于动物肌肉中的二肽—肌肽为人们熟悉。

抗氧化肽可抑制体内血红蛋白、脂氧合酶和体外单线态氧催化的脂肪酸败作用。从蘑菇、马铃薯和蜂蜜中鉴别出的几种低分子量的抗氧化肽,还可抑制多酚氧化酶(Polyphenol oxidase,PPO)的活性,并且还可直接与多酚氧化酶催化后的醌式产物发生反应,阻止聚合氧化物的形成,从而防止食品形成棕色。通过清除重金属离子以及促进可能成为自由基的过氧化物的分解,一些抗氧化肽能降低自动氧化速率和脂肪过氧化物的含量。

(6)抗菌肽

又称抗微生物肽,广泛分布于自然界,在原核生物和真核生物中都存在,如植物、微生物、昆虫和脊椎动物在微生物感染时迅速合成而得,也可采用基因克隆技术生产,如乳链菌肽即具有很强的杀菌作用。抗菌肽主要用于食品防腐保鲜。

(7)苦味肽:蛋白质酶解液中的苦味物质,由某些疏水性氨基酸构成,其必需氨基酸含量高。

5.7.2 活性蛋白质

5.7.2.1 免疫球蛋白

一类具有抗体活性或化学结构与抗体相似,能与相应抗原发生特异性结合的球蛋白,普遍存在于哺乳动物和人类的血液、组织液及外分泌液中,是构成体液免疫作用的主要物质,与抗原结合导致某些诸如排除或中和毒性等变化或过程的发生,与补体结合可杀死细菌和病毒,因此,可增强机体的防御能力。

目前已发现的人体免疫球蛋白有 IgG、IgM、IgA、IgD 和 IgE。免疫球蛋白可明显提高人体免疫功能,其中起主要作用的是 IgG,它比其他免疫球蛋白更易扩散至血液内的组织间隙中,可中和细菌毒素,并与微生物结合而增强对其的吞噬能力,从而具有抗感染、中和毒素和调理作用。而在局部免疫中起主要作用的是分泌型 IgA,它有显著的抗菌、抗毒素和抗病毒作用。IgM 属于一种细胞毒素抗体,在有补体系统的参与下可破坏肿瘤细胞,是一种高效能的抗体。IgD 作为 B 淋巴细胞表面的重要受体,在识别抗原、激发 B 淋巴细胞和调节免疫应答中起重要作用。

免疫球蛋白具有蛋白质通性,凡能使蛋白质凝固或变性的因素如强酸强碱、高温(60℃～70℃)和中性盐均能破坏抗体活性,也能被多种蛋白水解酶破坏。蛋黄含较多免疫球蛋白(8～12 mg/mL),近年来,作为一种抗体活性的免疫球蛋白资源已引起广泛的兴趣。对产蛋母鸡进行抗原免疫,免疫母鸡所产蛋中可获得较高效价的特异性免疫蛋黄抗体,将它们添加到婴儿食品中,对轮状病毒、大肠杆菌引起的腹泻有良好的治疗作用。

5.7.2.2 抑制胆固醇的蛋白质

这类活性蛋白质主要是从大豆种子提取并经适当改性处理的大豆球蛋白,主成分 11 S 球蛋白(可溶性蛋白)和 7 S 球蛋白(β-浓缩球蛋白与 γ-浓缩球蛋白),其中可溶性蛋白和 β-浓缩球蛋白约占球蛋白总量的 70%。对血浆胆固醇高的人,大豆球蛋白有降胆固醇作用;当摄取高胆固醇食物时,大豆球蛋白可防血胆固醇升高。对血胆固醇正常的人来说,可降血液 LDL-C/HDL-C 比值。即对胆固醇高的人有明显的降胆固醇功效,对胆固醇正常的人不起作用,并在其摄入含高胆固醇的肉、蛋及动物内脏等食品时,能抑制其血液胆固醇的升高。

5.7.2.3 金属硫蛋白

金属硫蛋白(metallothionein,MT)是一种低分子量、高巯基含量,能大量结合重金属的性能独特的蛋白质。金属硫蛋白构象较坚固,有较强的耐热性,同时抗酶解,且该蛋白质氨基酸排列有重复性,氨基酸链断掉一部分后仍有活性。金属硫蛋白的主要功能:

(1)清除自由基、防机体衰老:是体内清除自由基最强的蛋白质,清除 HO· 能力约为 SOD 和 GSH 的 1 万倍,清除 O_2^-· 能力约是 GSH 的 25 倍。

(2)解除重金属的毒性:金属硫蛋白是目前临床上最理想的生物解毒剂,其巯基可强烈螯合重金属 Hg、Ag、Pb 等。螯合 Pb 的强度比 Zn 大 200 倍,而螯合 Cd 的强度又比 Pb 大 10 倍,并使之排出体外,同时不影响其他微量元素的吸收。

(3)参与体内微量元素代谢:在体内可根据微量元素情况对 Zn、Fe、Se、I、Mo、Cu 及 Mn

的吸收、转运、储存和释放等进行精细调节,使机体达到最佳生理状态。

(4)增强机体对各种不良状态的适应能力:当机体处于各种不良状态,如各种炎症、烧伤、寒冷、饥饿、疲劳、辐射及金属中毒等情况时,体内金属硫蛋白含量增加,从而提高 Zn、Fe、Se、I、Mo、Cu、Mn 等微量元素的浓度,以激活体内各种应激酶的活性,提高机体适应力。

(5)锌元素的贮存库:每 100 mg Zn—金属硫蛋白含 6.9 mg Zn,肝肾中的锌主要以金属硫蛋白的形式贮存,并根据机体需要迅速释放锌以满足人体中 200 多种酶对锌的需要。

(6)防止细胞癌变:金属硫蛋白可清除自由基、重金属、烷化剂、电离辐射及紫外线对 DNA、RNA、酶、蛋白质及细胞膜的损伤,维持细胞的正常代谢和分裂,从而防止癌变、突变。还可通过激发机体免疫功能,增强机体的防癌抗癌能力。

金属硫蛋白广泛用在抗电离辐射、紫外线照射,解除重金属毒素,治疗消化道溃疡、心肌梗塞、各种炎症、癌症,美容护肤,减轻吸烟及环境污染对人体的危害及抗过敏等。

5.7.2.4　乳铁蛋白(Lactoferrin,LF)

乳铁蛋白(LF)是一种天然的铁结合蛋白,于 1960 年首先从牛乳中分离获得,由于 LF 与铁结合形成红色的复合物,故最初称为红蛋白,从人乳液分离出来后正式命名为乳铁蛋白。

乳铁蛋白是一种铁结合性糖蛋白,其分子量为 80 kD,由一条多肽链构成,其多肽链分子上附有两条碳水化合物侧链。1 分子乳铁蛋白中含有 2 个铁结合部位,15～16 个甘露糖,5～6 个半乳糖,10～11 个乙酰葡萄糖胺和 1 个唾液酸。乳铁蛋白活性多肽是乳铁蛋白在酸性条件下的降解产物,其抗菌活性明显提高。

乳铁蛋白的生理作用:

(1)具有广谱抗菌作用

乳铁蛋白可以抑制多种细菌、真菌、寄生虫和病毒生长发育,具有较广谱的抗菌性能,既可抑制需铁的革兰氏阴性菌,如大肠菌群、沙门氏菌等,也可抑制革兰氏阳性菌。但基本不抑制对铁需求不高的菌,如乳酸菌。

其作用机理可能是乳铁蛋白具有结合铁离子的能力,而铁离子为许多微生物生长所必需。这样,乳铁蛋白可以通过结合铁离子使其周围的铁离子浓度大大降低,从而抑制了微生物的生长;由于乳铁蛋白可与菌体表面结合,从而隔断外界营养物质进入菌体,致使菌体死亡。

(2)调节机体免疫功能

嗜中性细胞、巨噬细胞和淋巴细胞表面都具有乳铁蛋白受体,而血清中的乳铁蛋白主要是由嗜中性细胞释放出来的。嗜中性粒细胞是含乳铁蛋白最多的细胞,在机体受感染时可以将乳铁蛋白释放出来夺取致病菌的铁离子,使致病菌死亡。

乳铁蛋白可通过调节铁离子摄取量而影响 T 细胞增殖,当铁离子处于低水平时 T 细胞增殖受抑制,反之则 T 细胞增殖受到刺激。

乳铁蛋白可与细胞表面酸性分子结合,它能同淋巴细胞、巨噬细胞等细胞结合从而防止它们免受由于组织损伤而释放的自由基的损伤。当乳铁蛋白与铁离子结合后,它对蛋白酶的降解作用更具抵抗力,同时使病原微生物可利用的铁离子大为减少。此外铁离子—乳铁蛋白复合物可随后对抗感染有关的基因进行转录环节的调节,或通过其他机制发挥抗感染作用。

(3)抗氧化作用

机体内氧自由基过剩,形成过氧化脂质,可损伤细胞和组织,是衰老或疾病的征兆。通常只要有痕量的铁或铜等催化剂存在,就会导致氧自由基的产生。乳铁蛋白能结合铁离子,进而阻断铁离子导致的脂质氧化和氧自由基的生成转变。

(4)调节铁离子的吸收

LF 作为一种铁强化剂,其吸收效果远优于 $FeSO_4$ 或 $Fe_2(SO_4)_3$。因为乳铁蛋白通过它的氨基和羧基末端两个铁结合区域能高亲和地、可逆地与铁结合,并维持铁元素在一个较广的 pH 范围内而完成铁在十二指肠细胞的吸收和利用。乳铁蛋白能提高铁在动物肠道中的吸收率,所以母乳喂养的新生动物贫血病发病率显著降低。在补充铁剂时如能同时增补 LF,则可明显减缓铁离子对肠道的刺激作用,保护肠道。乳铁蛋白在动物肠道螯合铁离子可明显降低铁离子对动物肠道的刺激作用。在肠道中,乳铁蛋白结合铁离子的能力是铁蛋白的260 倍。

(5)其他生理活性

乳铁蛋白能同多种抗生素和抗病毒药物协同作用,减少药物用量,降低抗生素或抗真菌制剂对人体肝、肾功能的损害。同时,增强体内微生物对药物的敏感性。LF 可促进肠道双歧杆菌和乳酸杆菌等有益菌群的生长,抑制有害菌群。乳铁蛋白对消化道肿瘤如结肠癌、胃癌、肝癌、胰腺癌,具有化学预防作用,并可抑制由此引发的肿瘤转移。

乳铁蛋白的来源:在人和动物如马、牛、山羊等乳中都存在乳铁蛋白。乳来源不同,乳铁蛋白的含量差异较大。人初乳中乳铁蛋白浓度最高达 6～8 mg/mL,常乳 2～4 mg/mL;牛初乳 1～5 mg/mL,常乳 0.02～0.35 mg/mL。目前乳铁蛋白和乳铁蛋白活性多肽逐渐引起人们的关注。

5.7.3　氨基酸、肽与蛋白质类保健食品

5.7.3.1　大豆蛋白

大豆蛋白是以补充蛋白质为主的保健食品的主要原料,除含硫氨基酸如蛋氨酸稍低外,其他必需氨基酸均较丰富,多不饱和脂肪酸也较丰富。用大豆蛋白做成的食品风味好,与由肉类、奶类和蛋类蛋白质所做食品相比,脂肪与胆固醇含量低,不含易致腹泻的乳糖,更适合做成保健食品添加到各类人群如儿童、老年人和减肥者膳食中。

日本京都大学发现占大豆蛋白总量 5%～18% 的 β-伴大豆球蛋白有减少中性脂肪、防肥胖功能。每日摄取 β-伴大豆球蛋白 5g,在短时间内有减少中性脂肪的功效,若要获得同样效果,应食用大豆分离蛋白 25～33g、大豆或大豆粉 90～100g,豆腐或者豆乳 300～1 000g。

大豆蛋白的摄入有促进肾功能的效果。对患肾病的动物试验中发现,摄食大豆蛋白食物的动物成活率高且肾脏的受损程度低。有研究指出肾病患者食用大豆蛋白与限制蛋白食物可达到相同效果,即大豆蛋白可作为肾病患者相对安全的蛋白质来源。最近的研究还表明常吃含大豆蛋白的食品有助于改善Ⅱ型糖尿病人的肾功能,减少因糖尿病而并发肾病的危险。

5.7.3.2　免疫乳

指给哺乳动物如牛、山羊选择性地接种一些能够引起人或动物疾病的细菌、病毒或其他一些外来抗原,刺激机体产生免疫应答以分泌特异性的抗体(免疫球蛋白)进入乳中,这种乳称免疫乳。除抗体之外,免疫乳中含有许多具有生物学功能的非抗体成分,也称免疫调节物。免疫乳对疾病的首要作用是通过强化机体对一些病原微生物的抵抗来预防疾病。免疫乳对

人体的生理功能包括：调节肠道菌群、抗炎症、降血脂、降血压和通过抑制新生血管增生等作用，实现对癌症的预防和辅助治疗。免疫乳还具有抗辐射作用。

5.8　有益微生物

有益微生物指对人体有保健功能的有益菌群。在人体微生物区系组成中，肠道微生物占最大数量，且与人体生理及健康关系密切，成为微生态学研究的重要内容。人们已认识到这种肠道有益菌群的重要作用，以乳酸菌发酵的各种保健食品受到人们普遍欢迎。

5.8.1　乳酸菌的种类

乳酸菌是一类可在厌氧条件下发酵利用碳水物（主要是葡萄糖）而产生大量乳酸的细菌，分为乳杆菌属、链球菌属、明珠串菌属、双歧杆菌属和片球菌属 5 个属，应用较多的是乳杆菌、双歧杆菌和链球菌。发酵中应用的主要是同型发酵乳杆菌（如德氏链球菌、保加利亚乳杆菌、瑞士乳杆菌、嗜酸乳杆菌和干酪乳杆菌等）和异型发酵乳杆菌（如短乳杆菌和发酵乳杆菌）。

5.8.2　乳酸菌的生理功能

(1)营养作用

乳酸菌对乳的发酵即乳营养成分的"预消化"，乳糖转变为乳酸，蛋白质、脂肪水解，同时增加了可溶性钙、磷及某些 B 族维生素的含量。牛乳在发酵过程中约 1/3 的乳糖转化为乳酸和其他物质，且乳酸菌还能分泌乳糖酶，乳糖不耐症者可食用发酵乳制品。

(2)抗菌和维持肠道菌群平衡

乳酸菌进入人体后即在肠道内繁殖，通过自身及其代谢产物，调整菌群之间的关系，使肠道菌群发生相应变化，抑制病原菌和有害于人体健康细菌的生长繁殖，维持肠道菌群平衡。乳酸菌代谢产生乳酸、乙酸和一些抗菌物，使肠道 pH 和氧原电位降低，起抗菌防病的作用。乳酸菌及其代谢产物还能促进宿主消化酶分泌和肠道蠕动，促进食物消化并预防便秘发生。双歧杆菌还能使结合的胆汁酸分离呈游离状，起更强的抑菌作用。

(3)降胆固醇

乳酸菌在发酵过程中产生的乳清酸可降胆固醇，对由冠状动脉硬化引起的心脏病有一定的预防作用。Hepner 给 53 名美国人每餐喝酸奶 240 mL，一周后可见胆固醇降低。乳酸菌能产生羟甲基戊二酸，能抑制羟甲基戊二酰基 CoA 还原酶活性，此酶参与胆固醇合成。

(4)增强免疫功能

双歧杆菌能激活机体吞噬细胞的吞噬活性，提高抗感染能力。食用含双歧杆菌的食物，将对肠道免疫细胞产生激活作用，提高其产生抗体的能力。双歧杆菌的细胞壁被溶菌酶分解生成的肽聚糖可增强免疫反应，其在肠道内定植，相当于自动免疫，可诱发机体的特异性免疫反应。

（5）抗肿瘤作用

肠道腐生菌分解食物、胆汁等会产生许多有害代谢产物，如酪氨酸产生酚和对甲酚，色氨酸转化为吲哚和甲基吲哚，还产生氨、胺和 H_2S 等，这些产物都是潜在致癌物。双歧杆菌及其他乳酸菌在肠道内的繁殖可改善肠道菌群组成，抑制腐生菌生长并抑制了某些菌产生致癌物及致癌作用的发生，起防癌作用。同时乳酸菌促进肠道蠕动而减少致癌物在肠道内的停留时间。乳酸菌能分解致癌物 N-亚硝基胺。乳酸菌及其代谢产物可诱导人体细胞产生干扰素和促细胞分裂物质，通过提高人体免疫力，增强对癌症的抵抗力。

乳酸菌保健范围

①消化系统疾病：消化不良、便秘、结肠炎、肠道菌群失调、肠胃病、腹泻、胀气、牙龈炎及乳糖不耐受症。

②其他疾病：糖尿病、高血脂、肝胆病、肾病、肥胖症、皮肤病、骨质疏松症、肺结核病和妇科病。

5.8.3　乳酸菌发酵食品

常见的有：酸奶、乳酸菌饮料、干酪、酸性酪乳、酸性稀奶油、马奶酒、双歧杆菌乳和嗜酸菌乳等。

（1）酸奶

以新鲜乳、脱脂乳、全脂乳粉、脱脂乳粉或炼乳等乳制品为原料，用嗜热乳杆菌和保加利亚乳杆菌的混合菌种共生发酵而制出的发酵酸乳，有静止型（酸凝乳）和搅拌型两种不同工艺产品，是市场最常见的发酵乳制品。

（2）乳酸菌饮料

是以新鲜乳及乳制品经乳酸菌发酵所得凝乳为主原料，配以各种辅料（如甜味剂、酸味剂、稳定剂、果汁等）而制成的直接饮用的液体饮料。根据生产工艺的不同可分为活菌型乳酸菌饮料和杀菌型乳酸菌饮料。

（3）干酪

以乳、稀奶油、脱脂乳、酪乳等为原料，采用产酸菌和产香菌共同培养发酵，同时加入凝乳酶，使其凝固后再除去乳清，制成非液态发酵制品。

世界各国嗜酸乳杆菌发酵制品品种很多，如嗜酸菌乳、嗜酸菌酸奶、嗜酸菌酸母乳，也包括与双歧杆菌混合发酵的 AB-乳、AB 风味酸奶等。

5.8.4　微生态制剂

微生态制剂又称"微生态调节剂"，目前已批准的微生态制剂有 30 余种。一般认为微生态制剂（microecologics）有维持宿主的微生态平衡，调整其微生态失调，提高其健康水平的功能。按微生态制剂的主要成分可将其分为：

（1）益生菌（probiosis）

即狭义的微生态制剂。指通过改善宿主肠道菌群生态平衡而发挥有益作用，达到提高宿主健康水平的活菌制剂及其代谢产物。益生菌研制的指导思想是用人或动物正常生理菌群成员，经过选种和培养增殖、浓缩干燥制成活菌剂，再以投入方式使其回到原来环境，发挥它的生理作用。应用于人体的益生菌有双歧杆菌、乳杆菌、枯草芽孢杆菌、地衣芽孢杆菌、丁酸梭菌和酵母菌等。

（2）益生素（probiotics）

又称益生元，是一类非消化性食物成分，不被宿主消化吸收，却能有选择性地促进其体内有益菌如双歧杆菌的代谢和增殖。通过有益菌的繁殖增多，抑制有害细菌生长而达到调整肠道菌群、促进机体健康的目的。属于双歧因子的有各种低聚糖，常见的有低聚果糖、低聚异麦芽糖、低聚木糖等，其优点在于稳定性强、有效期长，不仅可促进有益菌群生长，还可提高机体的免疫功能，还不存在保持活菌数的技术难关。

（3）合生元（synbiotics）

又称合生剂，指在制剂中包括益生素和益生菌两部分的制剂。服用后到达肠腔可使进入的益生菌在益生元作用下繁殖更多，更有利于发挥抗病保健的有益作用。合生元主要作用于大肠和小肠，碳水化合物被益生菌利用，使益生菌在肠内选择性的增殖，其作用效果大于任何一种单独作用的效果。这一类产品在我国已有商品上市。

微生态制剂在国外多以片剂或胶囊形式出现，其中所含有益菌多用冻干法生产，活菌含量高，有利贮存，每个胶囊或片剂含菌量达 10 亿个或更高。我国限于生产条件或生产水平，有不少微生态制剂以水剂形式上市，这种形态的制剂不耐贮存，难以保证有益菌的存活，直接影响产品的质量。微生态制剂一般采用口服，这些有益菌在宿主特定部位存活，改善宿主的微生态平衡，达到治疗或保健的目的。

5.9　海洋生物活性物质

海洋生物活性物质主要包括以下几种：

1. 膳食纤维

海洋膳食纤维包括海藻胶、卡拉胶、琼胶及甲壳素等，其中甲壳素是目前自然界唯一存在的高分子阳离子型可食性动物纤维。除具有膳食纤维的多种功能特性外，甲壳素还可调节血脂和增强免疫力。甲壳素广泛存在于蟹壳，昆虫、无脊椎动物的坚硬外壳，以及蘑菇类的细胞膜中，是自然界蕴藏的庞大而宝贵的资源，但直接食用不被人体吸收后，需经过严格纯化处理，才溶于水和稀酸，具有亲和力，被人体吸收后，不产生排斥反应。一般是将甲壳动物的外壳通过酸碱处理，脱去钙盐和蛋白质，得到几丁质后再用强碱在加热条件下脱去分子中的乙酰基，转化为可溶性的壳聚糖，也就是甲壳素。

甲壳素及其衍生物在纺织、印染、造纸、食品、医药、环保和化工等行业有广阔的应用前景，如广泛应用于果蔬饮料中澄清果汁、食品工业废水处理、焙烤食品、食品防腐保鲜，也可作为保健食品、酶的固定化载体以及乳化剂、增稠剂和稳定剂。

2. 活性多糖

如具有抗 HIV 活性的蓝藻多糖、提高免疫力的海藻硫酸多糖和海参黏多糖等。

3. DHA 和 EPA

海藻类和海水鱼中，尤其深海鱼的脂肪中，有较高含量的 EPA 和 DHA。海藻，尤其是较冷海域中的海藻，含有较多的 EPA。日本种植的一种海藻中的油，其 EPA 含量为 90%。它们的功能作用参见功能性油脂。

4. 维生素和矿物质

盐泽杜氏藻（一种单细胞藻类）富含 β-胡萝卜素，在适宜的环境下，能大量累积 β-胡萝卜素，最高可达干重的 10% 左右，远高于其他动植物体内含量；一些海洋生物含丰富的维生素 E、A、D 等。海洋生物中还含丰富且比例适宜的矿物质，如锌、硒、铁、钙和碘等。

5. 活性肽

海洋生物含有丰富的活性肽、蛋白质和氨基酸，如毛蚶、蛤蜊、贻贝、扇贝、鲍鱼、鳗鱼等都含有具生物活性的活性肽。

5.10　其他活性因子

5.10.1　生物类黄酮

以前黄酮类化合物（flavonoids）主要指基本母核为 2-苯基色原酮类化合物（见图 5-1），现在则泛指具有 2-苯基苯并芘喃的一系列化合物，主要包括黄酮类、黄烷酮类、黄酮醇类、黄烷酮醇、黄烷醇、黄烷二醇、花青素、异黄酮、二氢异黄酮及高异黄酮等（见表 5-1）。黄酮类化合物多呈黄色，是一类天然色素。

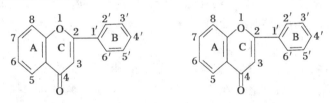

2-苯基色原酮　　　　　2-苯基苯并芘喃

图 5-1　生物类黄酮的基本结构式

表 5-1　黄酮物质化合物的主要结构类型

名称	黄酮类 （flavones）	黄酮醇 （flavonol）	二氢黄酮类 （flavanones）	二氢黄酮醇类 （flavanonols）	花色素类 （anthocyanidins）	黄烷-3,4-二醇类 （flavan-3,4-diols）	双苯吡酮类 （叫山酮类） （xanthones）
三碳链部分结构							
名称	黄烷-3-醇类 （flavan-3-ols）	异黄酮类 （isoflavones）	二氢异黄酮类 （isoflavanones）	查耳酮类 （chalcones）	二氢查耳酮类 （dihydrochalcones）	橙酮类 （aurones）	高异黄酮类 （homoisoflavones）
三碳链部分结构							

资料来源：宋晓凯主编 . 天然药物化学 . 北京：化学工业出版社 . 2004

第五章　保健食品的功效成分

生物类黄酮(bioflavonoids)是能调节毛细血管通透性,增强毛细血管壁弹性的物质。生物类黄酮的这些作用可防止毛细血管和结缔组织的内出血,而建立起一个抗传染病的保护屏障。生物类黄酮除影响毛细血管的健康外,还具有下列功能:

(1)生物黄酮类是食物中有效的抗氧化剂,是优良的活性氧清除剂和脂质抗氧化剂,与超氧阴离子反应阻止自由基反应的引发,与铁离子络合阻止羟自由基的生成,与脂质过氧化基反应阻止脂质过氧化过程。生物黄酮类可通过对金属离子的螯合作用抑制动物脂肪的氧化,保护含有类黄酮的蔬菜和水果不受氧化破坏。通过对抗自由基、直接抑制癌细胞生长及对抗致癌促癌因子,黄酮类有较强的抗肿瘤作用,可抑制恶性细胞生长并保护细胞免受致癌物的损害。芦丁和桑色素能抑制黄曲霉毒素 B1 对小鼠皮肤的致癌作用,对其他一些致突变剂和致癌物也有拮抗作用。

(2)黄酮类化合物具有抑制细菌和抗生素的作用。木犀草素、黄芩甙、黄芩素等均有一定抗菌活性;而槲皮素、桑色素、二氢槲皮素及山柰酚等有抗病毒作用。黄酮类化合物具有降低血压、增强冠状动脉血流量、减慢心率和抵抗自发性心率不齐的作用,还具有降血脂、降胆固醇的作用,有些可缓解冠心病,有些有明显的降血压作用。

(3)黄酮类化合物对维生素 C 有增效作用,可稳定人体组织内抗坏血酸的作用而减少紫癜。黄酮类化合物还具有止咳、平喘、祛痰及抗肝脏毒的作用。水飞蓟中的黄酮对治疗急慢性肝炎、肝硬化及各种中毒性肝损伤均有较好效果,动物实验表明水飞蓟素、异水飞蓟素及次水飞蓟素等黄酮类物质有很强的保肝作用;茶叶中的儿茶素具有抗脂肪肝的作用,D-儿茶素也有抗肝脏毒作用,对脂肪肝及因半乳糖胺或 CCl₄ 等引起的中毒性肝损伤均有一定的治疗效果。近年来,研究人员发现一些黄酮类物质可抑制醛糖还原酶活性,在病态的条件下如糖尿病者与半乳糖血症者中,这种酶参与形成白内障,但未能证明黄酮类物质能否干扰人类白内障的形成。

(4)黄酮类化合物对动物有很多有益的生理效果,由于它们种类繁多,其生理作用也各不相同。一般多将其作为防治与毛细血管脆性和渗透性有关的疾病的补充药物,如牙龈出血、视网膜出血、脑内出血、肾出血、月经出血过多、静脉曲张、溃疡、痔疮、习惯性流产、运动挫伤、X-射线辐射伤害及栓塞等。

动物不能合成类黄酮,黄酮类化合物广泛存在于蔬菜、水果、花和谷物等植物中。黄酮类化合物在植物中的含量随种类的不同而有很大差异,一般叶菜类含量多而根茎类含量少。生物类黄酮对热、氧、干燥和适中酸度相对稳定,但遇光迅速破坏。贮藏过程若不暴露在强光下,食品中黄酮类化合物的损失也极小。

生物类黄酮的吸收、贮留及排泄与维生素 C 非常相似,约一半可经肠道吸收而进入体内,未被吸收的部分在肠道被微生物分解随粪便排出,过量的生物类黄酮则主要由尿排出。生物类黄酮的缺乏症状与维生素 C 缺乏密切相关,若与维生素 C 同服极为有益。生物类黄酮无毒性。

生物类黄酮是近年来研究的一个热点,其中研究报道较多的有异黄酮、花青素和植物多酚。

5.10.1.1 异黄酮(iso-flavones)

属黄酮类化合物,它的侧苯基位于 3 位。包括游离态的甙元和结合态的葡萄糖甙。目前研究较多的有大豆异黄酮及葛根异黄酮。大豆异黄酮有 12 种,可分为游离型的甙元和结合型的糖甙,甙元占总量的 2%～3%,有染料木素(genistein)、大豆素(daidzein)和黄豆黄素(glycitein);糖甙占总量的 97%～98%,主要以染料木苷(genistin)、大豆苷(daidzin)、黄豆苷(glycitin)、丙二酰染料木苷(6″-O-malonygenistin)、丙二酰大豆苷(6″-O-malonydaidzin)和丙二酰黄豆苷(6″-O-malonyglycitin)形式存在;葛根异黄酮及其衍生物包括葛根素(puerarin)、葛根甙(xylopuerarin)、葛根木糖甙(puerarin xyloside)、大豆素、大豆苷及大豆素-4′,7-二葡萄糖甙。大量研究表明,异黄酮具有重要的生理功能:

(1)异黄酮与动物体内雌激素结构类似,具有弱雌激素活性;

(2)异黄酮具有较强的抗氧化能力,通过形成稳定的自由基中间体而阻断自由基反应,体外实验证明大豆异黄酮具有显著的抗血清脂蛋白过氧化作用,效果甚至优于维生素 E。

(3)异黄酮具有很好的抗癌作用,其中具有这种生理活性的异黄酮主要是染料木苷、乙酰染料木苷、丙二酰染料木苷等,可通过抑制许多种酶的活性和控制细胞生长因子,影响信号的传递,从而抑制癌细胞的生长,对与性激素有关的癌症如乳腺癌、子宫癌、前列腺癌等有一定的预防和治疗作用。

(4)异黄酮还有增加冠状动脉血流量及降低心肌耗氧量等作用,可防心脏病。

(5)异黄酮还可预防疟疾、囊性纤维化,抑制真菌和醇中毒等多种疾病。其中大豆素具有类似罂粟碱的解痉作用。异黄酮具有广泛的生理活性,已用于妇女保健、心脏病保健、降血脂、改善骨质疏松、增强免疫功能等保健食品中,已开发的保健食品有日本的大豆胚芽茶和PIC-BIO 公司的 Vitalin Z 大豆异黄酮、中国的天雌素、德国的异黄酮复合含片及美国的异黄酮强化补液等。

异黄酮类化合物在自然界分布有限,主要存在于洋葱、苹果、葡萄和大豆等天然食物中。尤其是大豆中含量丰富,主要分布于大豆种子的子叶和胚轴中,种皮含量极少。遗传因素及大豆的加工处理工艺均会影响大豆异黄酮的含量和种类分布。大豆品种不同含量不同,大致在 0.12%～0.42%,南方大豆异黄酮含量平均为 189.9 mg/100 g,东北及北方春大豆异黄酮含量平均为 332.9 mg/100 g。大豆加工工艺中的水洗、浸泡、加热和磨浆分离等,尤其是大豆浓缩蛋白工艺,都会造成异黄酮的损失;水浸泡使大豆中 10%异黄酮流失,同时由于自身存在β-糖苷酶的水解,使游离异黄酮增加;热处理则可使热不稳定的丙二酰基葡糖苷型转变为乙酰基葡糖苷型。发酵不影响大豆异黄酮含量,但可改变其种类和分布,主要是微生物产生大量的β-糖苷酶,其水解作用使糖苷型异黄酮大量水解为游离型。临床研究表明,摄入异黄酮40～150 mg /d 对人体健康十分有益。

5.10.1.2 花青素(anthocyanins)

是一类性质比较稳定的色原烯的衍生物,分子中存在高度的分子共轭,且有多种互变异构式(见图 5-2)。植物中的花色素多在 C_3 位有羟基,且常与葡萄糖、半乳糖、鼠李糖缩合成苷。由于花青素分子吡喃环上的氧原子是 4 价,所以花青素具有碱的性质;又由于有酚羟基而具有酸的性质,所以在可见光下的颜色随 pH 环境而改变。此外,花青素易受氧化剂、维生素 C、温度等影响而变色,如 SO_2 可漂白花青素并能改变其 pH。花色苷还能被酶解成糖和配基,以至褪色。

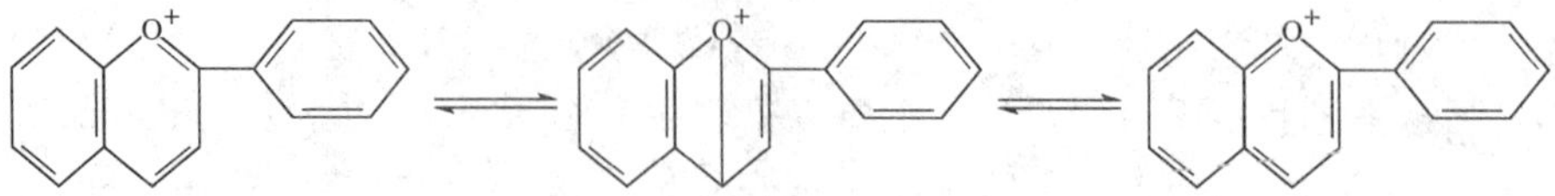

图 5-2　花青素化学结构异构式

原花青素(proanthocyanidin;PC)是自然界中广泛存在的一大类多酚类化合物的总称,由不同数量儿茶素或表儿茶素结合而成的二聚体、三聚体直至十聚体,按聚合度大小通常将二至四聚体称为低聚体(OPC),将五聚体以上的称为高聚体(PPC)。二聚体中因两个单体的构象或键合位置的不同,可有多种异构体,已分离鉴定的 8 种结构形式分别命名为 B1－B8,其中 B1－B4 由 C4→C8 键合,B5－B8 由 C4→C6 键合。在各类原花青素中二聚体分布最广,研究最多,是最重要的一类原花青素。

花青苷具有抗氧化及清除自由基的功能,有降血清及肝脏中脂肪含量的作用。花青苷可抗变异及抗肿瘤,还具有抑制超氧自由基的作用,有利于人体对异物的解毒及排泄功能,可防止人体内的过氧化作用。

原花青素有很强的抗氧化性,可用于保护细胞 DNA 免遭自由基的氧化损伤,从而预防导致癌症的基因突变;可预防自由基对晶状体蛋白质的氧化,从而预防白内障的发生;可抑制诸如组胺、5-羟色胺、前列腺素及白三烯等炎性因子的合成和释放,具有抗过敏、抗炎作用;还可选择性地结合在关节的结缔组织上以预防关节肿胀,帮助治愈受损组织,缓解疼痛,因而对治疗各种类型的关节炎效果显著。通过抗炎功效、自由基清除功效及结缔组织保护作用,对龋齿及牙龈炎具有预防和治疗作用。原花青素还可用于心血管的保护,具有包括降血压、降胆固醇及缩小沉积于血管壁上的胆固醇沉积物体积的作用。其他功能作用还包括抗溃疡、预防老年性痴呆、治疗哮喘及前列腺炎等。

5.10.1.3　多酚类

多酚类(polyphenols)属于生物类黄酮化合物,可分为两大类化合物:一类是多酚的单体,即非聚合物,包括各种黄酮类化合物及其甙类;另一类则是由单体聚合而成的低聚或多聚体。这些物质都有一定量的 ROH 基,能形成有抗氧化作用的氢自由基(H·),以消除 O_2^-· 和HO·等自由基的活性,从而保护组织免受氧化作用的损害,同时还具有增强免疫功能、抗癌、抗衰老、抗龋齿、抗菌和抑制胆固醇升高等作用。

不同植物中提取的多酚会有一些不同的生理功能,目前研究较多、时间较长的是茶叶多酚(tea polyphenols;TPs)。TPs 大量存在于茶叶中,占其干物质的 24%～38%,主要由黄烷醇、花白素、花青素、黄酮类、黄酮醇类、黄烷酮类、黄烷酮醇及酚酸类等组成。

TPs 及其氧化产物是一类含多个酚－OH 的化合物,较易氧化而提供质子,具酚类抗氧化剂的通性。尤其 B 环上的邻位酚或连位酚有较高的还原性,易发生氧化产生邻醌类物质,而提供 H^+ 与自由基结合,可直接清除自由基,避免氧化损伤。TPs 及其氧化产物可作用于产生自由基的相关酶类,络合金属离子,间接清除自由基,起到预防和断链双重作用。TPs 及其氧化产物丰富的羟基可与蛋白质等大分子通过氢键结合而影响许多生理过程,如可影响许多酶的活性,包括增强抗氧化酶 GSH-Px、CAT 和谷胱甘肽硫转移酶活性,并抑制鸟氨酸脱羧酶、环加氧酶、黄嘌呤氧化酶等多种氧化酶的活性,从而对许多病理过程起显著抑制作用。可通过抑制肝脏脂质过氧化、促进肝中 ATP 合成、防止胆固醇和中性脂肪积累,来预防肝中毒和肝硬化。其抗氧化作用可使神经元免受自由基伤害,对慢性脑病变的发生发展有防治意义,可预防老年性痴呆。

TPs 对机体的脂肪代谢起着重要作用,不仅有明显的降血清总胆固醇、降 LDL-C 和升高 HDL-C 的作用,还可明显降低血浆和心肌组织中过氧化脂质的数量,有抗脂质过氧化和延迟脂褐质生成的作用。TPs 通过调节血脂代谢、抗凝、促纤溶及控制血小板聚集,抑制小肠对胆固醇的吸收等,对动脉粥样硬化有独特的抑制效果。此外,TPs 可抑制血管紧张素 I 转换酶的活性,对高血压有一定的预防作用。

TPs 主体物质儿茶素可明显抑制 AFB_1 和 B(a)P 诱导的 V_{79} 细胞基因正向突变以及 AFB_1 诱导的 V_{79} 细胞姐妹染色单体交换和染色体突变;对丝裂霉素 C 的诱致突变性有明显的抑制效应;可降低吸烟、辐射及化学致癌物引起的人类癌症发生率,可显著抑制香烟浓缩物处理大鼠皮肤细胞的畸增,无毛小鼠口服或皮肤涂敷 TPs 后照射紫外线可降低皮肤癌的形成。故 TPs 具有抗肿瘤作用,对口腔癌、胃癌、皮肤癌、十二指肠癌、结肠癌、肝癌、胰脏癌、乳腺癌、前列腺癌及肺癌有抑制作用。

TPs 还有抗变态反应和增强免疫功能的作用,其抗变态反应能力与公认的抗变态反应极为有效的甜茶相当。TPs 有缓解机体产生过激变态反应的能力,对机体整体的免疫功能有促进作用。

TPs 除具有以上生物学作用外,还具有降血糖、防龋齿、防口臭、调节甲状腺分泌、消炎、止泻、杀菌以及抗病毒等作用。

TPs 化合物在人体中可很快被吸收,血浆中 TPs 含量水平取决于口服的剂量。TPs 主体成分 EGCG 在口腔中可很快转变为 EGC,餐后 3~5 h 在血液中浓度可达峰值,半衰期 3.9 h。其中 DCG 主要通过胆汁代谢排泄,在小肠中含量高,其他儿茶素在肾脏中含量高,主要通过尿液排出。

TPs 急性毒性试验小鼠的 LD_{50} 为 2 496~2 816 mg/kg 体重,有中等蓄积性;亚急性毒性试验小鼠血红蛋白、红细胞数、白细胞数、体重、肝重、胸腺和脾脏的细胞数与对照组比较均无差别;药理试验血压、心电、呼吸和肠道活动结果均在正常范围;Ames 试验其突变性为阴性。因此,第 11 届全国食品添加剂标准委员会同意将 TPs 列入标准。TPs 在食品工业、医药、卫生及保健方面有重要的应用价值。在食品工业作为防止和延缓脂质变质的保鲜剂、除臭剂及天然食用色素稳定剂;在日、俄被用于减肥食品;美国已批准将绿茶作为预防癌症的物品使用。

5.10.2 萜类

萜类(Terpenes)包括以异戊二烯首尾相连的聚合体及其含氧的饱和程度不等的衍生物,通常可分为单萜、倍半萜、二萜、三萜、四萜及多萜等。萜类在自然界中分布广、种类多,是天然物质中最多的一类化合物。常见的如挥发油、皂甙及类胡萝卜素等的组分多属于萜类化合物。

5.10.2.1 单萜(monoterpenes)

单萜和倍半萜类(sesquiterpenes)化合物,其含氧的衍生物是医药、食品及香料工业的重要原料,如含单萜的挥发油常用作芳香剂、矫味剂、消炎防腐剂、祛风祛痰剂等,而倍半萜内酯多具有抗肿瘤、抗炎、解痉、抑菌、强心、降血脂、抗原虫、作用于中枢神经等生物活性,其中 α-萜品醇有良好的平喘作用,芍药甙具有镇静、镇痛及抗炎活性,薄荷醇有弱的镇痛、止痒和局麻作用,亦有防腐、杀菌及清凉作用,青蒿素则是一种抗恶性疟疾的有效成分。柑橘(特别是果皮)含丰富的苧烯(limonene),具有显著减轻化学致癌物对机体的致癌作用。

5.10.2.2 二萜类(diterpenes)

是一类化学结构类型众多,有较强生物活性的化合物,分为直链、二环、三环、四环类,其中不少具有抗肿瘤活性,如冬凌草中的冬凌草素以及罗汉松中的罗汉松内酯。二萜衍生物穿心莲内酯具有较广的抗菌作用;红豆杉醇(taxol)是红豆杉 *Taxus brevifolia* 树皮的成分,具有抗白血病及抗肿瘤的活性。也有一些二萜类化合物有刺激性与辅致癌作用,如巴豆属、大戟属和瑞香属一些植物中的二萜类化合物。

5.10.2.3 三萜类(triterpenes)

是由 6 分子 C_5H_8 连接而成的具有 30 个碳原子的化合物,分为直链、三环、四环、五环类,游离或与糖结合成皂甙。大多为含氧化合物,有一定的生物活性,在后面皂甙类化合物中论及。

5.10.2.4 类胡萝卜素

是植物中广泛分布的一类脂溶性多烯色素,属四萜类。已知的类胡萝卜素达 600 多种,颜色从红、橙、黄以至紫色都有。按组成和溶解性质可分为胡萝卜素类和叶黄素类。胡萝卜素类包括 α-、β-、γ-、δ-、ζ-胡萝卜素及番茄红素(lycopene)等;叶黄素则是胡萝卜素的加氧衍生物或环氧衍生物,食品中常见的有叶黄素、玉米黄素、隐黄素、辣椒红素和虾黄素等。按结构可分为无环化合物如番茄红素,单环化合物如 γ-胡萝卜素及双环化合物如 α-和 β-胡萝卜素(见图 5-3)。

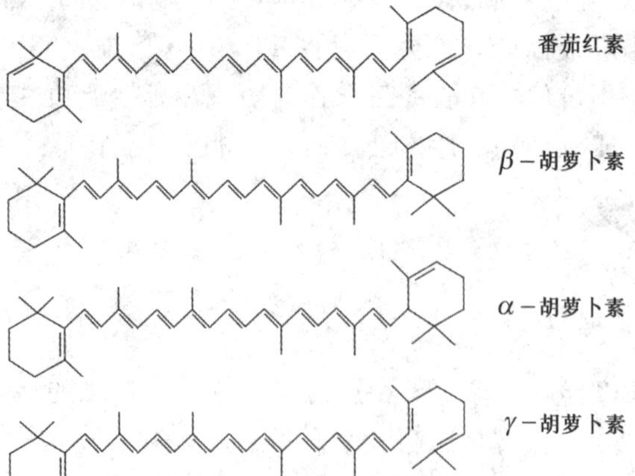

番茄红素

β-胡萝卜素

α-胡萝卜素

γ-胡萝卜素

图 5-3 主要胡萝卜素的结构

类胡萝卜素是一类在自然界中广泛分布的生物来源的抗氧化剂,可有效猝灭单线态氧、清除过氧化自由基,在以卵磷脂、胆固醇与类胡萝卜素组成的脂质体系统中,可抑制脂质过氧化的发生,明显减少丙二醛的生成。其中番茄红素虽没有维生素 A 的活性,但却是一种强有力的抗氧化剂,其抗氧化能力在生物体内是 β-胡萝卜素的 2 倍以上,可保护人体免受自由基的损害。有研究报道,番茄红素对氧化胁迫介导的皮肤损害有保护效应。一些类胡萝卜素猝灭单线态氧的速度依次为:番茄红素＞γ-胡萝卜素＞虾青素＞α-胡萝卜素＞β-胡萝卜素和红木素＞玉米黄质＞叶黄素＞番红花苷,均优于维生素 E。

类胡萝卜素可增强机体免疫功能,保护吞噬细胞免受自身的氧化损伤,促进 T-、B-淋巴细胞的增殖,增强巨噬细胞、细胞毒性 T 细胞和 NK 细胞杀伤肿瘤的能力,以及促进某些白介素的产生。类胡萝卜素能抑制致癌物诱发的肿瘤转化,抑制肿瘤的发生和生长,具有抗癌作用。如 β-胡萝卜素可预防应激诱发的胸腺萎缩和淋巴细胞数量下降,增强对异体移植物的排斥反应,促进 T-和 B-淋巴细胞增殖,维持巨噬细胞抗原受体的功能及增强中性细胞杀死假丝酵母的能力,并促进病毒诱发肿瘤的退化。α-胡萝卜素和 β-胡萝卜素均可增强自然杀伤细胞对肿瘤细胞的溶解,在抗癌效果上 α-胡萝卜素优于 β-胡萝卜素,高含量的 α-胡萝卜素可阻止癌细胞的增殖,而等量的 β-胡萝卜素只产生中度的效果。而对子宫、乳腺和肺的癌细胞的抑制能力,番茄红素明显高于 β-胡萝卜素。番茄红素也能抑制胰岛素生长因子刺激的癌细胞增殖。

类胡萝卜素可降低白内障疾患的危险性,并能预防眼底黄斑性病变。β-胡萝卜素及番茄红素可有效阻断 LDL 的氧化,减少心脏病及中风的发病率。番茄红素还是血清中与老化疾病相关的微量营养素,可以抑制与老化相关的退化疾病,有抗衰老的作用,并具有清除毒物如香烟和汽车废气中有毒物质的作用。

各种类胡萝卜素由于化学结构和理化性质不同,在吸收及体内代谢等方面存在很大差异。胡萝卜素吸收率大约为维生素 A 的一半,并随膳食摄入量增加吸收率明显下降至 10% 以下。动物实验表明,当每天补充 β-胡萝卜素剂量超过 4.28 mg/kg,8 周后,机体的抗脂质过氧化能力明显增强,表现为 GSH-Px 活性明显升高,丙二醛生成显著降低。但超过该剂量后,机体的抗氧化功能并没有明显改善,即大剂量补充时可能引起脂质过氧化反应。

类胡萝卜素广泛分布于绿叶菜和橘色、黄色蔬菜及水果中,藻类特别是一些微藻是天然类胡萝卜素的重要来源,一些微生物也能合成,但动物不能合成类胡萝卜素,其体内的蓄积来源于植物界,只能从食物中摄取。一些类胡萝卜素如 β-胡萝卜素在体内可转化为维生素 A,称维生素 A 原,有些则是有效的抗衰老剂,如 α-胡萝卜素。类胡萝卜素中研究较多的番茄红素在自然界中分布不广,主要存在于成熟的红色植物果实如番茄、西瓜、红色葡萄柚、木瓜、苦瓜籽及番石榴等食物中,并以番茄中含量最高,成熟番茄果实中可高达 3～14 mg/100 g,成熟度越高含量越高。红色棕榈油也含较高的番茄红素。FAO/WHO、FDA 和欧盟均将番茄红素列入食品添加剂使用品种。

5.10.3 皂甙

又名皂素或皂草苷(saponins),是一类比较复杂的甙类化合物,大多可溶于水,易溶于热水,味苦而辛辣,振荡时可产生大量肥皂样泡沫,故名皂甙。皂甙的水溶液大多能破坏红血球而有溶血作用,又常被称为皂毒素(sapotoxins),但高等动物口服无毒。根据皂苷元化学结构,可将皂甙分为甾体皂甙(steroidal saponins)和三萜皂甙(triterpenoidal saponins)两种。甾体皂甙通常由 27 个碳原子组成,为中性皂甙,如薯蓣科和百合科植物皂甙;三萜皂甙多为酸性皂甙,分布比甾体皂甙广泛,五加科、豆科、石竹科、伞形科、七叶树科植物中所含皂甙属于此类。

许多皂甙具有抗菌及抗病毒作用,大豆皂甙具有抑制大肠杆菌、金黄色葡萄球菌和枯草芽孢杆菌的作用,并对疱疹性口唇炎和口腔溃疡效果显著,具有广谱抗病毒能力。人参皂甙在 0.001% 的浓度对大肠杆菌有抑制作用,在 5% 的浓度则可完全抑制黄曲霉毒素的产生,还能通过抑制幽门螺杆菌而达到预防和治疗十二指肠和胃溃疡的作用。甘草素对单纯疱疹病毒、水痘病毒及带状疱疹病毒均有抑制作用,并可抑制艾滋病毒的繁殖,但无灭活作用。茶叶皂甙对多种致病菌如白色链球菌、大肠杆菌和单细胞真菌,尤其是对皮肤致病菌有良好的抑制活性。

皂甙可增强机体免疫功能,如人参皂甙、黄芪皂甙和绞股蓝皂甙均可明显增强巨噬细胞的吞噬功能,提高 T 细胞的数量及血清补体水平;大豆皂甙能明显提高 NK 细胞、LAK 细胞毒活性,表现出明显的免疫调节作用。

皂甙可抑制胆固醇在肠道的吸收,有降胆固醇的作用。在甾苷类化合物中,螺甾烷醇苷类降胆固醇活性比呋甾烷醇苷类强,且螺甾烷醇活性随糖链中单糖数目的增加而增加,而从配基结构来说,皂甙的降胆固醇活性从高到低依次为:海可皂甙配基、洛可皂甙配基、洋菝契皂甙配基、薯蓣皂甙配基、毛地黄皂甙配基。在三萜皂甙中,柴胡皂甙、甘草皂甙及驴蹄草总皂甙都有明显的降胆固醇作用。其他如大豆皂甙和人参皂甙可促进人体内胆固醇和脂肪的代谢,降低血中胆固醇和甘油三酯的含量。大豆皂甙还可抑制血小板减少和凝血酶引起的血栓纤维蛋白形成,具有抗血栓作用。绞股蓝皂甙可明显抑制小鼠血小板血栓和静脉血栓的形成,血栓平均重量分别下降 34% 和 68%。

皂甙可作用于中枢神经系统,人参总皂甙及其单体 R_{b1} 在小剂量时可增强中枢神经的兴奋过程,大剂量时却增强抑制过程。柴胡皂甙具有镇静、镇痛和抗惊厥作用,并可延长猫的睡眠时间,特别是慢波睡眠Ⅱ期和快动眼睡眠期的增加,其作用优于成药朱砂安神丸。黄芪皂甙具有镇痛和中枢抑制作用,能明显延长硫喷妥钠所致小鼠的麻醉时间;绞股兰皂甙也具有镇静、镇痛作用和对小鼠学习记忆的促进作用。酸枣仁所含皂甙对动物则有镇静和精神安定作用。

一些皂甙具有降血糖作用,苦瓜皂甙有类胰岛素作用,可降血糖,作用缓慢而持久。人参总皂甙及其单体 R_{b2} 可抑制肝中葡萄糖-6-磷酸酶活性而刺激葡萄糖激酶的活性,对实验性糖尿病小鼠和大鼠均有明显的降糖作用。

一些皂甙具有抗肿瘤作用,人参皂甙 R_{h2} 在 2 μg/mL 浓度时可抑制人白血细胞(HL-60)的生长,还可抑制 B_{16} 黑色素瘤细胞的生长。大豆皂甙可明显抑制肿瘤细胞的增长,对肿瘤细胞的 DNA 合成和细胞转移有抑制作用,能直接杀伤肿瘤细胞,特别是对人类白血病细胞 DNA 的合成有抑制作用。

此外,常春藤中的皂甙常春藤素还有杀精及抗生育作用。人参皂甙可增加肾上腺皮质激素的分泌,使肾上腺重量增加,也是一种非特异性酶的激活剂,可激活兔肝中黄嘌呤氧化酶;茶叶皂甙可抑制酒精吸收和保护肠胃,可抗高血压,还有很好的抗白三烯 D4 的作用,可在炎症的初期使受障碍的毛细血管通透性正常化,具有抗炎作用。

皂甙具有广泛的生理活性,已成为天然药物研究中的一个重要领域,可应用于食品添加剂、保健食品、药品及化妆品。人参、茯苓、绞股蓝和刺五加等中草药已被作为保健食品的新资源来开发利用,如西洋参冲剂、人参糖果、茯苓夹饼及绞股蓝茶等。日本已上市大豆皂甙饮料。

皂甙是广泛存在于植物界以及某些海洋生物中的一种特殊甙类,如枇杷、茶叶、豆类及酸枣仁等,在豆类中的含量从高到低依次为青刀豆、豇豆、赤豆、黄大豆、绿大豆、黑大豆、扁豆、四季豆及绿豆。许多已作为保健食品来开发利用的中草药,如人参、西洋参、茯苓、甘草、山药、三七、罗汉果及酸枣仁等,都含有皂甙。海洋生物海参、海星和动物中亦含有皂甙。遗传因素及加工工艺等可影响大豆皂甙的含量及组成。种子中含量可达 0.22%~0.33%。传统大豆食品如豆奶、豆腐中皂甙含量与大豆中的相当,发酵食品相对低;全脂豆粉中的皂甙含量达 0.5%,大豆分离蛋白中的含量约为 0.8%,主要因为皂甙可能与蛋白质紧密结合,在分离过程中与蛋白质一起保存下来。

5.10.4　植物甾醇类

是以环戊烷全氢菲为骨架(又称甾核)的一类物质,是一种重要的天然活性物质,主要用于合成甾体药物。其安全性高,有可能在保健食品中得到应用。

5.10.4.1　甾醇种类

植物甾醇包括植物甾醇及酯、植物甾烷醇(phytostanol)及酯,有豆甾醇、菜油甾醇、β-谷甾醇等。目前主要用于合成甾体药物。自然界中以游离态和结合态存在,以结合态存在的有甾醇酯、甾醇糖苷、甾醇脂肪酸酯及甾醇咖啡酸酯等。

5.10.4.2　甾醇的生理功能

(1)抗炎退热:植物甾醇对人体有重要的生理功能,如 β-谷甾醇有类似氢化可的松的功能,有较强的抗炎作用。谷甾醇具有类似阿司匹林的退热作用,对克服由角叉胶在鼠身上诱发的水肿和由棉籽粉移植引起的肉芽组织生成,表现出强烈的抗炎作用,是一种抗炎和退热作用显著且应用安全的天然物质。

(2)降胆固醇:可竞争性阻碍小肠吸收胆固醇,在肝脏内抑制胆固醇合成,有预防心血管疾病的功能。很多研究报告指出,经常食用植物甾醇含量高的植物油可有效调节血脂和降胆固醇。甾醇是降血脂药类固醇的原料,和其他药物复配的谷甾醇片有良好的降血脂和血清胆固醇作用。甾醇对预防和治疗冠状动脉硬化类心脏病、治疗溃疡和皮肤鳞癌也有明显功效。Hagiware 通过细胞培养发现谷甾醇能促进血纤维蛋白溶酶原激活因子的产生,可作为血纤维溶解触发素,对血栓有预防作用。

植物甾醇广泛存在于植物的根、茎、叶、果实和种子中,所有植物种子油脂都含甾醇。丰富来源有芝麻、向日葵、油菜、花生、高粱、玉米、蚕豆和核桃,良好来源有小麦、赤豆、大豆和银杏。工业上植物甾醇是油脂加工的副产品,从油脚和脱臭馏出物中分离。日本已批准植物甾醇为特定专用保健食品的功能性添加剂,美 FDA 公告称植物甾醇类可降胆固醇而有助于减少冠心病危险,建议有效膳食摄入水平为 1.3~3.4 g/d。芬兰推出了一种从木材中提取的植物甾醇 Forbes Wood Sterol,每天服用 1~2 g 即有降胆固醇作用。植物甾醇结构与胆固醇相似,在生物体内以与胆固醇相同的方式吸收。但吸收率比胆固醇低,一般只有 5%~10%。甾醇酯通过胰脂酶水解成为游离型甾醇而被吸收。

5.10.4.3 谷维素

是阿魏酸与植物甾醇的结合酯,主要存在于米糠油、胚芽油、稞麦糠油和菜子油等谷物油脂中,以毛糠油谷维素含量最高。一般寒带稻谷米糠的谷维素高于热带稻谷;高温压榨和溶剂浸出取油,其毛油中谷维素比低温压榨油高。米糠中含量为 0.3%～0.5%,而米糠油中含量为 2%～3%。谷维素的主要生理功能是降血脂和抗脂质氧化,可降低血清甘油三酯、降肝脏脂质和血清过氧化脂质,可减少胆固醇的吸收、降血清总胆固醇、阻碍胆固醇在动脉壁的沉积并减少胆结石的形成。

我国一直把谷维素作为医药品使用,至今尚未应用于食品。而日本将谷维素应用于食品已有 20 多年历史,被列入抗氧化剂类,其主要功能为抗氧化、抗衰老。日本推出多种含谷维素的功能性食品如"糙米精"(肌醇 250 mg/包、谷维素 250 mg/包)、"米寿丸"(含维生素 E、谷维素和亚油酸),还有谷维素饮料上市。

5.10.5 有机硫化合物

5.10.5.1 异硫氰酸盐(isothiocyanates,ITS)

ITS 通常以葡萄糖异硫氰酸盐的形式存在于十字花科蔬菜如白菜、卷心菜、西兰花、菜花、芥菜和萝卜等中,是一大类含硫的糖苷。在无黑芥子硫苷酸酶作用、未加工和未经咀嚼前,葡萄糖异硫氰酸酯仍保持完好,而在黑芥子硫苷酸酶作用下则释放出葡萄糖及包括异硫氰酸酯在内的其他分解产物。体外试验表明异硫氰酸酯等是 Ⅱ 相酶的强诱导剂;而体内外实验均表明异硫氰酸酯还可抑制有丝分裂,诱导人类肿瘤细胞凋亡,可阻止大鼠肺、乳腺、食管、肝、小肠、结肠和膀胱癌的发生,其作用大小与 ITS 的结构有关。

葡萄糖异硫氰酸酯会在蔬菜的储存过程中增加或减少,也可在加工过程中分解或浸出,或因加热致黑芥子硫苷酸酶失活而得到保护。人体摄入后可在小肠中经植物黑芥子硫苷酸酶或结肠细菌分解的黑芥子硫苷酸酶作用分解。异硫氰酸酯可被小肠和结肠吸收,人体摄入十字花科蔬菜 2～3h 后可从尿中检出其代谢产物。要开发利用十字花科蔬菜的保健作用还需要深入研究葡萄糖异硫氰酸酯的化学结构和代谢以及在整个食物链中的变化。

5.10.5.2 烯丙基二硫化合物

大蒜(*Allium sativum*)、洋葱(*Allium cepa*)等葱属蔬菜除具有强抗菌作用外,还有消炎、降血脂、降血糖、抗血栓形成、抑制血小板聚集、提高免疫力和防癌的功能,其主要有效成分是多种烯丙基二硫化合物,也是这类食物主要的风味成分。烯丙基硫化合物有重要的生理功能,可通过对 Ⅰ 相酶、Ⅱ 相酶、抗氧化酶的选择性诱导作用来抑制致癌物的活性,达到抗癌作用;可与亚硝酸盐生成硫代亚硝酸酯类化合物,阻断亚硝胺合成,抑制亚硝胺的吸收;可使瘤细胞环化腺苷酸(cAMP)水平升高,抑制肿瘤细胞的生长;还可激活巨噬细胞,刺激体内产生抗癌干扰素,增强机体免疫力;还具有杀菌、消炎、降低胆固醇、预防脑血栓和冠心病等多种功能。

大蒜的主要活性物质为二烯丙基硫代磺酸酯、二烯丙基二硫化合物、S-烯丙基甲基硫代磺酸酯、甲基烯丙基二硫化合物、二烯丙基硫醚等有机硫化合物成分,均来自 γ-谷氨酰半胱氨酸(γ-glutamylcysteine)。洋葱的含硫化合物主要为烷基半胱氨酸硫氧化物(ACSOs)，在组织受伤时 ACSOs 在蒜氨酸酶作用下水解产生 α-亚氨基丙酸和 S-烷基半胱氨酸次磺酸，产生特有的刺激性味道并最终形成一个含 50 多种含硫化合物的混合物，包括硫代亚磺酸酯、硫代磺酸盐、单硫化物、双硫化物、三硫化物以及一些特殊化合物如催泪因子、硫代丙烷硫氧化物。

5.10.5.3 二甲基砜

早在 1985 年就有人申请二甲基砜在食品和医药方面应用的专利，之后陆续有二甲基砜在食品和医药方面的研究报道，表明其作为饮食营养补充剂，对许多疾病有很好的辅助效果。二甲基砜可作为胃肠疾病的保健补充食品，用于胃酸过多、腹泻和便秘等；可作为风湿性关节炎保健补充食品，因为研究发现关节炎患者软骨含硫量只有正常人软骨含硫量的 1/3，补充胱氨酸可有助于关节炎患者康复，而胱氨酸中的硫来自二甲基砜。二甲基砜可作为抗过敏补充食品，每日饮食中加入 100～1 000mg 就可消除或减轻对海产品、药物或某些食物(如谷类、奶类)的过敏反应；可作为谷胱甘肽硫的来源而用作免疫调节保健食品；可作为皮肤治疗药剂，用于配制皮肤湿润剂、治疗皮炎和皮肤癌；还可用于治疗哮喘、肌腱炎、肌肉痉挛、背部疼痛、增加体力，促进血液循环，加速伤口愈合等。二甲基砜是保健食品和相关药品的重要原料。

二甲基砜可以二甲基亚砜为原料，在紫外线照射下氧化合成，或以氧化氮氧化物、双氧水氧化合成。二甲基砜的 LD_{50} 大于 20 g/kg BW，可以认为是无毒物；其合成原料二甲基亚砜 LD_{50} 为 18 g/kg BW，也属无毒物。

海洋生物、植物、动物和人体均含有二甲基砜，二甲基砜是人体、动物等合成蛋氨酸、胱氨酸以及含硫组织中硫的主要供应源之一，生命体的含硫组织中有 85% 的硫是由二甲基砜、二甲基亚砜同系物提供。但由于许多食物在运输、贮存中二甲基砜会损失，更主要是在人们食用时热加工过程的损失，使许多人无法从饮食中获得新陈代谢所需数量的二甲基砜，而引起某些健康问题。美国、加拿大等国已提供以二甲基砜为主的膳食补充剂，以补充饮食的不足。但我国至今未见含二甲基砜食品、保健品和医药品等出售。

5.10.5.6 硫辛酸(lipoic acid)

硫辛酸是一种生物体可以自行合成的双硫化合物，是人体细胞能量生成代谢反应中的必要元素，共有五种不同的形式：三种为脂溶性，一种为水溶性，还有一种则与蛋白质结合在一起。脂溶性硫辛酸可转化为水溶性的 β-硫辛酸。

和许多 B 族维生素的作用一样，硫辛酸在体内作为一种辅酶，与焦磷酸硫胺素一起，共同将碳水化合物代谢中的丙酮酸转化为乙酰 CoA，此反应在体内能量产生过程中极为重要。

硫辛酸是非亲水溶性的抗氧化成分，但它却同时可以在水溶性和非水溶性环境下发挥抗氧化作用，对于糖尿病及酒精或化学毒性物质所造成的神经病变具有治疗效果。此外，硫辛酸对人的肝脏疾病如肝性昏迷有一定疗效。

补充硫辛酸能明显提高糖尿病患者对胰岛素的敏感度，对于糖尿病并发心肌病变的改善具有意义。

许多食物都含有硫辛酸，其丰富来源是肝脏和酵母。机体也能合成自身所需要的硫辛酸。

5.10.6　左旋肉碱(L-肉碱)

左旋肉碱是俄国 Gulewitsch 等于 1905 年首先从肉汁中发现的,又称肉毒碱,化学名为 β-OH-γ-三甲胺丁酸,结构类似于胆碱。

5.10.6.1　生理功能

(1)促进脂肪酸的运输与氧化:细胞脂肪酸代谢需要胞液肉碱循环和线粒体 β-氧化。肉碱是转运长链脂酰 CoA 进入线粒体内的中心物质,可将脂肪酸以酯酰基形式从线粒体膜外转移到膜内,还可促进乙酰乙酸的氧化,可能在酮体利用中起作用。当机体缺乏时,脂肪酸 β-氧化受抑制,会导致脂肪浸润。

(2)促进碳水化合物和氨基酸的利用:可将脂肪酸、氨基酸和葡萄糖氧化的共同产物乙酰 CoA 以乙酰肉碱的形式通过细胞膜,所以 L-肉碱在机体中有促进三大能量营养素氧化的功能。

(3)提高机体耐受力、防止乳酸积累:线粒体将脂肪作为燃料能形成较多的 ATP,可改善老龄鼠低的线粒体膜电位和低的细胞氧耗。L-肉碱能提高疾病患者在练习中的耐受力,如练习时间、最大氧吸收和乳酸阈值等指标在机体补充 L-肉碱后,都会有不同程度的提高。在激烈运动中,氧气供应常不足而造成肌肉产生乳酸,过量乳酸可造成酸中毒,同时乳酸是一种低能量物质。口服 L-肉碱可使最大氧吸收时的肌肉耐受力提高,防止乳酸积累,缩短剧烈运动后的恢复期,减轻运动带来的紧张感和疲劳感。

(4)作为心脏保护剂:已发现缺乏肉碱会导致心功能不全,临床上已用外源性肉碱增强缺血肌肉及心肌功能。但肉碱改善心功能是刺激糖代谢而不是脂肪代谢,给正常健康人一次投予2 g肉碱后,出现胰岛素分泌增加和血糖降低(均在正常范围内),即肉碱加强了糖代谢。

(5)加速精子成熟并提高活力:L-肉碱是精子成熟的一种能量物质,具有提高精子数目与活力的功能。通过对 30 名成年男性的调查表明,精子数目与活力在一定范围内与膳食 L-肉碱供应量成正比,且精子中 L-肉碱含量也与膳食中 L-肉碱的含量成正相关。此外,L-肉碱参与心肌脂肪代谢过程,有保护缺血心肌的作用,可用于治疗心力衰竭、缺血性心脏病及心率失常。L-肉碱还有缓解动物败血症休克的作用。

(6)延缓衰老:维持脑细胞的功能需要正常摄取葡萄糖用于供能、不断地合成蛋白质以维持细胞的存在及不停地排出细胞废弃物。肉碱广泛分布于体内各组织,包括神经组织。给小鼠腹腔注射醋酸胺导致氨中毒时,脑的能量代谢改变,ATP 和磷酸肌酸水平下降,ADP、AMP、丙酮酸和乳酸增多,而肉碱可抑制此过程的发展(D-肉碱也有效),可见肉碱保护脑的机制不是以促进脂肪代谢就能解释的。

(7)其他:①抗氧化:95%的自由基在线粒体内产生。因为大多数抗氧化剂和维生素 E 是脂溶性的,需要通过线粒体膜的载体才能起到在线粒体内防止氧化和对抗自由基的作用。②降血胆固醇和甘油三酯,没有肉碱参与,机体无法转运脂类参与降解。肉碱改变血脂形式也有利于改善动脉粥样硬化。③减体重:肉碱可促进脂肪运至线粒体内氧化分解。补充 L-肉碱,能改善脂肪代谢紊乱,降血脂、治疗肥胖症以及纠正脂肪肝等。

5.10.6.2　L-肉碱的食物来源及应用

L-肉碱广泛存在于体内,线粒体中特别丰富。其中,肾上腺的 L-肉碱浓度最高,其次是心脏、骨骼、肌肉、脂肪组织和肝脏。游离 L-肉碱通过尿排出。

植物性食品含 L-肉碱较少(某些甚至无),同时合成肉碱的两种必需氨基酸赖氨酸和蛋氨酸亦较少。动物性食物 L-肉碱含量较高,尤以肝脏丰富。含 L-肉碱丰富的食物有酵母、乳、肝及肉等动物食品。人和大多数动物还可通过自身体内合成来满足生理需要。在正常情况下 L-肉碱不会缺乏。常见的肉碱缺乏症包括先天的和后天的。原发性缺乏主要见于肾远曲小管对肉碱重吸收缺陷而致的肉碱丢失过度;继发性缺乏则主要是由于有机酸尿症或长期使用一些抗菌素等药物,与肉碱结合使之排出。此外反复血透、长期管饲或静脉营养以及绝对素食者也都有肉碱缺乏的危险。当出现代谢异常如糖尿病、营养障碍及甲状腺亢进等,会抑制 L-肉碱的合成、利用或增加 L-肉碱的分解代谢,而引起疾病。L-肉碱缺乏时,可出现脂肪堆积,症状通常为肌肉软弱无力。膳食中增加 L-肉碱则可使症状减轻。

由于大多数植物缺乏肉碱及其前体赖氨酸和蛋氨酸,素食者应注意及时补充。肉碱耐热、酸和碱,易溶于水和乙醇,吸湿性强。与水溶性维生素相似,肉碱既易溶于水且能被完全吸收。由于水溶性很强,使用加热、加水的烹饪程序都会造成游离肉碱的损失。

L-肉碱的临床效果显著,在 20 世纪 80 年代国外已有商品上市,已列入美国药典,我国卫生部也将其列入营养强化剂。L-肉碱作为一种重要的功能性食品添加剂,尤其作为婴儿食品配方、体弱多病者的营养强化剂、增强运动耐力的运动员食品及减肥健美食品,得到了较为广泛的应用。

5.10.7　咖啡碱、茶碱和可可碱

人们很早就知道嘌呤类化合物可影响神经系统活性,有镇静、解痉、扩张血管、降低血压等生理活性。咖啡碱、茶叶碱和可可碱均为甲基嘌呤衍生物(如图5-4)。

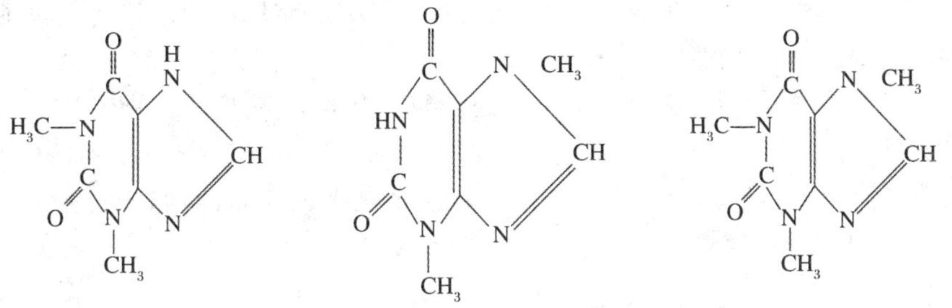

图 5-4　咖啡碱、茶叶碱和可可碱的化学结构式

5.10.7.1　咖啡碱

咖啡碱(caffeine)又名 1,3,7-三甲基黄嘌呤,不仅存在于咖啡、茶叶和可可中,还存在于软饮料如可乐型饮料以及含咖啡碱的药物中。世界上 80% 以上的成年人或多或少地摄入咖啡碱。在正常饮用剂量下咖啡碱对运动和神经功能有好处,并具有如下功能特性:

(1)咖啡碱是中枢神经系统的兴奋剂,可作用于大脑皮层使精神振奋、工作效率和精确度

提高、睡意消失、疲乏减轻。较大剂量能兴奋下级中枢和脊髓,特别当延脑呼吸中枢、血管运动中枢及迷走神经中枢受抑制时,咖啡碱有明显的兴奋作用,能使呼吸加快、加深和血压回升。在医药上咖啡碱被用于兴奋中枢和血管运动中枢,缓解严重传染病和中枢抑制药中毒引起的中枢抑制,能直接舒张皮肤血管、肺肾血管和兴奋心肌,在不明显改变血压的情况下综合影响心血管系统,而对中枢抑制引起的循环虚脱却有升压作用。因此,咖啡碱常与解热镇痛药配伍以增强其镇痛效果,与麦角胺合用以治疗偏头痛,与溴化物合用治疗神经衰弱。

(2)咖啡碱可增加血管有效直径,增强心血管壁弹性,对心脏有阳性收缩能效应,促进血液循环。其机理是抑制环磷酸腺苷转化为环磷酸鸟苷。可用于哮喘病人作支气管扩张剂,但同样剂量下效果仅为茶叶碱的 40%。咖啡碱可兴奋心肌,使心动幅度、心率及心输出量增高;但其兴奋延髓的迷走神经核又使心跳减慢,最终效果为两种兴奋相互作用的总结果。而在不同个体可能出现心动过缓或过速。大剂量可因直接兴奋心肌而发生心动过速,最后引起心搏不规则。因此过量饮用咖啡碱,偶有心率不齐发生。也有研究表明,不合理的摄入咖啡碱对血压升高有促进作用,造成高血压的危险,甚至对整个心血管系统造成危害。

(3)咖啡碱可以通过刺激肠胃,促使胃液分泌,从而增进食欲,帮助消化。而咖啡碱的利尿作用则是通过肾促进尿液中水的滤出率实现的,咖啡碱能促进肾脏排尿速率,排尿量可增加 30%。在临床上常用咖啡碱排除体内过多的细胞外水分。

(4)咖啡碱可刺激脑干呼吸中心的敏感性,进而影响 CO_2 的释放。已被用作防止新生儿周期性呼吸停止的药物。还能提高血浆中游离脂肪酸和葡萄糖水平以及氧的消耗量。咖啡碱促进机体代谢,使循环中儿茶酚胺含量升高,影响代谢过程中脂肪水解,使血清中游离脂肪酸含量升高。咖啡碱还影响脑代谢。

摄入体内的咖啡碱 90% 经脱甲基和氧化后生成甲基尿酸排出体外,10% 不经代谢直接排出体外。咖啡碱是一种在人体内迅速代谢并排出体外的化合物,半衰期为 2.5～4.5 h。咖啡碱是安全范围较大、不良反应轻微的药物和食品添加剂,使用过量(>400 mg)会出现失眠、呼吸加快和心动过速等。长期饮用产生轻度成瘾,一旦停用可表现短期数日头痛或不适。摄入中毒剂量可引起阵挛性惊厥。但通过日常饮食摄入中毒剂量在事实上是不可能的。美国 FDA 确定咖啡碱的无作用剂量为 40 mg/kg/d,该剂量比正常摄入剂量高 8～10 倍,因此可以认为咖啡碱是安全的,即使过量,其副作用也是短暂而且可以恢复的。咖啡碱已被 160 多个国家准许在饮料中作为苦味剂使用,一般允许的最大用量为 100～200 mg/kg 中,美国则规定在饮料中只准许使用天然来源的咖啡碱。我国一直把咖啡碱列为药物,未规定其最高允许用量。FAO/WHO(1984)规定最高允许量为 200 mg/kg。

5.10.7.2 茶叶碱及其药理作用

茶碱(theophylline)又名 1,3-二甲基黄嘌呤,早在 1937 年就开始用于临床治疗心力衰竭,研究人员认为其有极强的舒张支气管平滑肌的作用,可用于支气管喘息的治疗,其作用机制是抑制了细胞内磷酸二酯酶的活性,从而抑制环磷酸腺苷转化为环磷酸鸟苷的反应。所以,茶碱只起缓解哮喘的作用,并不能从根本上治疗支气管哮喘。此外,茶叶碱在治疗心力衰竭、白血病、肝硬化等方面也有一定作用。茶碱还对肥大细胞释放过敏介质的过程有一定抑制作用。

由于茶碱在水中溶解度较低,不易吸收,对胃肠道有刺激作用,在临床上一般制成其衍生物氨茶碱、单氢茶碱、胆茶碱或茶碱乙醇胺等,以提高水溶性。茶碱 pH 较高,因此肌肉注射有疼痛感,静脉注射易引起中毒,常用方法是制成缓释胶囊口服,经胃肠道吸收良好。茶碱摄入后一部分可不经代谢直接排出体外,另有约 90% 经代谢分解为 1,3-二-Me-脲酸、3-Me-黄嘌呤和 1-Me-脲酸,经尿液排出体外。

5.10.7.3 可可碱(theobromine)

存在于咖啡、可可、茶叶中的咖啡碱、可可碱都是用作嗜好品的生物碱。大多数情况下,适量生物碱对人体具有止痛、欣快、催眠、麻醉的作用,从而可以使机体的疼痛感消失,以及迅速恢复体力。由于咖啡碱和可可碱对机体的生理学作用相近,所以,这 3 种嗜好品对人体的作用也基本一致。咖啡碱和可可碱的作用主要是扩张血管,促进血液循环,可以促进脑部血液的流通,使大脑处于兴奋状态,因而可提高脑力和体力。当前对可可碱的利用多是对其进行必要的修饰,如水杨酸钙可可碱、乙酸钠可可碱和己酮可可碱。已发现己酮可可碱可减轻血小板激活因子致离体豚鼠肺通透性水肿。己酮可可碱还可通过作用于白细胞,降低白细胞对内皮细胞的黏附作用数量。

5.10.8 其他

5.10.8.1 二十八烷醇

是一元直链天然存在的高级脂肪醇。主要存在于糠蜡、小麦胚芽、蜂蜡及虫蜡等天然产物中,苹果、葡萄、苜蓿、甘蔗和大米等植物蜡中也含有。小麦胚芽二十八烷醇为 10mg/kg,胚芽油含量为 100mg/kg。自 1937 年发现它对人体的生殖障碍疾病有治疗作用后,渐渐为人所知。从 1949 年起,美国伊利诺伊大学 Cureton 等学者进行了 20 多年的研究,证明它是一种抗疲劳活性物质,应用极微量就能显示出其活性作用,是一种理想的天然健康食品添加剂。其生理功能包括:提高肌力,降低肌肉摩擦,消除肌肉疼痛;增强耐力、精力和体力;能降低缺氧的发生率,帮助身体在压力状态时更有效率地运用氧气,增强对高山反应的抵抗力;还有降低收缩期血压、缩短反应时间、刺激性激素及强化心脏机能的作用。日本多以米糠油为原料提取二十八烷醇,在其二十八烷醇商品中,二十八烷醇含量一般为 10%~15%,系 $C_{22}-C_{36}$ 脂肪醇混合物。

5.10.8.2 茶氨酸(Theanine)

是茶树体内特有的氨基酸。又名 N-乙基-γ-L 谷氨酰胺,占茶叶干重的 1%~2%,是茶叶鲜爽味的主要成分。自 20 世纪 50 年代起,茶氨酸受到极大关注。化学结构如图 5-5。

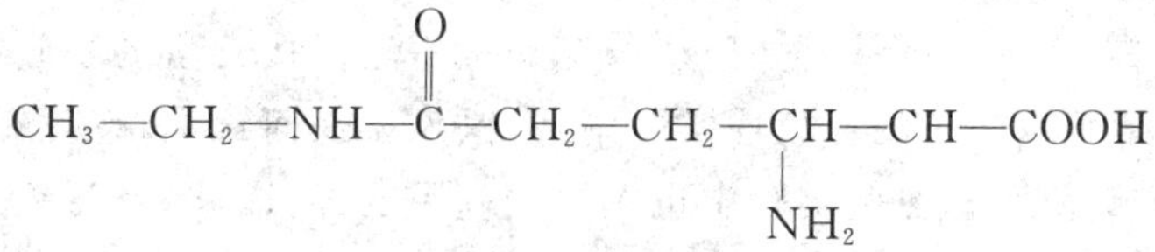

$$CH_3-CH_2-NH-\overset{\overset{O}{\|}}{C}-CH_2-CH_2-\underset{\underset{NH_2}{|}}{CH}-CH-COOH$$

图 5-5 茶氨酸的化学结构式

茶氨酸是一种神经传递物质,进入大脑后可使血清素含量明显降低,主要表现在茶氨酸对去甲肾上腺素、γ-氨基丁酸、5-羟色胺和 5-羟吲哚乙酸等含量的影响,最终影响 cAMP 的形成,起到镇静作用。口服茶氨酸可诱导放松状态,使人镇静,对容易不安、烦躁的人特别有效。现已作为镇静剂中的有效成分。其镇静作用还可缓解妇女经期综合征。茶氨酸可使线粒体神经传达物质多巴胺显著增加,而多巴胺在脑中具有重要作用,缺乏时会引发帕金森症、精神分裂症,所以茶氨酸可对帕金森症和传导神经功能紊乱等疾病起预防作用。茶氨酸可保护神经细胞,能抑制短暂脑缺血引起的神经细胞死亡。茶氨酸可与兴奋型神经传达物质谷氨酸竞争细胞中谷氨酸结合部位,可抑制谷氨酸过多而引起的神经细胞死亡。这些结果使茶氨酸有可能用于脑栓塞、脑出血、脑中风、脑缺血以及老年痴呆等疾病的防治。

茶氨酸可通过影响脑和末梢神经的色胺等胺类物质起降血压作用,给高血压自发症大鼠注射 $1500 \sim 2000$ mg/kg 的茶氨酸会引起血压显著降低,其收缩压、舒张压及平均血压均有明显下降,降低程度与剂量有关,2000 mg/kg 时降低约 40 mmHg,但心率没有大的变化,此剂量比儿茶素、色氨酸高 $10 \sim 15$ 倍。茶氨酸可能是通过调节中枢神经传达物质的浓度来发挥降血压作用。茶氨酸对血压正常的大鼠没有降血压作用。

作为谷氨酰胺的竞争物,茶氨酸可通过干扰谷氨酰胺的代谢来抑制癌细胞的生长。动物试验证明茶氨酸对小鼠肿瘤细胞转移有延缓作用,对患白血病小鼠可延长其存活期。因此可开发为治疗肿瘤的辅助药物。茶氨酸还能提高多种抗肿瘤药物的疗效。如将 M5076 卵巢癌细胞移植小鼠背部皮下使其长出肿瘤后,单独使用阿霉素时肿瘤无变化,当与茶氨酸一起使用时肿瘤减小到对照的 62%,并且肿瘤中阿霉素的浓度增加 2.7 倍,从而增强了阿霉素的抗癌效果。并且茶氨酸不增加阿霉素在正常组织中的浓度。茶氨酸与其他抗肿瘤药如 pirarubicin 或 idarubicin 等合用时,也有增强抗癌疗效的作用。同时茶氨酸的合用还能减轻抗癌药物引起的白血球及骨髓细胞减少等副作用。茶氨酸与抗肿瘤药 doxorubicin(简称 DOX)一起使用时,不但提高 DOX 的抗肿瘤活性,而且还提高其抑制肿瘤转移活性。茶氨酸还可抑制癌细胞的浸润,防止原生部的癌细胞通过对周围组织的浸润进行局部扩散,转移到身体的其他部位。其阻碍癌细胞浸润的能力随浓度提高而增强。

茶氨酸是咖啡碱的抑制物,可有效抑制高剂量咖啡碱引起的兴奋震颤作用和低剂量咖啡碱对自发运动神经的强化作用,还有缓解咖啡碱推迟睡眠发生和缩短睡眠时间的作用。茶氨酸有降血脂及降胆固醇作用,可抑制氨基半乳糖所引起的肝细胞坏死,还能抑制脂质过氧化。

同其他氨基酸一样,L-茶氨酸在肠道吸收。Kitaoka 等的研究表明,茶氨酸在肠道内的吸收可能是与谷氨酸共用一个由 Na^+ 偶联的协同运转蛋白,但亲和力比谷氨酸低。吸收后迅速进入血液并输送至肝和脑中。以鼠为对象研究茶氨酸在体内的代谢动力学变化表明,经口灌胃 1 h 后,鼠血清、脑及肝中茶氨酸浓度明显增加,此后,随时间延长,血清和肝中的茶氨酸浓度逐渐降低,而脑中的茶氨酸浓度则继续保持增长趋势,一直到灌胃 5 h 后浓度才达最高值,24 h 后这些组织中的茶氨酸都消失。茶氨酸的代谢部位是肾脏,一部分在肾脏被分解为乙胺和谷氨酸后通过尿排出体外,另一部分直接排出体外。

早在 1985 年,美国 FDA 就认可并确认茶氨酸是一般公认安全的物质,在使用过程中不作限量规定。在连续服用 28d 的亚急性实验中,大鼠未见任何毒性反应;在致突变实验中也未见任何诱变作用;细菌回复突变实验中也未导致基因变异,因此,茶氨酸是一种安全无毒,具有多种生理功能的天然食品添加剂。

茶氨酸富含于茶、茶梅、油茶、红山茶及覃几种植物中,其性质较稳定,耐热耐酸,通常的食品加工、杀菌过程不会影响茶氨酸性质。作为一种食品添加剂,茶氨酸被广泛用于点心、糖果及果冻、饮料、口香糖等食品中。毒性试验表明茶氨酸的摄入量不受限制,可按需添加。

5.10.8.3 褪黑素

褪黑素(melatonin)是大脑松果体在睡眠时分泌的一种吲哚类激素,化学名称为 N-乙酰基-5-甲氧基色胺。其生物合成受光周期的制约,松果体在光神经的控制下,由色氨酸转化为5-羟色胺,在 N-乙酰基转移酶作用下再转化成 N-乙酰基 5-羟色胺,最后合成褪黑激素。体内含量呈昼夜性的节律改变,夜间分泌量比白天多 5~10 倍,清晨 2~3 时达峰值。此外,褪黑激素的分泌还与年龄有关,刚出生的婴儿体内有很少量的褪黑激素,3 月龄时分泌量增加,并呈现明显的昼夜节律现象,3~5 岁幼儿分泌量最高,青春期略降,以后随年龄增大而逐渐下降,到青春期末反而低于幼儿期,到老年时昼夜节律渐趋平缓甚至消失。褪黑素有重要的生理功能:

褪黑素是维持正常生理节奏非常重要的物质,尤其对睡眠周期的维持更是重要,当黑暗刺激视网膜时,会发生一系列神经传递和生化反应,促使大脑松果体内褪黑素合成增加;反之,白天会因光线刺激视网膜而抑制褪黑素的分泌。动物实验也表明,如切断视神经或持续光照,均会影响褪黑素分泌的周期变化,使体内生物钟失灵。褪黑素对人和动物的镇静作用与分泌量成正比。褪黑素是人的强有效的内源性睡眠诱导剂,接受外源性褪黑素的健康受试者,最常见的表现是镇静。因为人体生物钟可通过褪黑素发挥报时效应,所以,助眠是褪黑素最基本而最有效的功能。褪黑素是调整生物钟的活性物质,外源性褪黑激素可影响体内褪黑激素的正常分泌,利用这种特性,可对生理节律紊乱者如飞行时差反应综合征患者、盲人和夜班工作人员的失眠进行激素调节,使其生理节律与环境节律保持一致。

褪黑素可使松果体功能再生,以巩固和维护人体各主要器官和系统的功能,强化机体的免疫功能,增强其对感染和肿瘤的抵抗力。

褪黑素有提高内啡肽的作用,而内啡肽则是人体内的天然镇静剂,能解除疼痛、紧张并增加性活动后的快感。褪黑素可抑制脂质过氧化作用,避免自由基对细胞的损害,协助人体对抗致癌因子,增强机体搜寻及破坏癌细胞的能力,协助预防乳腺癌和前列腺癌。此外,褪黑素可释放神经递质,改善痴呆者记忆力,保护黑质细胞,促进多巴胺的产生,从而防治帕金森氏症。所以褪黑素对治疗老年人帕金森氏症、老年痴呆症及老年忧郁症有良好效果。褪黑素还有防治眼部疾病如白内障、青光眼和视网膜黄斑退化的功能。

血中褪黑素有 70%~75% 在肝脏代谢成 6-OH-褪黑素硫酸盐后,经尿和粪排出;另 5%~7% 转化成 6-OH-褪黑素葡糖苷酸。不会造成代谢产物在体内蓄积;生物半衰期短,口服 7~8h 即降至正常生理水平,毒性极小。对褪黑素进行大、小鼠的急性毒性试验和致突变试验,其口服 $LD_{50} > 10$ g/kg BW;Ames 试验、小鼠骨髓细胞微核试验和精子畸形试验均为阴性;3 000 人服用(每天多达几克,为维持健康剂量的几千倍)持续 30 d,未见或几乎没有毒性。使用药理剂量 3.0 mg(生理剂量 0.3 mg)会引起体温过低、白天血浆内浓度偏高,表现为困倦、头痛、昏昏欲睡、胃感不适及抑郁等。长期服用的副作用仍不清楚,需对其功效和安全性作进一步研究。

5.10.8.4 γ-氨基丁酸(gamma aminobutyric acid;GABA)

1963 年,H. Stanto 发现 GABA 具有治疗高血压的作用,其机制是 GABA 可作用于脊髓的血管运动中枢,有效促进血管扩张而达到降低血压目的,黄芪等中药的有效降压成分即为GABA。GABA 可降低神经元活性,是一种重要的中枢神经系统的抑制性物质。GABA 可抑制谷氨酸的脱羧反应,与 α-酮戊二酸生成谷氨酸,使血氨降低,摄入 GABA 可提高葡萄糖酸酯酶的活性,促进脑组织的新陈代谢和恢复脑细胞的功能,改善神经机能。GABA 还有活化肾功能、改善肝功能、防止肥胖、促进酒精代谢及消臭的作用。

GABA 与某些疾病的形成有关,患帕金森症的病人脊髓中 GABA 浓度较低,神经组织中 GABA 的降低与 Huntingten 疾病、老年痴呆等有关。GABA 对脑血管障碍引起的症状如偏瘫、记忆障碍、儿童智力发育迟缓及精神幼稚症等有很好的疗效。还是用于尿毒症、睡眠障碍及 CO 中毒的治疗药物。并有精神安定作用。

GABA 是一种天然活性成分,广泛分布于动植物体内。在人脑中 GABA 可由脑部的谷氨酸在专一性较强的谷氨酸脱羧酶作用下转换而成,但随年龄的增长或精神压力的加大会使 GABA 积累困难,而通过日常饮食补充可有效改善这种状况。GABA 富含于茶叶、胚芽、奶酪等。富含 GABA 食品的开发始于 1986 年,日本首先开发成功 GABARON 茶,是将鲜茶叶在 N_2 作用下 6 h,GABA 将由一般加工法的 300 mg/kg 增加到 2 000 mg/kg;如采用 3 h 隔氧、1 h 有氧循环处理 3 次,可使茶中 GABA 增至 4 500 mg/kg。

5.10.8.5 叶绿素(Chlorophyll)

是植物体内光合作用赖以进行的物质基础,广泛存在于高等植物的叶绿体中。叶绿素是一类含镁卟啉衍生物的泛称,以叶绿素 A 和叶绿素 B 最为常见,其结构与人类和大多数动物的血红素极其相似,具有多种生理功能。叶绿素、叶绿酸具有强烈的抑制突变作用,尤其是叶绿酸对致突变物质的抑制作用最强,可抑制 AFB1、B(a)P 等强致癌物的致突变作用,可与致癌物 Trp-p-2 活体形成复合物,降低其活性;叶绿素可促进溃疡及创伤伤口肉芽新生,加速伤口痊愈;可抗变态反应,口服叶绿素铜钠对慢性荨麻疹、慢性湿疹、支气管哮喘及冻疮等变态反应都有明显的功效;叶绿素还有脱臭及降低血液中胆固醇的作用。

目前为止,叶绿素及衍生物主要是作为食用绿色素和脱臭剂而广泛用于糕点、饮料、胶姆口香糖、果冻及冰淇淋等食品中。其安全性高,WHO/FAO 对其 ADI 值不作限制性规定,但对叶绿素铜钠盐及铁钠盐的 ADI 值规定为 0～15mg/kg。近年来,随着对叶绿素生理功能研究的不断深入,开发以叶绿素为基料的功能性食品有潜在的价值。

5.10.8.6 对氨基苯甲酸(para-aminobenzoic acid;PABA)

PABA 是叶酸的组成成分,对人和高等动物来说,PABA 是作为叶酸的主要部分而起作用的。它作为辅酶对蛋白质的分解、利用以及对红细胞的形成都有极其重要的作用。在小肠内很少合成叶酸的动物体内,PABA 具有叶酸活性。还可以添加在软膏中作为防晒剂。

PABA 是黄色结晶状物质,微溶于水。如小肠中环境有利,人体能自己制造。磺胺类药物是 PABA 的拮抗物,长期服用可引起 PABA 的缺乏,也引起叶酸的缺乏,症状如疲倦、烦躁、抑郁、神经质、头痛、便秘及其他消化系统症状。PABA 对人类基本无害,但连续大剂量使用可能有恶心、呕吐等毒性作用。其丰富来源为酵母、肝脏、鱼、蛋类、大豆、花生及麦芽等。

5.10.8.7 辅酶 Q(coenzymesQ)

辅酶 Q 是多种泛醌(ubiquinones)的集合名称,其化学结构同维生素 E、K 类似。辅酶 Q 存在于一切活细胞中,以细胞线粒体内的含量为多,是呼吸链中的一个重要的参与物质,是产能营养素释放能量所必需的。如缺乏细胞就不能进行充分的氧化,就不能为机体提供足够的能量,生命活动就会受影响。由于辅酶 Q 对"能量库"线粒体具有重要保护作用,能促进细胞的能量代谢,故可以对大脑退化性疾病起到预防作用,如早老性痴呆和记忆力减退等。

辅酶 Q 在心肌细胞中含量最高,因为心脏需大量辅酶 Q 来维持每天千百次的跳动。许多心脏衰弱的人往往缺乏辅酶 Q。辅酶 Q 能抑制血脂过氧化反应,保护细胞免受自由基的破坏。波士顿大学研究认为,辅酶 Q 在防止不良的胆固醇氧化对动脉血管的破坏方面要比维生素 E 和 β-胡萝卜素更加有效,大量的辅酶 Q_{10} 对防止动脉栓塞非常重要。而得州心脏病专家还认为辅酶 Q 对预防和控制高血压具有重要作用,他们给 109 名高血压患者每天服用 255 mg 辅酶 Q 后,85% 的人血压下降,51% 的患者可完全停止服用 1~3 种降压药,而 25% 的人可完全依靠辅酶 Q 来控制血压。辅酶 Q 可刺激免疫功能和治疗免疫缺乏,可有效地促进 IgG 抗体的生成,如每天口服 60 mg 辅酶 Q,该抗体有明显增加。动物实验表明,服用辅酶 Q 的老鼠与对照相比显得特别活跃和精力充沛,毛发更有光泽。

辅酶 Q 还有减轻维生素 E 缺乏症的某些症状的作用,而维生素 E 和硒能使机体组织中保持高浓度的辅酶 Q,辅酶 Q 被认为是延缓细胞衰老进程中起重要作用的物质。其中辅酶 Q_{10} 在临床上用于治疗心脏病、高血压及癌症等。

人体可自身合成辅酶 Q。但人体产生辅酶 Q 的功能随年龄增加而减弱,在 20 岁后开始下降,中年时达严重缺乏状态。有研究表明,50 岁后大量出现的心脏退化而减弱和许多疾病与体内辅酶 Q 的浓度下降有关。即当身体需要辅酶 Q 来抵抗衰老的时候,反而减少了。所以要阻止衰老的进程就需补充辅酶 Q 或可促进其生成的物质。

辅酶 Q 类化合物广泛存在于微生物、高等植物和动物中,其中以大豆、植物油及许多动物组织的含量较高。鱼类尤其是鱼油中有丰富的辅酶 Q_{10},其他如动物的肝脏、心脏、肾脏及牛肉、豆油和花生中也含有较多的辅酶 Q。目前还有提纯的辅酶 Q_{10}。对于 50 岁以上成人补充 30 mg/d 足以达到抗衰老的目的,如有慢性病的老人则可服用 50~150 mg/d。由于其为脂溶性,服用时要有脂肪的配合。如同时服用维生素 E,则可促进辅酶 Q 的生成。有试验表明,服用维生素 E 的动物其肝脏中辅酶 Q 的含量可提高 30%。微量元素硒和维生素 B_2、B_6、B_{11}、B_{12} 以及烟酸都是合成辅酶 Q_{10} 的重要原料。

5.10.8.8 白藜芦醇(resveratrol;Res)

化学名为 3,4′,5-三羟基二苯乙烯,是 1924 发现的植物抵抗恶劣环境或遭遇病原体侵害时自身分泌的一种抵御感染的抗菌素。植物中的白藜芦醇通常以游离态和糖苷结合态两种形式存在,一般白藜芦醇苷的含量高于其苷元——白藜芦醇。白黎芦醇多存在于葡萄果皮上,后又在葡萄科(爬山虎属、山葡萄属)、百合科(藜芦属)、蓼科(蓼属、大黄属)、豆科(槐属、花生属、三叶草属、羊蹄甲属、冬青属)、伞形科(棱子芹属)、落草科(苔属)、棕榈科(海枣属)、买麻藤科(买麻藤属)等多种植物中发现。白黎芦醇以游离态和糖苷结合态两种形式存在,且均具有抗氧化效能,是葡萄中的一种重要的活性成分。

白藜芦醇苷在人体内很快水解为苷元,因此,在人体内直接发挥生理作用的是白藜芦醇。白黎芦醇能够阻止低密度脂蛋白的氧化,因而具有潜在的防心血管疾病、防癌、抗病毒及免疫调节等作用。白藜芦醇有以下作用:

(1)抗肿瘤作用:1997 年美国科学家证明白藜芦醇能有效抑制在癌症发生的起始、增进和扩展三个主要阶段的相关癌细胞活动。对激素依赖性肿瘤,包括前列腺癌、乳腺癌、子宫内膜癌和卵巢癌有明显的预防作用,还可弥补绝经前后妇女体内雌激素的不足,从而减少患骨质疏松的危险性。

(2)保护心脏作用:研究显示 $10\mu mol/L$ 的白藜芦醇具有明显的心脏保护效果。白藜芦醇处理组丙醛的形成明显下降;与对照组相比,白藜芦醇组的梗死尺寸大小显著减少。

保健食品原理

（3）调节血脂作用：白藜芦醇可降低胆固醇、甘油三酯水平，减少低密度脂蛋白胆固醇（LDL）含量，增加高密度脂蛋白胆固醇（HDL）浓度，从而降低动脉硬化指数，有降血脂作用，可保护心血管。

（4）抗血小板凝聚作用：血小板的凝聚与花生四烯酸的代谢产物血栓素和前列腺环素密切相关。白藜芦醇能抑制花生四烯酸诱导的血小板凝聚。反式白藜芦醇和槲皮酮还能抑制由凝血酶引起的血小板聚集。葡萄酒和葡萄汁的对比试验表明，葡萄酒和富含白藜芦醇的果汁增加了血小板对凝血酶引起的凝聚的抵抗性，并降低了血栓素的浓度。

白藜芦醇具有抗氧化作用，可明显降低组织中丙二醛含量。

白藜芦醇的来源：白藜芦醇广泛存在于天然植物中，在红葡萄皮中含量为 $50\sim100~\mu g/g$，红葡萄酒中为 $1.5\sim3~mg/L$。由于葡萄酒的酒种、葡萄品种、产地的不同，白藜芦醇在葡萄酒中的含量存在着很大差异，就其总量而言，红葡萄酒＞白葡萄酒＞加强葡萄酒。新鲜葡萄果皮白藜芦醇含量在 $50\sim100~mg/kg$ 之间。

5.10.8.9 天然水杨酸（Salicylic Acid）

天然水杨酸有助于抑制血小板的黏附、聚积，对预防血栓形成及高黏血症有一定作用。草莓、番茄、樱桃、葡萄和柑橘等浆果富含此类物质。

（周才琼）

思考题

1. 何谓功效成分？功效成分可分成哪几类？
2. 何谓膳食纤维？简述膳食纤维的生理功能及在食品中的应用。
3. 什么叫活性多糖？活性多糖有哪几种？简述活性多糖的生理功能。
4. 什么叫功能性低聚糖？功能性低聚糖有哪几种？
5. 举例说明多元糖醇的生理功能。
6. 功能性油脂主要包括哪几类？各自富含在哪些食品中？
7. 何谓低能量脂肪、脂肪模拟品和脂肪替代品？
8. 何谓自由基清除剂？其清除对象是什么？哪些食物和中草药富含自由基清除剂？
9. 简述 SOD 的生理功能及应用。
10. 简述牛磺酸、精氨酸和谷氨酰胺的生理功能。
11. 简述硒、铬和锗的生理功能。
12. 简述谷胱甘肽的结构特点及其功能。
13. 简述乳酸菌的种类及主要生理功能。常见微生态制剂有哪些？
14. 简述生物类黄酮及其生理功能。
15. 异黄酮和花青素有何特有的生理作用？
16. 类胡萝卜素有哪些重要的生理功能？富含在哪些食品中？
17. 有机硫化合物主要包括哪几类？各自有何特有的生理功能？
18. 皂苷、茶氨酸、辅酶 Q、植物甾醇、二十八烷醇、褪黑素及咖啡碱等有何生理功能？哪些食物富含这些活性物质？

参考文献

[1] 黄雨三. 保健食品检验与评价技术规范实施守则[M]. 北京：清华同方电子出版

社,2003

[2] 尤新. 食用植物提取物——功能性食品添加剂的开发热点[J]. 中国食物与营养,2005(2):19~22

[3] 郑建仙. 功能性食品[M]. 北京:中国轻工出版社.1995

[4] 金宗濂主编. 保健食品的功能评价与开发[M]. 北京:轻工业出版社,2001

[5] 杨克敌. 微量元素与健康[M]. 北京:科学出版社.2003

[6] 邵俊杰主编. 保健食品[M]. 长沙:湖南科学技术出版社.1999

[7] 王宪楷主编. 天然药物化学. 北京:人民卫生出版社.1988

[8] 闻芝梅,陈君石主译. 现代营养学[M]. 北京:人民卫生出版社.1998

[9] 郭俊生主编. 现代营养与食品安全学[M],上海:第二军医大学出版社,2005

[10] 顾维雄主编. 保健食品[M]. 上海:上海人民出版社,2001

[11] Wu J, Wang XX, Chiba H, et al. Combined intervention of exercise and genistein prevented androgen deficiency-induced bone loss in mice[J]. *Appl Physiol*, 2003(94):335~342.

[12] 宋红普,贯剑,何裕民. 葛根的药学研究及其临床应用[J]. 上海中医药杂志,1999(4):47~49

[13] 张桂枝,安利佳. 人参皂甙生理活性的研究进展[J]. 食品与发酵工业,2002(28):70~72

[14] Zhang P, Omaye ST. DNA strand breakage and oxygen tention:effect of β-carotene, α-tocopherol and ascorbic acid[J]. Food Chem Toxicol, 2001(39):239~246

[15] Yong-Soon Choi. Concentration of phytoestrogens in soybeans and soybean products in Korea. J Aric Food Chem, 2000(80):1709~1712

[16] 黄建,孙静. 葡糖异硫氰酸酯的生物利用率及对人体健康的意义[J]. 国外医学卫生分册,2003,30(2):93~97

[17] 袁静萍. 大蒜烯丙基硫化物的抗癌机制[J].国外医学、生理、病理科学与临床分册,2002,22(6):556~558

[18] 冯长根,吴悟贤,刘霞等. 洋葱的化学成分及药理作用研究进展[J].上海中医药杂志,2003,37(3):63~64

[19] 张勇. 二甲基砜的合成及在保健食品和医药中的应用[J]. 广州食品工业科技,2005,20(2):136~139

[20] 吕毅,郭雯飞,倪捷儿等. 茶氨酸的生理作用及合成[J]. 茶叶科学,2003,23(1):1~5

[21] 袁建平,望江海. 褪黑激素新论(1)褪黑激素生理节律与睡眠[J]. 中国食品学报,2002,2(2):40~45

[22] 迟玉杰. 超氧化物歧化酶对人体的营养保健作用[J]. 中国乳品工业,2000(4):27~29

[23] 陈仁淳. 营养保健食品[M]. 北京:人民卫生出版社,2001

[24] 陈宗道,周才琼,童华荣. 茶叶化学工程学[M]. 重庆:西南师范大学出版社,1999

第六章 保健食品的法规和功能评价方法

　　我国保健(功能)食品渊源久远,传统保健饮食和药膳已有几千年的历史。现代意义上的保健食品的出现是人们的温饱问题得到基本解决后对食品提出的新要求,从 20 世纪 80 年代至 1994 年保健食品得到迅速发展,有 3 000 余个品种,产值超过 300 亿元。由于法规建设没有及时跟上,不少企业急功近利,一些粗制滥造伪劣产品涌入市场,致使保健食品市场出现"真假不分,良莠不齐"的局面。在各方强烈呼吁下,1995 年 10 月人大常委会通过了《食品卫生法》,确定了保健食品的合法地位。1996 年 3 月出台的《保健食品管理办法》和 2005 年 7 月国家食品药品监督管理局公布的《保健食品注册管理办法(试行)》使我国的保健食品走上了一条健康、规范的发展道路。

6.1 保健食品的管理法规

6.1.1 保健食品的注册管理办法

　　《保健食品注册管理办法(试行)》是为了规范保健食品的注册行为,保证保健食品的质量,保障人体食用安全而制定的。该法与《保健食品管理办法》的区别之一就是将评审制改为了注册制。

　　该办法规定保健食品的名称应当由品牌名、通用名、属性名三部分组成,命名应当:(1)符合国家有关法律、法规、规章、标准、规范的规定;(2)反映产品的真实属性,简明、易懂,符合中文语言习惯;(3)通用名不得使用已经批准注册的药品名称。品牌名可以采用产品的注册商标或其他名称;通用名应当准确、科学,不得使用明示或者暗示治疗作用以及夸大功能作用的文字;属性名应当表明产品的客观形态,其表述应规范、准确。

　　该办法规定,保健食品注册管理及审批工作由国家食品药品监督管理局主管,省、自治区、直辖市(食品)药品监督管理部门负责对国产保健食品注册申请资料的受理和形式审查,对申请注册的保健食品试验和样品试制的现场进行核查,在国家食品药品监督管理局确定的检验机构对样品的安全性、有效性等进行检验,并对产品质量的可控性以及标签说明书的内容等进行系统评价和审查,最后由国家食品药品监督管理局决定是否准予其注册。

在中国境内、外合法的公民或保健食品生产厂商都可以成为保健食品注册的申请人,承担相应法律责任并在该申请获得批准后持有保健食品批准证书。国产保健食品注册申请是指拟在中国境内生产销售的保健食品的注册申请;进口保健食品注册申请是指已在中国境外生产销售一年以上的保健食品拟在中国境内销售的注册申请。

申请保健食品注册时,申请人应当提交产品说明书和标签的样稿,样稿的内容应当包括产品名称、主要原(辅)料、功效成分/标志性成分及含量、保健功能、适宜人群、不适宜人群、食用量与食用方法、规格、保质期、贮藏方法和注意事项等。

在该办法中国家食品药品监督管理局共公布了 27 个保健功能,如果拟申请的保健功能在这 27 个功能以内,申请人应当向国家食品药品监督管理局确定的检验机构提供产品研发报告;如果拟申请的保健功能不在这些范围内,申请人还应当自行进行动物试验和人体试食试验,并向确定的检验机构提供功能研发报告和功能学评价方法。产品研发报告应当包括研发思路、功能筛选过程及预期效果等内容。功能研发报告应当包括功能名称、申请理由、功能学检验及评价方法和检验结果等内容。无法进行动物试验或者人体试食试验的,应当在功能研发报告中说明理由并提供相关的资料。

国家食品药品监督管理局负责确定承担保健食品试验、样品检验和复核检验的检验机构,检验机构负责申请注册的保健食品的安全性毒理学试验、功能学试验(包括动物试验和/或人体试食试验)、功效成分或标志性成分检测、卫生学试验、稳定性试验等。由国家卫生部确定的保健食品功能学检验机构如下:

四川省疾控中心、陕西省疾控中心、重庆市疾控中心、广西壮族自治区疾控中心、四川大学华西医学部;广东省疾控中心、福建省疾控中心、江苏省疾控中心、上海市疾控中心、浙江省疾控中心、南京医科大学、南京铁道医学院、上海铁道大学医学部、上海医科大学;湖北省疾控中心、湖南省疾控中心、同济医科大学;北京市疾控中心、中国疾控中心营养与食品卫生研究所、山东省疾控中心、河北省疾控中心、天津市食品卫生监督检验所、河南省疾控中心、北京医科大学、北京联合大学应用文理学院、山东医科大学;辽宁省食品卫生监督检验所、吉林省疾控中心、黑龙江省疾控中心、哈尔滨医科大学。

确定的检验机构在收到申请人提供的样品和有关资料后,应当按照国家食品药品监督管理局颁布的保健食品检验与评价技术规范,以及其他有关部门颁布和企业提供的检验方法对样品进行检验。根据检验结果和其他申报材料,国家食品药品监督管理局组织食品、营养、医学、药学和其他技术人员进行技术审评和行政审查,并作出审查决定。准予注册的,向申请人颁发《国产保健食品批准证书》或《进口保健食品批准证书》。

保健食品批准证书有效期为 5 年。

保健食品批准证书中载明的保健食品功能名称、原(辅)料、工艺、食用方法、扩大适宜人群范围、缩小不适宜人群范围等可能影响安全、功能的内容不得变更。

对保健食品批准证书有效期届满申请延长有效期的可进行再注册审批。符合要求的,予以再注册,向申请人颁发再注册凭证。

有下列情形之一的保健食品,不予再注册:(1)未在规定时限内提出再注册申请的;(2)按照有关法律、法规,撤销保健食品批准证书的;(3)原料、辅料、产品存在食用安全问题的;(4)产品所用的原料或者生产工艺等与现行规定不符的;(5)其他不符合国家有关规定的情形。

国家还对以真菌、益生菌、核酸、氨基酸螯合物等为原料生产保健食品作出了相关规定。以它们为主要原料的产品在进行注册申请时,除按保健食品注册管理的有关规定提交资料外,还必须提供以下相关材料:

(1)以真菌、益生菌为主要原料生产的保健食品

必须提供确定的菌种属名、种名及菌株号;菌种来源及国内外安全食用资料;国家食品药品监督管理局确定的鉴定机构出具的菌种鉴定报告;菌种的培养条件(培养基、培养温度等);菌种的安全性评价资料(包括毒理试验);菌种的保藏方法、复壮方法及传代次数,防止菌种变异方法。对经过驯化、诱变的菌种,应提供驯化、诱变的方法及驯化剂、诱变剂等资料。

(2)以核酸为原料生产保健食品

必须提供所用核酸的具体成分名称、来源、含量;与所申报功能直接相关的科学文献依据;提供所用核酸原料的详细生产工艺(包括加工助剂名称、用量);国家食品药品监督管理局确定的检验机构出具的核酸原料的纯度检测报告。

(3)以氨基酸螯合物生产的保健食品

必须提供明确的产品化学结构式、物理化学性质,配体与金属离子之比、游离元素和总元素之比;提供氨基酸螯合物定性、定量的检测方法(包括原料和产品)以及国家食品药品监督管理局确定的检验机构出具的验证报告。国家食品药品监督管理局确定的检验机构出具的急性毒性试验加做停食 16 小时后空腹一次灌胃试验和 30 天喂养试验的组织病理报告;国内外有关该氨基酸螯合物食用的文献资料。

(4)营养素补充剂

使用《维生素、矿物质化合物名单》以内的物品,其生产原料、工艺和质量标准符合国家有关规定的,一般不要求提供安全性毒理学试验报告;使用《维生素、矿物质化合物名单》以外的物品,应当提供该原料的营养学作用、在人体内代谢过程和人体安全摄入量等科学文献资料;依照新资源食品安全评价的有关要求出具的安全性毒理学评价试验报告以及营养素补充剂中营养素的定量检验方法。

(5)对其他原料的相关规定

以褪黑素为原料生产的保健食品,产品配方中除褪黑素和必要的辅料(赋形剂)外,不得添加其他成分(维生素 B_6 除外)。应提供褪黑素原料的检测报告,其纯度应达到 99.5% 以上。申报的保健功能限定为改善睡眠。应注明从事驾驶、机械作业或危险操作者,不要在操作前或操作中食用,自身免疫症(类风湿等)及甲亢患者慎用。

以芦荟为原料生产的保健食品,须提供省级以上专业鉴定机构出具的芦荟品种鉴定报告(可作为保健食品原料的有库拉索芦荟和好望角芦荟,其他芦荟品种应按有关规定,提供该品种原料的安全性毒理学评价试验报告及相关的食用安全的文献资料)。以原料中芦荟干品计,芦荟的食用量控制在每日 2 g 以下(以芦荟凝胶为原料的除外)。芦荟原料应符合《食用芦荟制品》(QB/T2489)的要求。孕产妇、乳母及慢性腹泻者不适宜食用这类保健食品。食用这类保健食品后如出现明显腹泻者,请立即停止食用。

以蚂蚁为原料生产的保健食品,应提供省级以上专业鉴定机构出具的蚁种鉴定报告,并

需提供蚂蚁原料来源证明。可作为保健食品原料的蚂蚁品种为拟黑多刺蚁、双齿多刺蚁、黑翅土白蚁、黄翅大白蚁、台湾乳白蚁,其他蚂蚁品种应按有关规定,提供该品种原料的安全性毒理学评价试验报告及相关的食用安全的文献资料,提供蚁酸含量测定报告。加工过程中,温度一般不超过80℃。过敏体质者慎用。

以酒为载体的保健食品产品酒精度数不超过38度,每日食用量不超过100 mL,不得申报辅助降血脂和对化学性肝损伤有辅助保护功能。

不饱和脂肪酸类保健食品每日推荐食用量不超过20 mL,不得加热烹调食用。

以甲壳素为原料生产的保健食品,应提供甲壳素原料的脱乙酰度检测报告,脱乙酰度应大于85%。

以超氧化物歧化酶(SOD)为原料生产的保健食品,SOD应从天然食品的可食部分提取,提取加工过程符合食品生产加工要求,申报的保健功能暂限定为抗氧化。以SOD单一原料申请保健食品时,应提供SOD在人体内口服吸收利用率、体内代谢等的国内外研究资料,证明SOD可经口服吸收。以SOD组合其他功能原料申请保健食品时,加入的功能原料应具有抗氧化作用。产品不得以SOD命名,不得宣传SOD的作用。

使用动物性原料(包括胎盘、骨等)的,应提供原料来源证明及县级以上畜牧检疫机构出具的检疫证明。

使用红景天、花粉、螺旋藻等有不同品种植物原料的,应提供省级以上专业鉴定机构出具的品种鉴定报告。

使用石斛的,应提供省级以上专业鉴定机构出具的品种鉴定报告和省级食品药品监督管理部门出具的人工栽培现场考察报告。

6.1.2 保健食品生产的管理

良好生产规范(Good Manufacturing Practice,GMP)是食品生产全过程中保证食品具有高度安全卫生性的良好生产管理系统。GMP不仅规定了一般的卫生措施,而且还规定了防止食品在不卫生条件下变质的措施,把保证食品质量的工作重点放在从原料的采购到成品的贮存、运输的整个环节,而不是仅着眼于最终产品上。1998年我国卫生部颁布《保健食品良好生产规范》(GB17405—1998),对生产保健食品企业的人员、设施、原料、生产过程、成品贮存与运输、品质和卫生管理等多方面的基本技术作出规定。

6.1.2.1 对保健食品生产人员的要求

《保健食品良好生产规范》要求保健食品生产企业必须具有与所生产的保健食品相适应的具有医药学或生物学、食品科学等相关专业知识的技术人员和具有生产及组织能力的管理人员。

专职技术人员的比例应不低于职工总数的5%;主管技术的企业负责人必须具有大专以上或相应的学历,并具有保健食品生产及质量、卫生管理的经验。

保健食品生产和品质管理部门的负责人必须是专职人员,应具有与所从事专业相适应的大专以上或相应的学历,能够按此规范的要求组织生产或进行品质管理,有能力对保健食品生产和品质管理中出现的实际问题作出正确的判断和处理。

保健食品生产企业还必须有专职的质检人员。质检人员必须具有中专以上学历;采购人员应掌握鉴别原料是否符合质量、卫生要求的知识和技能。

从事保健食品生产的人员上岗前必须经过卫生法规教育及相应技术培训,企业应建立培训及考核档案,企业负责人及生产、品质管理部门负责人还应接受省级以上卫生监督部门有关保健食品的专业培训,并取得合格证书。

要从事保健食品生产的人员必须进行健康检查,取得健康合格证件后方可上岗,以后每年须进行一次健康检查。从业人员还必须按食品企业通用卫生规范(GB 14881)的要求,做好个人卫生。

6.1.2.2 对保健食品厂设计、设施的要求

保健食品厂的总体设计、厂房与设施的一般性设计、建筑和卫生设施,应符合食品企业通用卫生规范(GB 14881)的要求。

厂房应按生产工艺流程及所要求的洁净级别进行合理布局,同一厂房和邻近厂房进行的各项生产操作不得相互妨碍。

必须按照生产工艺和卫生、质量要求,划分洁净级别,原则上分为一般生产区、10 万级区。10 万级洁净级区应安装具有过滤装置的相应设施。表 6-1 列出了保健食品生产厂房的洁净级别及换气次数。

表 6-1　保健食品厂房的洁净级别及换气次数

洁净级别	尘埃数(个/m³)		活微生物数	换气次数
	≥0.5 μm	≥5 μm	个/m³	次/h
10 万级	≤3500000	≤20000	≤500	≥15

洁净厂房的设计和安装应符合洁净厂房设计规范(GB J73)的要求。

净化级别必须满足生产加工保健食品对空气净化的需要。生产片剂、胶囊、丸剂以及不能在最后容器中灭菌的口服液等产品,应当采用 10 万级洁净厂房。

厂房、设备布局与工艺流程三者应衔接合理,建筑结构完善,并能满足生产工艺和质量、卫生的要求;厂房应有足够的空间和场所,以安置设备、物料;用于中间产品、待包装品的贮存间应与生产要求相适应。

洁净厂房的温度和相对湿度应与生产工艺要求相适应,下水道、洗手间及其他卫生清洁设施不得对保健食品的生产带来污染。

洁净级别不同的厂房之间、厂房与通道之间应有缓冲设施。应分别设置与洁净级别相适应的人员和物料通道。

原料的前处理如提取、浓缩等应在与其生产规模和工艺要求相适应的场所进行,并装备有必要的通风、除尘、降温设施。原料的前处理不得与成品生产使用同一生产厂房。

保健食品生产应设有备料室,其洁净级别应与生产工艺要求相一致。

洁净厂房的空气净化设施、设备应定期检修,检修过程中应采取适当措施,不得对保健食品的生产造成污染。

生产发酵产品应具备专用发酵车间,并应有与发酵、喷雾配套的专用设备。

凡与原料、中间产品直接接触的生产用工具、设备应使用符合产品质量和卫生要求的材质。

6.1.2.3　对保健食品原料的要求

保健食品生产所需要的原料的购入、使用等应制定验收、贮存、使用、检验等制度,并由专人负责。

原料必须符合食品卫生要求。采购原料时要索取有效的检验报告单。属食品新资源的原料要索取卫生部批准证书的复印件。经人工发酵制得的菌丝体或菌丝体与发酵产物的混合物及微生态类原料还必须索取菌株鉴定报告、稳定性报告及菌株不含耐药因子的证明资料。以藻类、动物及动物组织器官等为原料的,必须索取品种鉴定报告。从动、植物中提取的单一有效物质或以生物、化学合成物为原料的,应索取该物质的理化性质及含量的检测报告。含有兴奋剂或激素的原料,应索取其含量检测报告;经放射性辐射的原料,应索取辐照剂量的有关资料。

原料的运输工具等应符合卫生要求。应根据原料特点,配备相应的保温、冷藏、保鲜、防雨防尘等设施,以保证质量和卫生需要。运输过程不得与有毒、有害物品同车或同一容器混装。

原料购进后对来源、规格、包装情况进行初步检查,入库后应向质检部门申请取样检验。

各种原料应按待检、合格、不合格分区离地存放,并有明显标志;合格备用的原料还应按不同批次分开存放。同一库内不得储存相互影响风味的原料。

对有温度、湿度及特殊要求的原料应按规定条件储存;一般原料的储存场所或仓库,应便于通风换气,有防鼠、防虫设施。

应制定原料的储存期,对不合格或过期原料应加注标志并及早处理。

经人工发酵制得的菌丝体或以微生态类为原料的应严格控制菌株保存条件,菌种应定期筛选、纯化,必要时进行鉴定,防止杂菌污染、菌种退化和变异产毒。

6.1.2.4　对保健食品生产过程的要求

(1)制定生产操作规程

保健食品生产厂应根据规范要求并结合自身产品的生产工艺特点,制定生产工艺规程及岗位操作规程。

生产工艺规程必须符合功效成分不损失、不破坏、不转化和不产生有害中间体的工艺要求,其内容应包括产品配方、各组分的制备、成品加工过程的主要技术条件及关键工序的质量和卫生监控点,如成品加工过程中的温度、压力、时间、pH 值、中间产品的质量指标等。

岗位操作规程应对各生产主要工序规定具体操作要求,明确各车间、工序和个人的岗位职责。

生产技术、管理人员应按照要求对每一批次产品从原料配制、中间产品产量、产品质量和卫生指标等情况进行记录。

(2)原辅料的领取和投料

投产前的原料必须核对品名、规格、数量,对于霉变、生虫、混有异物或其他感官性状异常、不符合质量标准要求的,不得投产使用。凡规定有储存期限的原料,过期不得使用。液体的原辅料应过滤除去异物;固体原辅料需粉碎、过筛的应粉碎至规定细度。

车间按生产需要领取原、辅料,并根据配方正确计算、称量和投料,配方原料的计算、称量及投料须经二人复核后,记录备查。

生产用水的水质必须符合生活饮用水卫生标准(GB 5749)的规定,对于特殊规定的工艺用水,应按工艺要求进一步纯化处理。

(3)配料与加工

产品配料前需检查配料锅及容器管道是否清洗干净、符合工艺所要求的标准。发酵工艺生产用的发酵罐、容器及管道必须彻底清洁、消毒处理后,才能用于生产。每一班次都应做好器具清洁、消毒记录。

生产操作应合理衔接,防止交叉污染。应将原料处理、中间产品加工、包装材料和容器的清洁、消毒、成品包装和检验等工序分开设置。同一车间不得同时生产不同的产品;不同工序的容器应有明显标记,不得混用。

生产操作人员应严格按照一般生产区与洁净区的不同要求,搞好个人卫生。因调换工作岗位有可能导致产品污染时,必须更换工作服、鞋、帽,重新进行消毒。用于洁净区的工作服、帽、鞋等必须严格清洗、消毒,每日更换,并且只允许在洁净区内穿用,不准带出区外。

原辅料进入生产区,必须经过物料通道进入。凡进入洁净厂房、车间的物料必须除去外包装,若外包装脱不掉则要擦洗干净或换成室内包装桶。

配制过程中原、辅料必须混合均匀,物料需要热熔、热取或浓缩(蒸发)的必须严格控制加热温度和时间。中间产品需要调整含量、pH 值等技术参数的,调整后须对含量、pH 值、相对密度等重新测定复核。

各项工艺操作应在符合工艺要求的良好状态下进行。口服液、饮料等液体产品生产过程中需要过滤的,应注意选用无纤维脱落且符合卫生要求的滤材,禁止使用石棉作滤材。胶囊、片剂、冲剂等固体产品需要干燥的应严格控制烘房(箱)温度与时间,防止颗粒融熔与变质;捣碎、压片、过筛或整粒设备应选用符合卫生要求的材料制作,并定期清洗和维护,以避免铁锈及金属污染物的污染。

产品压片,分装胶囊、冲剂,液体产品的灌装等均应在洁净室内进行,应控制操作室的温度、湿度。手工分装胶囊应在具有相应洁净级别的有机玻璃罩内进行,操作台不得低于 0.7m。

配制好的物料须放在清洁的密闭容器中,及时进入灌装、压片或分装胶囊等工序,需储存的不得超过规定期限。

(4)包装容器的洗涤、灭菌和保洁

应使用符合卫生标准和卫生管理办法规定允许使用的食品容器、包装材料、洗涤剂、消毒剂。

使用的空胶囊、糖衣等原料必须符合卫生要求,禁止使用非食用色素。

产品包装用各种玻璃瓶(管)、塑料瓶(管)、瓶盖、瓶垫、瓶塞、铝塑包装材料等,凡是直接接触产品的内包装材料均应采取适当方法清洗、干燥和灭菌,灭菌后应置于洁净室内冷却备用。贮存时间超过规定期限应重新洗涤、灭菌。

(5)产品杀菌

各类产品的杀菌应选用有效的杀菌或灭菌设备和方法。对于需要灭菌又不能热压灭菌的产品,可根据不同工艺和食品卫生要求,使用精滤、微波、辐照等方法,以确保灭菌效果。采用辐照灭菌方法时,应严格按照《辐照食品卫生管理办法》的规定,严格控制辐照吸收剂量和时间。

应对杀菌或灭菌装置内温度的均一性、可重复性等定期做可靠性验证,对温度、压力等检测仪器定期校验。在杀菌或灭菌操作中应准确记录温度、压力及时间等指标。

（6）产品灌装或装填

每批待灌装或装填产品应检查其质量是否符合要求,计算产出率,并与实际产出率进行核对。若有明显差异,必须查明原因,在得出合理解释并确认无潜在质量事故后,经品质管理部门批准方可按正常产品处理。

液体产品灌装,固体产品的造粒、压片及装填应根据相应要求在洁净区内进行。除胶囊外,产品的灌装、装填须使用自动机械装置,不得使用手工操作。

灌装前应检查灌装设备、针头、管道等是否用新鲜蒸馏水冲洗干净、消毒或灭菌。

操作人员必须经常检查灌装及封口后的半成品质量,随时调整灌装（封）机器,保证灌封质量。

凡需要灭菌的产品,从灌封到灭菌的时间应控制在工艺规程要求的时间限度内。

口服安瓿制剂及直形玻璃瓶等瓶装液体制剂灌封后应进行灯检。每批灯检结束,必须做好清场工作,剔除品应标明品名、规格、批号,置于清洁容器中交专人负责处理。

（7）包装

保健食品的包装材料和标签应由专人保管,每批产品标签凭指令发放、领用,销毁的包装材料应有记录。

经灯检及检验合格的半成品在印字或贴签过程中,应随时抽查印字或贴签质量。印字要清晰;贴签要贴正、贴牢。

成品包装内不得夹放与食品无关的物品。

产品外包装上应标明最大承受压力（重量）。

（8）标识

产品标识必须符合《保健食品标识规定》和食品标签通用标准（GB 7718）的要求。

保健食品产品说明书、标签的印制,应与卫生部批准的内容相一致。

6.1.2.5 对保健食品成品贮存与运输的要求

保健食品贮存与运输的一般性卫生要求应符合食品企业通用卫生规范（GB 14881）的要求。成品贮存方式及环境应避光、防雨淋,温度、湿度应控制在适当范围,并避免撞击与振动。含有生物活性物质的产品应采用相应的冷藏措施,并以冷链方式贮存和运输。非常温下保存的保健食品如某些微生态类保健食品,应根据产品不同特性,按照要求的温度进行贮运。

成品入库、出库应有记录,内容至少包括批号、入出货时间、地点、对象、数量等,以便发现问题,及时回收。成品出厂应执行"先产先销"的原则。

6.1.2.6 对保健食品品质管理的要求

保健食品生产厂必须设置独立的与生产能力相适应的品质管理机构,直属工厂负责人领导。各车间设专职质监员,各班组设兼职质检员,形成一个完整而有效的品质监控体系,负责生产全过程的品质监督。

品质管理机构必须制定完善的管理制度,品质管理制度应包括①原辅料、中间产品、成品以及不合格品的管理制度;②原料鉴别与质量检查、中间产品的检查、成品的检验技术规程,如质量规格、检验项目、检验标准、抽样和检验方法等的管理制度;③留样观察制度和实验室管理制度;④生产工艺操作核查制度;⑤清场管理制度;⑥各种原始记录和批生产记录管理制度;⑦档案管理制度。

必须设置与生产产品种类相适应的检验室和化验室,应具备对原料、半成品、成品进行检验所需的房间、仪器、设备及器材,并定期鉴定,使其经常处于良好状态。

(1)原料的品质管理

必须按照国家或有关部门规定设质检人员,逐批次对原料进行鉴别和质量检查,不合格者不得使用。

要检查和管理原料的存放场所,存放条件不符合要求的场所不得使用。

(2)加工过程的品质管理

找出加工过程中的质量、卫生关键控制点,至少要监控下列环节,并做好记录:①投料的名称与重量(或体积);②有效成分提取工艺中的温度、压力、时间、pH 等技术参数;③中间产品的产出率及质量规格;④成品的产出率及质量规格;⑤直接接触食品的内包装材料的卫生状况;⑥成品灭菌方法的技术参数。

对重要的生产设备和计量器具应定期检修,用于灭菌设备的温度计、压力计至少半年检修一次,并做检修记录。

应具备对生产环境进行监测的能力,并定期对关键工艺环境的温度、湿度、空气净化度等指标进行监测。

(3)成品的品质管理

必须逐批次对成品进行感官、卫生及质量指标的检验,不合格者不得出厂。

应具备产品主要功效因子或功效成分的检测能力,并按每次投料所生产的产品的功效因子或主要功效成分进行检测,不合格者不得出厂。

每批产品均应有留样,留样应存放于专设的留样库(或区)内,按品种、批号分类存放,并有明显标志。

应定期作产品稳定性实验。

必须对产品的包装材料、标志、说明书进行检查,不合格者不得使用。

检查和管理成品库房存放条件,不符合存放条件的库房不得使用。

(4)品质管理的其他要求

应对用户提出的质量意见和使用中出现的不良反应详细记录,并做好调查处理工作,并作记录备查。

必须建立完整的质量管理档案,设有档案柜和档案管理人员,各种记录分类归档,保存2～3年备查。

应定期对生产和质量进行全面检查,对生产和管理中的各项操作规程、岗位责任制进行验证。对检查中发现的问题进行调整,定期向卫生行政部门汇报产品的生产质量情况。

6.1.2.7　卫生管理

保健食品生产厂应按照食品企业通用卫生规范(GB 14881)的要求,做好除虫、灭害、有毒有害物处理、饲养动物、污水污物处理、副产品处理等的卫生管理工作。

6.2　保健食品的毒理学评价

保健食品评价包括（1）保健食品的安全性毒理学试验；（2）功能学试验（包括动物试验和/或人体试食试验）；（3）功效成分或标志性成分检测；（4）卫生学试验；（5）稳定性试验

6.2.1　毒理学评价的四个阶段

1983 年我国卫生部颁布《食品安全性毒理学评价程序（试行）》，1994 年由卫生部颁发了《食品安全性毒理学评价程序和方法》标准（GB15193.1～15193.19—1994），2003 年又发布了《保健食品安全性毒理学评价程序和检验方法规范》。目前我国现行的对食品安全性评价是急性毒性试验、遗传毒理学试验、亚慢性毒性试验（90 d 喂养试验、繁殖试验、代谢试验）和慢性毒性试验（包括致癌试验）。此程序适用于评价食品生产、加工、保藏、运输和销售过程中使用的化学和生物物质以及在这些过程中产生和污染的有害物质；适用于食物新资源及其成分和新资源食品的安全性评价，也适用于食品中其他有害物质的安全性评价。

毒理学评价是对保健食品进行功能学评价的前提。保健食品或其功效成分，首先必须保证食用安全性，原则上必须完成卫生部《食品安全性毒理学评价程序和方法》中规定的第一、二阶段的毒理学试验，必要时需进行更深入的毒理学试验。

6.2.1.1　第一阶段

急性毒性试验包括经口急性毒性（LD_{50}）、联合急性毒性、一次最大耐受量试验。

急性毒性试验的目的是了解受试物毒性的强度、性质和可能的靶器官，为进一步毒性试验提供依据，并根据 LD_{50} 进行毒性分级。

很多化学物质急性毒性虽然不大，但长期慢性危害却较严重，尤其是一些致癌物质长期少量摄入能诱发癌肿。急性毒性的局限性不能评价化学物质潜在的危害。

6.2.1.2　第二阶段

包括遗传毒性试验、传统致畸试验和 30 d 喂养试验。

遗传毒性试验的目的是对受试物的遗传毒性以及是否具有潜在的致癌作用进行筛选。遗传毒性试验的组合应该考虑原核细胞与真核细胞、体内试验与体外试验相结合的原则。从鼠伤寒沙门氏试验（Ames 试验）或体外哺乳类细胞（V79/HGPRT）基因突变试验、骨髓细胞微核试验或哺乳动物骨髓细胞染色体畸变试验及 TK 基因突变试验或小鼠精子畸形分析或睾丸染色体畸变分析试验中分别各选一项。

致畸试验的目的是了解受试物对胎仔是否具有致畸作用。

在急性毒性试验的基础上，通过 30 d 喂养试验，进一步了解受试物的毒性作用，观察对生长发育的影响并可初步估计最大无作用剂量。如受试物需要进行第三、四阶段试验可不进行这项试验。

6.2.1.3 第三阶段

亚慢性毒性试验包括 90 d 喂养试验、繁殖试验和代谢试验。

亚慢性毒性试验的目的一是观察受试物以不同剂量水平较长期喂养试验动物，确定对动物的毒性作用性质和靶器官，并初步确定最大无作用剂量；二是了解受试物是否能引起生殖功能障碍，干扰配子的形成或使生殖细胞受损，其结果除可影响受精卵或孕卵的着床而导致不孕外，还可影响胚胎的发生及发育，如果对母体造成不良影响可出现妊娠、分娩和乳汁分泌的异常，亦可出现胎儿出生后发育异常；三是为慢性毒性和致癌试验的剂量选择提供根据；四是为评价受试物能否应用于食品提供依据。进行代谢试验的目的是对受试物在体内代谢过程作出正确评价，为阐明受试物的毒性作用性质与程度提供科学依据。

6.2.1.4 第四阶段

慢性毒性试验（包括致癌试验），目的是了解经长期接触受试物后出现的毒性作用，尤其是进行性或不可逆的毒性作用，以及致癌作用。最后确定最大无作用剂量，为受试物能否应用于保健食品的最终评价提供依据。

6.2.2 保健食品毒性试验的原则

以普通食品和卫生部规定的药食同源物质以及允许用作保健食品的物质以外的动植物或动植物提取物、微生物、化学合成物等为原料生产的保健食品，应对该原料和用该原料生产的保健食品分别进行安全性评价。该原料原则上按以下四种情况确定试验内容。用该原料生产的保健食品原则上须进行第一、二阶段的毒性试验，必要时进行下一阶段的毒性试验。

国内外均无食用历史的原料或成分作为保健食品原料时，应对该原料或成分进行四个阶段的毒性试验。

仅在国外少数国家或国内局部地区有食用历史的原料或成分，原则上应对该原料或成分进行第一、二、三阶段的毒性试验，必要时进行第四阶段毒性试验。

若根据有关文献资料及成分分析，未发现有毒或毒性甚微不至构成对健康损害的物质，以及较大数量人群有长期食用历史而未发现有害作用的动植物及微生物等，可以先对该物质进行第一、二阶段的毒性试验，经初步评价后，决定是否需要进行下一阶段的毒性试验。

凡以已知的化学物质为原料，国际组织已对其进行过系统的毒理学安全性评价，同时申请单位又有资料证明我国产品的质量规格与国外产品一致，则可将该化学物质先进行第一、二阶段毒性试验。若试验结果与国外产品的结果一致，一般不要求进行进一步的毒性试验，否则应进行第三阶段毒性试验。

在国外多个国家广泛食用的原料，在提供安全性评价资料的基础上，进行第一、二阶段毒性试验，根据试验结果决定是否进行下一阶段毒性试验。

以卫生部规定允许用于保健食品的动植物或动植物提取物或微生物（普通食品和卫生部规定的药食同源物质除外）为原料生产的保健食品，应进行急性毒性试验、三项致突变试验（Ames 试验或 V79/HGPRT 基因突变试验、骨髓细胞微核试验或哺乳动物骨髓细胞染色体畸变试验,及 TK 基因突变试验或小鼠精子畸形分析或睾丸染色体畸变分析中的任一项)和 30 天喂养试验,必要时进行传统致畸试验和第三阶段毒性试验。

以普通食品和卫生部规定的药食同源物质为原料生产的保健食品,分以下情况确定试验内容:

(1)以传统工艺生产且食用方式与传统食用方式相同的保健食品,一般不要求进行毒性实验。

(2)用水提物配制生产的保健食品,如服用量为原料的常规用量,且有关资料未提示其具有不安全性的,一般不要求进行毒性试验。如服用量大于常规用量时,需进行急性毒性试验、三项致突变试验和 30 天喂养试验,必要时进行传统致畸试验。

(3)用水提以外的其他常用工艺生产的保健食品,如服用量为原料的常规用量时,应进行急性毒性试验、三项致突变试验。如服用量大于原料的常规用量时,需增加 30 天喂养试验,必要时进行传统致畸试验和第三阶段毒性试验。

(4)用已列入营养强化剂或营养素补充剂名单的营养素的化合物为原料生产的保健食品,如其原料来源、生产工艺和产品质量均符合国家有关要求,一般不要求进行毒性试验。

针对不同食用人群和(或)不同功能的保健食品,必要时应针对性地增加敏感指标及敏感试验。

6.2.3　保健食品毒理学评价的结果判定

6.2.3.1　急性毒性试验

如 LD_{50} 小于人的可能摄入量的 100 倍,则放弃该受试物用于保健食品。如 LD_{50} 大于或等于 100 倍者,则可考虑进入下一阶段毒理学试验。

如动物未出现死亡的剂量大于或等于 10 g/kg BW(涵盖人体推荐量的 100 倍),则可进入下一阶段毒理学试验。

对人体推荐量较大和其他一些特殊原料的保健食品,按最大耐受量法最大给予剂量动物未出现死亡,也可进入下一阶段毒理学试验。

6.2.3.2　遗传毒性试验

如三项致突变试验(Ames 试验或 V79/HGPRT 基因突变试验、骨髓细胞微核试验或哺乳动物骨髓细胞染色体畸变试验,及 TK 基因突变试验或小鼠精子畸形分析或睾丸染色体畸变分析中的任一项)中,体外或体内有一项或以上试验阳性,一般应放弃该受试物用于保健食品。

如三项试验均为阴性,则可继续进行下一步的毒性试验。

6.2.3.3　30 天喂养试验

对只要求进行第一、二阶段毒理学试验的受试物,若 30 天喂养试验的最大未观察到有害作用剂量大于或等于人的可能摄入量的 100 倍,综合其他各项试验结果可初步做出安全性评价。

对于人的可能摄入量较大的保健食品,在最大灌胃剂量组或在饲料中的最大掺入量剂量组未发现有毒性作用,综合其他各项试验结果和受试物的配方、接触人群范围及功能等有关资料可初步做出安全性评价。

若最小观察到有害作用剂量小于人的可能摄入量的 100 倍,或观察到毒性反应的最小剂量组其受试物在饲料中的比例小于或等于 10%,且剂量又小于人的可能摄入量的 100 倍,原则上应放弃该受试物用于保健食品。但对某些特殊原料和功能的保健食品,在小于人的可能摄入量的 100 倍剂量组,如果个别指标实验组与对照组出现差异,要对其各项试验结果和受试物的配方、理化性质及功能和接触人群范围等因素综合分析以判断是否为毒性反应后,决定该受试物可否用于保健食品或进入下一阶段毒性试验。

6.2.3.4 传统致畸试验

以 LD_{50} 或 30 天喂养实验的最大未观察到有害作用剂量设计的受试物各剂量组,如果在任何一个剂量组观察到受试物的致畸作用,则应放弃该受试物用于保健食品,如果观察到有胚胎毒性作用,则应进行进一步的繁殖试验。

6.2.3.5 90 天喂养试验、繁殖试验

国外少数国家或国内局部地区有食用历史的原料或成分,如最大未观察到有害作用剂量大于人的可能摄入量的 100 倍,可进行安全性评价。若最小观察到有害作用剂量小于或等于人的可能摄入量的 100 倍,或最小观察到有害作用剂量组其受试物在饲料中的比例小于或等于 10%,且剂量又小于人的可能摄入量的 100 倍,原则上应放弃该受试物用于保健食品。

国内外均无食用历史的原料或成分,根据这两项试验中的最敏感指标所得最大未观察到有害作用剂量进行评价的原则是:

①最大未观察到有害作用剂量小于或等于人的可能摄入量的 100 倍者表示毒性较强,应放弃该受试物用于保健食品。

②最大未观察到有害作用剂量大于 100 倍而小于 300 倍者,应进行慢性毒性试验。

③大于或等于 300 倍者则不必进行慢性毒性试验,可进行安全性评价。

6.2.3.6 慢性毒性和致癌试验

根据慢性毒性试验所得的最大未观察到有害作用剂量进行评价的原则是:

①最大未观察到有害作用剂量小于或等于人的可能摄入量的 50 倍者,表示毒性较强,应放弃该受试物用于保健食品。

②未观察到有害作用剂量大于 50 倍而小于 100 倍者,经安全性评价后,决定该受试物是否可用于保健食品。

③最大未观察到有害作用剂量大于或等于 100 倍者,则可考虑允许用于保健食品。

根据致癌试验所得的肿瘤发生率、潜伏期和多发性等进行致癌试验判定的原则是:凡符合下列情况之一,并经统计学处理有显著性差异者,可认为致癌试验结果阳性。若存在剂量反应关系,则判断阳性更可靠。

①肿瘤只发生在试验组动物,对照组中无肿瘤发生。

②试验组与对照组动物均发生肿瘤,但试验组发生率高。

③试验组动物中多发性肿瘤明显,对照组中无多发性肿瘤,或只是少数动物有多发性

肿瘤。

④试验组与对照组动物肿瘤发生率虽无明显差异,但试验组中发生时间较早。

若受试物掺入饲料的最大加入量(超过 5％时应补充蛋白质到与对照组相当的含量,添加的受试物原则上最高不超过饲料的 10％)或液体受试物经浓缩后仍达不到最大未观察到有害作用剂量为人的可能摄入量的规定倍数时,综合其他的毒性试验结果和实际食用或饮用量进行安全性评价。

6.3 保健食品的功能评价

功能评价(functional evaluation)是对保健食品的功能进行动物和人体试验加以评价确认。保健食品所宣称的生理功效必须是明确而肯定的,且经得起科学方法的验证并具有重现性。1996 年由卫生部主持制定了《保健食品功能学评价程序和方法》(下简称方法),规定了 12 种保健功能的统一评价程序、检验方法及结果判定。2003 年 4 月卫生部发布了《保健食品检验与评价技术规范》的新标准,将卫生部受理的保健功能扩展至 27 项。这一新规范提高了保健食品功能评价的标准,不仅人体试食试验从原来的 11 项增至 20 项,而且动物实验的判定标准也有所提高。

6.3.1 功能性评价的基本要求

①对受试样品,要求提供受试物样品原料组成和尽可能提供受试样品理化性质。

受试样品必须是规格化定型产品,即符合既定配方、生产工艺及质量标准。提供受试样品安全性毒理评价资料及卫生学检验报告。

提供功能成分或特征成分、营养成分名称、含量。如需要,提供违禁药物检测报告。

②对实验动物,要求根据各种试验的具体要求,合理选择动物。常用大鼠、小鼠,品系不限,推荐使用近交系。

动物的性别不限,可根据试验需要进行选择。动物的数量要求为小鼠每组至少 10～30 只(单一性别),大鼠每组至少 8～25 只(单一性别)。动物的年龄可根据具体试验需要而定,但一般多选择成年动物。

动物应符合国家对实验动物的有关规定。

③对受试样品剂量及时间,要求各种动物实验至少应设三个剂量组,另设阴性对照组,必要时可设阳性对照组或空白对照组。剂量选择合理,即尽可能找出最低有效剂量。其中一个剂量应相当于人体推荐量 5 倍(大鼠)或 10 倍(小鼠),且最高剂量不得超过人体推荐量 30 倍。

受试样品实验建立在毒理学评价安全之后,给予受试物的时间一般为 30d。当给予时间达 30d 而实验结果仍为阴性,则可终止实验。

6.3.2 人体试食试验的基本要求

6.3.2.1 对受试样品和试验的一般要求

对于受试样品,要求符合规范对受试样品的要求,而且该产品的申请者必须提供受试样品的来源、组成、加工和卫生条件,并提供详细说明。规程还要求申请者必须提供与试食试验同批次受试样品的卫生学检验报告,其检验结果应符合有关卫生标准要求。

人体试食试验应在动物功能学实验有效前提下进行,并经过相应的安全性评价,确认为安全的食品。

在进行人体试验时,对照物品可以用安慰剂,也可以用经过验证具有保健功能的产品作阳性对照物。

试食试验报告中,试食组和对照组应各不少于 50 例,且试验脱离率一般不得超过 20%。

人体试食试验需在 SFDA 认定的保健食品功能学检测机构内进行,需要与医院共同实施的,该医院也需经过 SFDA 认定。

试食期限一般不少于 30 d,必要时可适当延长。

6.3.2.2 对受试者的要求

选择受试者必须严格按照自愿的原则,根据所需判定的功能要求进行选择。

试验前,一定要使受试者充分了解试食试验的目的、内容等有关事项,并填写参加试验知情同意书,然后由进行试食试验负责单位批准。

受试者必须有可靠病史,以排除可能干扰试验目的的各种因素。

6.3.2.3 对试验实施者要求

以人道主义态度对待志愿受试者,以保障受试者健康。

在受试者身上采集的各种生物样品必须详细记录。

试验观察指标除了系统常规检验外,还需根据实验要求选择合适的功能指标。

6.4 主要保健功能的评价

6.4.1 增强免疫力的功能评价

6.4.1.1 胸腺/体重比值,脾脏/体重比值

胸腺、脾脏都是免疫器官,由于年龄的增长、免疫抑制剂的使用及营养不良等因素的影响,胸腺与脾脏逐渐退化与萎缩,出现胸腺、脾脏重量减轻。具有调节免疫功能的物质可使胸

GSH 减少量来表示。GSH 和 5·5-二硫对硝基苯甲酸反应,在 GSH-Px 催化下可生成黄色的 5-硫代 2-硝基苯甲酸阴离子,测定吸光度即可计算出 GSH 减少量。

6.4.2.3　结果判定

动物实验:过氧化脂质含量和抗氧化酶活性指标均为阳性,可判定该受试样品抗氧化功能动物实验结果为阳性。

人体试食试验:丙二醛、超氧化物歧化酶、谷胱甘肽过氧化酶三项实验中任一实验结果为阳性,可判定该受试样品具有抗氧化功能。

6.4.3　辅助改善记忆的功能评价

6.4.3.1　跳台实验

反应箱底铺有通 36 V 电的铜栅,动物受到电击后正常的反应应该是跳上箱内绝缘的平台以避免伤害性刺激。多数动物可能再次或多次跳至铜栅上,受到电击又迅速跳回平台,如此训练 5 min,记录动物受到电击的次数(错误次数),以此作为学习成绩。24 h 或 48 h 重作测验,此即记忆保持测验。记录受电击的动物数、第一次跳下平台的潜伏期和 3 min 内的错误总数。停止训练 5 d 后(也可以在训练后的一周、两周或其他时间点)进行记忆消退实验。

将受试样品组与对照组比较,潜伏期明显延长,错误次数或跳下平台的动物数明显少于对照组,差异有显著性,以上三项指标中有一项阳性,可判定该项实验结果为阳性。

6.4.3.2　避暗试验

利用小鼠嗜暗的习性设计一个装置,一半是暗室,一半是明室,中间有一小洞相连。暗室底部铺有通电的铜栅,并与一计时器相连,计时器可自动记录潜伏期的时间。小鼠进入暗室即受到电击,计时自动停止。小鼠从放入明室至进入暗室遭电击所需的时间即潜伏期。24 h 或 48 h 后重作测验,记录每只动物进入暗室的潜伏期和 5 min 内的电击次数,并计算 5 min 内进入暗室(错误反应)的动物百分率。停止训练 5 d 后可以在不同的时间进行一次或多次记忆消退实验。

受试样品组与对照组比较,若受试样品组小鼠进入暗室的潜伏期明显长于对照组,5 min 内进入暗室的错误次数或 5 min 内进入暗室的动物数少于对照组,且差异有显著性,以上三项指标中任一项指标呈阳性,均可判定该项实验结果为阳性。

6.4.3.3　穿梭箱实验(双向回避实验)

利用大鼠的条件反射设计大鼠穿梭箱,该装置由实验箱和自动记录打印装置组成。箱底部格栅为可以通电的不锈钢棒,箱底中央部有一高 1.2cm 挡板,将箱底部分隔成左右两侧,实验箱顶部有光源和蜂鸣音控制器。将大鼠放入任何一侧,给予大鼠刺激,大鼠遭电击后即逃避,必须跑到对侧顶端,挡住光电管后才中断电击,此为被动回避反应。在每次电击前给予条件刺激,反复强化后,大鼠在接受条件刺激后即跑到对侧并挡住光电管而逃避电击,此为主动回避反应。经过训练后动物的主动回避反应率可达 80%~90%。自动记录打印装置可连续自动记录动物对电刺激(灯光或/和蜂鸣器)的反应和潜伏期,并将结果打印出来。

根据打印结果分析如下指标:动物反应次数、动物主动回避时间、动物被动回避时间、动物主动回避率。

若实验组主动和/或被动回避时间明显短于对照组,差异有显著性,可判定该项指标为阳性。

6.4.3.4 水迷宫实验

水迷宫自动记录仪是由迷宫游泳箱和自动记录仪两部分组成,迷宫游泳箱的泳道走向固定。动物都有一种探索和更替的趋向。由于小鼠不愿在水中,将它们放入水中,它们会寻找能爬出水面的阶梯。训练后,小鼠能记住阶梯的路线。计算各组动物训练和测试的总错误次数,到达终点的总时间及 2 min 内到达终点的总动物数(百分率);停止训练 5 d 后可在不同的时间进行记忆消退实验。试验组与对照组比,试验组到达终点所用的时间或到达终点前的错误次数明显少于对照组,或 2 min 内到达终点的动物数明显多于对照组,且经统计学检验差异有显著性。其中任一项指标阳性,均可判定该项实验结果为阳性。

上述四项试验至少应选三项进行试验以保证结果的可靠性。

6.4.3.5 结果判定

动物试验:跳台实验、避暗实验、穿梭箱实验、水迷宫实验四项动物实验中任两项实验结果为阳性,且重复实验结果一致(所重复的同一项实验两次结果均为阳性),可以判定为该受试样品改善记忆功能动物实验结果为阳性。

人体试食试验:记忆商结果为阳性,可以判定为该受试样品具有辅助改善记忆功能。

6.4.4 改善生长发育的功能评价

6.4.4.1 试验项目:体重、身长、食物利用率

生长发育包括体格、生理和神经系统发育等方面,体格发育最直观的指标是身长、体重,因此选用身长和体重作为改善生长发育功能的评价指标。

记录仔鼠开始实验第 0 天、第 14 天、第 28 天和第 42 天/56 天的身长和体重,计算每周食物利用率和总食物利用率。实验第 28 天体重、身长和结束时(第 42 天,56 天)的体重、身长(处死动物测量)高于对照组,且差异有显著性,同时实验组的食物利用率不明显低于对照组,可判定该受试样品有改善生长发育功能的作用。

6.4.4.2 结果判定

动物实验:体重、身长增加明显高于对照组,食物利用率不显著低于对照组,可判定动物实验结果为阳性。

人体试食试验:试食组身高阳性,体重、胸围、上臂围三项指标中任一项为阳性,体内脂肪含量在正常范围内,并排除膳食因素和运动对结果的影响,可判定该受试样品具有改善生长发育功能的作用。

6.4.5　缓解体力疲劳作用的功能评价

6.4.5.1　负重游泳试验

运动耐力的提高是抗疲劳能力加强最直接的表现,游泳时间的长短可以反映动物运动耐力的高低。

末次给予受试样品 30 min 后(酒类样品测试当天可以不灌胃),将尾根部负荷 5% 体重铅皮的小鼠置于游泳箱中游泳。记录小鼠自游泳开始至死亡的时间即小鼠负重游泳时间。

若受试样品组负重游泳时间明显长于对照组,且差异有显著性,可判定该实验结果为阳性。

6.4.5.2　血清尿素测定

可利用全自动生化分析仪测定所得样本中的尿素含量,也可利用二乙酰－肟比色法测定血清尿素含量。

样品中尿素在氯化高铁－磷酸溶液中与二乙酰－肟和硫氮脲共煮,形成一种红色的化合物 Diazine,其颜色的深浅与尿素含量成正比。与同样处理的尿素标准管比较,可求出样本中尿素的含量。

末次给受试样品 30 min 后,在温度为 30℃ 的水中不负重游泳 90 min,休息 60 min 后采血,可用全自动生化分析仪或二乙酰－肟法测定血清尿素含量。

若受试样品组血清尿素含量低于对照组,且差异有显著性,可判定该实验结果为阳性。

6.4.5.3　肝糖元测定

试验动物在末次给受试样后 30 min 被处死,取肝采用蒽酮法测定其中肝糖元含量。蒽酮可与游离糖或多糖起反应,反应后溶液呈蓝绿色,于 620 nm 处有最大吸收。测定其光密度,可以确定糖元的含量。

若受试样品组肝糖元含量高于对照组,且差异有显著性,可判定该实验结果为阳性。

6.4.5.4　血乳酸测定

末次给样 30 min 后采血,然后不负重在温度为 30℃ 的水中游泳 10 min 后停止。在游泳前各采血 20 μL;游泳后立即采血 20 μL;休息 20 min 后再各采血 20 μL。用自配试剂或乳酸盐测定仪测定血乳酸含量。大鼠采尾血,小鼠用毛细管从内眦采血。

①自配试剂测定方法　在铜离子催化下,乳酸与浓硫酸在沸水中反应,乳酸转化为乙醛,乙醛与对羟基联苯反应产生紫色化合物,在波长 560 nm 处有强烈的光吸收,故可进行定量测定。

②乳酸盐测定仪测定方法　检测探头上装有一片三层的膜,其中间层为固定的乳酸盐氧化酶。表面被膜覆盖的探头位于充满缓冲液的样品室内,当样品被注入样品室后,部分底物会渗进膜中;当它们接触到固定酶(乳酸盐氧化酶)时便迅速被氧化,产生过氧化氢。过氧化氢继而在铂阳极上被氧化产生电子。当过氧化氢生成率和离开固定膜层的速率达到稳定时便可得到一个动态平衡状态,可用稳态响应表示。电子流与稳态过氧化氢浓度成线性比例,

因此与乳酸盐浓度成正比。

用三个时间点的血乳酸曲线下面积来判断,任一试验组的面积小于对照组,且差异有显著性,可判定该实验结果为阳性。

6.4.5.5　结果判定

负重游泳实验结果为阳性,血乳酸、血清尿素、肝/肌糖元三项生化指标中任两项指标为阳性,可判定该受试样品具有缓解体力疲劳的功能。

6.4.6　辅助降血脂的功能评价

用高胆固醇和高脂类饲料喂养动物,可使动物形成脂代谢紊乱动物模型,再给予动物受试样品或在造模时同时给予受试样品,可检测受试样品对高脂血症实验动物的影响,并可判定受试样品对脂质的吸收、脂蛋白的形成、脂质的降解或排泄的影响。

6.4.6.1　脂代谢紊乱动物模型—预防性给受试样品

在实验环境下给大鼠喂饲基础饲料观察 5~10 d,然后取尾血,测定血清总胆固醇(TC)、总甘油三酯(TG)、高密度脂蛋白胆固醇(HDL-C)水平。根据血清总胆固醇水平,进行随机分组,在给予高脂饲料的同时给予不同剂量的受试样品,定期称量体重,从实验结束开始禁食 16 h,测血清 TC,TG,HDL-C 水平。

6.4.6.2　脂代谢紊乱动物模型—治疗性给受试样品

在实验环境下给大鼠喂饲基础饲料观察 5~10 d,然后取尾血,测定血清总胆固醇(TC),总甘油三酯(TG),高密度脂蛋白胆固醇(HDL-C)水平。自正式实验开始各组动物换用高脂饲料喂饲 7~10 d,取尾血,测定血清 TC,TG,HDL-C 水平,与喂饲高脂饲料前比较上述指标是否发生显著变化,以确定是否已形成高脂血症模型。再根据 TC 水平,进行随机分组。实验组将受试样品经口灌胃,对照组给同体积的溶剂,继续给予高脂饲料喂养,并定期称量体重。从实验结束开始禁食 16 h 后,抽血测定血清 TC、TG、HDL-C 水平。

6.4.6.3　结果判定

(1)动物实验

辅助降血脂功能结果判定:在血清总胆固醇、甘油三酯、高密度脂蛋白胆固醇三项指标检测中血清总胆固醇、甘油三酯二项指标阳性,可判定该受试样品辅助降血脂功能动物实验结果为阳性。

辅助降低甘油三酯结果判定:①甘油三酯两个剂量组结果阳性;②甘油三酯一个剂量组结果阳性,同时高密度脂蛋白胆固醇结果阳性,可判定该受试样品辅助降低甘油三酯动物实验结果为阳性。

辅助降低血清总胆固醇结果判定:①血清总胆固醇两个剂量组阳性;②血清总胆固醇一个剂量组结果阳性,同时高密度脂蛋白胆固醇结果阳性,可判定该受试样品辅助降低血清总胆固醇动物实验结果为阳性。

（2）人体试食试验

血清总胆固醇、甘油三酯两项指标阳性，高密度脂蛋白胆固醇不显著低于对照组，可判定该受试样品具有辅助降血脂功能。

血清总胆固醇、甘油三酯两项指标中一项指标阳性，高密度脂蛋白胆固醇不显著低于对照组，可判定该受试样品具有辅助降低血清总胆固醇或辅助辅助降低甘油三酯功能作用。

6.4.7 辅助降血糖的功能评价

6.4.7.1 降低空腹血糖实验

四氧嘧啶（或链脲酶素）是一种 β 细胞毒剂，可选择性地损伤多种动物的胰岛细胞，造成胰岛素分泌低下，引起实验性糖尿病。

选高血糖模型动物按禁食 3～5 h 的血糖水平分组，随机选 1 个模型对照组和 3 个剂量组（组间血糖差不大于 1.1 mol/L）。剂量组给予不同浓度受试样品，对照组给予溶剂，连续 30 d，禁食 3～5 h 测空腹血糖值，比较各组动物血糖值及血糖下降百分率。

在模型成立的前提下，受试样品组与对照组比较，空腹血糖实测值降低或血糖下降百分率有统计学意义，可判定该受试样品降空腹血糖的实验结果为阳性。

6.4.7.2 糖耐量实验

将高血糖模型动物禁食 3～5 h，实验组给予不同浓度的受试样品，对照组给予同体积的溶剂，15～20 min 后经口给予葡萄糖 2.0 g/kg 或医用淀粉 3～5 g/kg，测定给葡萄糖后 0 h，0.5 h，2 h 的血糖值或给医用淀粉后 0 h，1 h，2 h 的血糖值，观察对照组与受试样品组给葡萄糖或医用淀粉后各时间点血糖曲线下面积的变化。

在模型成立的前提下，受试样品剂量组与对照组比较，在给葡萄糖或医用淀粉后 0 h，0.5 h，2 h 血糖曲线下面积降低有统计学意义，可判定该受试样品糖耐量实验结果阳性。

6.4.7.3 结果判定

动物实验：空腹血糖和糖耐量两项指标有一项指标阳性，且对正常动物空腹血糖无影响，即可判定该受试样品具有辅助降血糖功能。

人体试食试验：空腹血糖、餐后 2 h 血糖两项指标有一项指标阳性，可判定该受试样品具有辅助降血糖功能。

6.4.8 改善睡眠的功能评价

6.4.8.1 直接睡眠实验

睡眠以翻正反射消失为指标，观察受试组动物给予 3 个剂量的受试样品，对照组给予同体积溶剂后是否出现睡眠现象。当小鼠置于背卧位时，能立即翻正身位，如超过 30～60 s 不能翻正，即认为翻正反射消失，进入睡眠状态。翻正反射恢复即为动物觉醒，翻正反射消失至恢复这段时间为动物睡眠时间。记录空白对照组与受试样品组入睡动物数及睡眠时间。

比较对照组与实验组入睡动物数及睡眠时间之间的差异,若入睡动物数或睡眠时间增加有显著性,则实验结果为阳性。

6.4.8.2 延长戊巴比妥钠睡眠实验

在戊巴比妥钠催眠的基础上,以翻正反射消失为指标,观察受试物是否能延长睡眠时间。若睡眠时间延长则说明受试物与戊巴比妥钠有协同作用。

比较对照组与实验组入睡动物数及睡眠时间之间的差异,若入睡动物数或睡眠时间增加有显著性,则实验结果为阳性。

6.4.8.3 戊巴比妥钠(或巴比妥钠)阈下剂量催眠实验

观察受试物与戊巴比妥钠(或巴比妥钠)的协同作用。由于戊巴比妥钠通过肝酶代谢,而对该酶有抑制作用的药物也能延长戊巴比妥钠睡眠时间。为了排除药物的这种影响,进行阈下剂量实验。

正式实验前先进行预实验,以确定戊巴比妥钠(或巴比妥钠)阈下催眠剂量,即 $80\%\sim90\%$ 小鼠翻正反射不消失的戊巴比妥钠最大阈下剂量。

动物最后一次给予受试样品后,出现峰作用前 $10\sim15$ min,各组动物腹腔注射戊巴比妥钠最大阈下催眠剂量,记录 30 min 内入睡动物数(翻正反射消失达 1 min 以上者)。比较对照组与实验组入睡动物数之间的差异,入睡动物发生率增加有显著性,则实验结果为阳性。

6.4.8.4 巴比妥钠睡眠潜伏期实验

在巴比妥钠催眠的基础上,观察受试物能否缩短入睡潜伏期。若入睡潜伏期缩短,则说明受试物与巴比妥钠有协同作用。

做正式实验前先进行预实验,确定使动物 100% 入睡但又不使睡眠时间过长的巴比妥钠的剂量,用此剂量正式实验。动物最后一次给予受试样品 $10\sim20$ min 后,给各组动物腹腔注射巴比妥钠,以翻正反射消失为指标,观察受试样品对巴比妥钠睡眠潜伏期的影响。比较实验组与对照组睡眠潜伏期之间的差异,睡眠潜伏期缩短有显著性,则实验结果为阳性。

6.4.8.5 结果判定

延长戊巴比妥钠睡眠实验、戊巴比妥钠(或巴比妥钠)阈下剂量催眠实验、巴比妥钠睡眠潜伏期实验三项实验中任两项阳性,且无明显直接睡眠作用,可判定该受试样品具有改善睡眠的作用。

6.4.9 改善营养性贫血作用的功能评价

用低铁饲料喂饲动物可形成实验性缺铁性贫血模型,再给予受试样品,观察其对血液细胞学、血液生化学等指标的影响,可判定该受试样品对改善动物营养性贫血的作用。

6.4.9.1 血红蛋白测定

①消光系数法 血红蛋白被铁氰化钾氧化后生成高铁血红蛋白,再与氰离子结合形成氰化高铁血红蛋白(红色),极为稳定,在 540 nm 波长下毫克分子吸光系数为 44,用分光光度法

测其光密度,运用消光系数作血红蛋白的定量测定。

②标准曲线法 血红蛋白在铁氰化钾和氰化钾的作用下生成极为稳定的氰化高铁血红蛋白(红色),其颜色深浅与血红蛋白的含量成正比。用分光光度计在540 nm波长下,测定血红蛋白标准品和参考标准物质的吸光度,制成标准曲线,测得待测样品的吸光度后查标准曲线即可得血红蛋白的浓度。

6.4.9.2 红细胞内游离原卟啉测定

血红蛋白的合成过程中,幼红细胞中的原卟啉在血红素合成酶的作用下与铁结合,当铁供应不足时,红细胞内的原卟啉乃以游离形式累积起来超过正常水平。因此,检测红细胞内游离原卟啉(Free erythrocyte proloporphyrin,FEP)的含量是检查缺铁性红细胞生成的有效方法。

血液样品经生理盐水稀释后,分别以乙酸乙酯∶乙酸混合液(4∶1)和0.5 mol/L盐酸提取分离血中游离原卟啉,在一定波长下测定其原卟啉的荧光强度而定量。

6.4.9.3 结果判定

动物实验:血红蛋白和红细胞游离原卟啉两项指标阳性,可判定该受试样品改善营养性贫血功能动物实验结果为阳性。

人体试食试验:①针对改善儿童营养性贫血功能的,血红蛋白和红细胞游离原卟啉二项指标阳性,可判定该受试样品具有改善营养性贫血的功能。②针对改善成人营养性贫血功能的,血红蛋白指标阳性,血清铁蛋白、红细胞游离原卟啉/血清运铁蛋白饱和度两项指标中任一项指标阳性,可判定该受试样品具有改善营养性贫血的作用。

6.4.10 增加骨密度作用的功能评价

增加骨密度功能作用检验方法根据受试样品作用原理的不同,分为方案一(检测以补钙为主的受试物)和方案二(检测不含钙或不以补钙为主的受试物)两种。

6.4.10.1 方案一

机体中的钙绝大部分储存于骨骼及牙齿中,大鼠若摄入钙量不足会影响机体和骨骼的生长发育,表现为体重、身长、骨长、骨重、骨钙含量及骨密度低于摄食足量钙的正常大鼠。生长期大鼠在摄食低钙饲料的基础上分别补充碳酸钙(对照组)或受试含钙产品(实验组),比较两者在促进机体及骨骼的生长发育,增加骨矿物质含量和增加骨密度上的功能差异,从而对受试样品增加骨密度的功能进行评价。

6.4.10.2 方案二

雌性成年大鼠切除卵巢后,骨代谢增强,并发生骨重吸收(破骨)作用大于骨生成(成骨)作用的变化。这种变化表现为骨量丢失,经过一定时间的积累,可以造成骨密度降低模型。在建立模型的同时或模型建立之后给模型实验组大鼠补充受试样品,通过受试物抑制破骨或促进成骨等骨代谢调节作用,观察其增加骨密度及骨钙含量的效果,从而对受试样品增加骨密度的功能进行评价。

根据受试样品作用原理的不同,方案一和方案二任选其一进行动物实验。

6.4.10.3 结果判定

方案一:骨钙含量或骨密度显著高于低钙对照组且不低于相同剂量的碳酸钙对照组,钙的吸收率不低于碳酸钙对照组,可判定该受试样品具有增加骨密度的作用。

方案二:不含钙的产品,骨钙含量或骨密度较模型对照组明显增加,且差异有显著性,可判定该受试样品具有增加骨密度的作用。不以补钙为主(可少量含钙)的产品,骨钙含量或骨密度较模型对照组明显增加,差异有显著性,且不低于相应剂量的碳酸钙对照组,钙的吸收率不低于碳酸钙对照组,可判定该受试样品具有增加骨密度的作用。

6.4.11 辅助降血压的功能评价

实验原理:以受试样品给予遗传型高血压动物或通过实验方法造成的高血压动物模型,观察受试样品对高血压动物模型的血压、心率等指标的影响,评价受试样品的降血压作用。

6.4.11.1 一般情况观察

观察实验动物的体重、生长状况。

6.4.11.2 血压、心率

血压、心率的测定采用尾脉搏法间接测压。

实验设三个剂量组和一个空白对照组。以人体推荐量的 5 倍为其中的一个实验剂量组,另设两个剂量组;同时设一个正常动物组,给予高剂量的受试样品;必要时可设阳性对照组。受试样品给予时间一般为 30 d,必要时可延长到 45 d。

实验前一周对受试动物进行多次血压测量,使其适应测压环境。依据测压仪的要求进行动物清醒、安静状态下的血压、心率的测定。停止给予受试样品之后,一般继续观察直至血压恢复至对照组水平或继续观察 7~14 d。

实验组动物血压明显低于对照组,差异具有显著性,且对实验组动物心率和正常动物的血压及心率无影响,可判定实验样品的辅助降血压功能动物实验结果为阳性。

将动物实验结果阳性的样品继续进行人体试食试验。

受试对象应该是原发性高血压患者,无论服用降压药物与否,收缩压≥140 mmHg 或舒张压≥90 mmHg。对年龄在 18 岁以下或 65 岁以上患者、妊娠或哺乳妇女、对受试样品过敏的人以及合并有肝、肾和造血系统等严重全身性疾病的患者,短期内服用与受试功能有关的物品,影响到对结果的判定的人不应作为受试者。

主要观察受试者的血压、心率及血、尿、便、肝、肾功能。

6.4.10.3 结果判定

动物实验:试验动物血压下降,对照动物血压无变化,检测结果判定为阳性。

人体试食试验:试食前后试食组自身比较,舒张压或收缩压测定值明显下降,差异有显著性,且舒张压下降≥10 mmHg 或收缩压下降≥20 mmHg,试食后试食组与对照组组间比较,舒张压或收缩压测定值或其下降百分率差异有显著性,可判定该受试样品具有辅助降血压功能。

（王洪伟,丁晓雯）

思考题

1. 保健食品的注册审批由什么部门负责?
2. 简述保健食品注册审批的程序。
3. 简述保健食品安全毒理学评价的原则。
4. 简述保健食品功能评价的基本原则。

参考文献

[1]中华人民共和国卫生部. 保健食品功能学评价程序与检验方法规范. 2003

[2]中华人民共和国卫生部. 保健食品安全性毒理学评价规范. 2003

[3]国家食品药品监督管理局. 保健食品注册管理办法(试行). 2005

[4]国家食品药品监督管理局. 氨基酸螯合物等保健食品申报与审评规定(试行). 2005

[5]国家食品药品监督管理局. 核酸类保健食品申报与审评规定(试行). 2005

[6]国家食品药品监督管理局. 营养素补充剂申报与审评规定(试行). 2005

[7]国家食品药品监督管理局. 益生菌类保健食品申报与审评规定(试行). 2005

[8]国家食品药品监督管理局. 真菌类保健食品申报与审评规定(试行). 2005

[9]郑建仙主编. 功能性食品学(第二版). 北京:中国轻工业出版社. 2006

[10]金宗濂主编. 功能食品教程. 北京:中国轻工业出版社. 2005

[11]金宗濂主编. 保健食品的功能评价与开发. 北京:中国轻工业出版社. 2001

[12]钟耀广主编. 功能性食品. 北京:化学工业出版社. 2004

[13]田惠光,张兵主编. 保健食品实用指南. 北京:化学工业出版社. 2002

[14]张荣平,赵昱主编. 中国食品和保健食品的理论和实践. 昆明:云南科学技术出版社. 2003

内容提要

本教材在编写过程中依据国家保健食品相关标准,系统地介绍了保健食品的发展概况、保健食品的原料、保健食品的作用原理、保健食品中的功效成分、保健食品的注册与管理等,反映了保健食品研制开发与管理中的新政策、新理论、新方法以及最新成果。本教材适用于食品科学与工程专业、食品质量与安全专业学生,也可作为保健食品生产企业及有关研究开发单位的管理人员及技术人员的参考书。

图书在版编目(CIP)数据

保健食品原理/丁晓雯,周才琼主编.—重庆:西南师范大学出版社,2008.1(2018.8 重印)
高等学校规划教材
ISBN 978-7-5621-4024-5

Ⅰ.保… Ⅱ.①丁…②周… Ⅲ.疗效食品-理论-高等学校-教材 Ⅳ.TS218

中国版本图书馆 CIP 数据核字(2007)第 197933 号

保健食品原理

丁晓雯　周才琼　主编

责　任　编　辑:杜珍辉
整　体　设　计:CASTALY 尚品视觉 周娟　钟琛
出版、发行:西南师范大学出版社
　　　　　　重庆·北碚　邮编:400715
　　　　　　网址:www.xscbs.com
印　　　刷:重庆长虹印务有限公司
幅面尺寸:185mm×260mm
印　　张:14.25
字　　数:420 千字
版　　次:2008 年 2 月　第 1 版
印　　次:2018 年 8 月　第 5 次
书　　号:ISBN 978-7-5621-4024-5

定　价:35.00 元